U0932384

普通高等教育测绘类规划教材

地下工程测量

DIXIA GONGCHENG CELIANG

（第二版）

赵吉先　孙小荣　主编

测绘出版社

·北京·

内容提要

本书结合作者多年教学、科研实践，较系统地介绍了地下工程测量的基本理论和方法，可以帮助读者提高分析问题和解决问题的能力。全书内容丰富，具有一定的深度和广度，充分反映了地下工程测量最新技术及其应用。

本书可作为测绘、地质、矿业、土建、交通、水电等院校的测绘工程专业的教材，也可供测绘相关专业教学人员和工程技术人员参考。

图书在版编目（CIP）数据

地下工程测量 / 赵吉先，孙小荣主编. — 2 版. — 北京：测绘出版社，2013.6（2021.1 重印）

ISBN 978-7-5030-2825-0

Ⅰ. ①地… Ⅱ. ①赵… ②孙… Ⅲ. ①地下工程测量—高等学校—教材 Ⅳ. ①TU198

中国版本图书馆 CIP 数据核字（2013）第 064417 号

责任编辑　赵福生　**封面设计**　李　伟　**责任校对**　董玉珍　**责任印制**　吴　芸

出版发行	测绘出版社	**电　话**	010—68580735（发行部）
地　址	北京市西城区三里河路 50 号		010—68531363（编辑部）
邮政编码	100045	**网　址**	www.chinasmp.com
电子邮箱	smp@sinomaps.com	**经　销**	新华书店
成品规格	184mm×260mm	**印　刷**	北京建筑工业印刷厂
印　张	13	**字　数**	315 千字
版　次	2013 年 6 月第 2 版　2005 年 2 月第 1 版	**印　次**	2021 年 1 月第 6 次印刷
印　数	13001—15000	**定　价**	28.00 元

书　号　ISBN 978-7-5030-2825-0

本书如有印装质量问题，请与我社发行部联系调换。

《地下工程测量》(第二版)
编委会成员

主　　编: 赵吉先　孙小荣

副 主 编: 周　铭　余　腾　郭　冰　张　丽

编写人员: 赵吉先　孙小荣　周　铭　余　腾　郭　冰　张　丽　贾永华　詹　英　谢旭阳

序

本书为普通高等教育测绘类规划教材。该教材是按照高等教育测绘工程专业要求编写的，符合规划要求，有一定的创新。教材吸收了先进的科研和教学成果，结构严谨、内容丰富、文笔流畅、技术新颖，具有时代特色。教材突出科学思维和辩证分析的教育思想，有利于学生深入理解和消化课程内容，掌握好地下工程测量的理论和技术。

本书作者从事测绘教育工作多年，有丰富的测绘教育经验和较高的理论水平。作者根据自己多年从事教育、科研的实践编写成书。

本教材第一版得到同行一致好评，获省级高等学校优秀教材一等奖。

该书可以作为测绘工程和相关学科大学本科生和研究生教材或教学参考书，对地下工程测量和相关工程技术人员也具有一定的参考价值。

中国科学院院士

2013 年 4 月

第二版前言

本教材属于普通高等教育测绘类规划教材，2005 年初次出版。近几年来，随着现代测绘科学技术的发展，测量新技术、新仪器层出不穷，同时，地下工程在各行业、各城市大力发展，体现了专家提出的“21 世纪人类将向地下空间发展”的预计。原教材的内容不能满足时代的需要，需要增加新的内容，同时，也更正了原教材中的一些错漏。

本教材的编写，本着有利于测量专业理论学习、有利于提高实践工作能力的培养、有利于知识面的拓展和少而精原则，以适应时代发展的要求，努力做到科学性、先进性、实用性和高质量的四者统一。

2006 年 6 月，我国著名的地下工程专家钱七虎院士，在评价本教材时指出：“教材既符合时代发展的需要，又填补了我国空白，是适合各类院校测绘工程专业应用的教材，同时可成为从事地下工程建设和相关技术人员有价值的参考书，是一本达到国内先进水平的优秀教材。”

本教材再版是在原来的基础上进行修正和增加新的内容。并参阅了大量文献，引用了有关资料，在此谨向相关作者表示衷心感谢。

本教材在修编过程中，由宿迁学院赵吉先教授、孙小荣博士担任主编，周铭、余腾、郭冰、张丽担任副主编，参编人员还有贾永华、詹英、谢旭阳。本书在编撰出版过程中得到了宿迁学院的资金资助。由于编者水平有限，书中的不足之处，恳请读者予以批评指正。

编　者

2013 年 3 月

第一版前言

《地下工程测量》是普通高等教育测绘类规划教材，由全国高等学校测绘类专业教学指导委员会确定主编人选后编写的。

有专家指出，19 世纪是桥梁世纪，20 世纪是向空间发展的世纪。21 世纪将是向地下空间发展的世纪。地下工程测量就是适应这种发展趋势而形成的。随着世界人口的迅速增加，人类的活动不断向地下空间发展，最典型的是大中型城市，由于人口密集、道路狭窄，必须发展城市地铁、地下商城、地下娱乐中心，以及地下通道等工程。这些工程给测量工作者带来新的课题。在本书的编写过程中，作者参考了各种版本的《矿产测量》和相关的文献资料，吸取了最新的科学技术成果，力争在加强基础的同时，反映现代的科学技术和地下工程测量的新发展，为新一轮的教学改革创造有利条件。

全书共分八章，第一章绪论，第二章地面控制测量，第三章地下起始数据的传递和获取，第四章地下控制测量，第五章地下工程的施工测量，第六章贯通测量，第七章地下工程变形监测，第八章地下管线探测。其中，第四章由吴良才教授编写，周世健教授参加了第七章部分内容的编写，其他章节均由赵吉先教授编写。此外，赵吉先教授负责全书的统稿工作。

本教材在编写过程中始终得到宁津生院士的直接指导和全国高等学校测绘类专业教学指导委员会的关注，得到许多老师的热情帮助，他们提出了许多宝贵的意见和建议。在此谨致以衷心的感谢。由于水平有限，书中可能存在不足之处，恳请读者予以指正。

作　者

2004 年 2 月　于抚州

目　录

第一章 绪 论

§1.1 地下工程测量的任务和内容

地下工程测量是工程测量的分支，是测绘学科在地下工程建设中的应用。工程测量学是研究各种工程建设中测量理论和方法的学科，主要研究工程和城市建设及资源开发等各阶段进行的地形和有关信息的收集、处理、施工放样，变形监测、分析与预报的理论和技术，以及与研究对象有关的信息管理和使用。地下工程测量是研究地下工程建设中的测量理论和方法。地下工程测量的主要任务包括地面控制测量、地下起始数据的传递、地下控制测量、贯通测量、地下工程施工测量、地下变形监测及地下管线探测，为地下工程建设提供必要的数据、资料、图件，为工程建设按设计施工和安全、有效的使用服务。地下工程测量的内容包括：铁路、公路、城市地铁和跨河跨海的隧道施工测量，大型贯通测量、矿山建设和井下采掘测量，大型地下建筑的建设测量、地下各种军事设施施工测量，以及各种非地面建筑物或封闭构筑的施工测量。

地下工程测量是为地下工程建设服务的，其工作程序从属于工程勘察设计、施工放样、竣工等三个阶段。地下工程测量的方法受工程特征和施工方法的影响。测量精度取决于工程的限差要求。

§1.2 地下工程测量的特点和测量方法

地下工程测量的工作环境主要在地下或封闭的空间，其作业方法、作业程序、使用的仪器设备与其他测量存在一定差别。地下工程测量的主要特点：

(1)测量空间狭窄，测量条件差，并存在烟尘、滴水，人员和机械干扰的可能。

(2)施测对象灰暗，一般无自然光，照度不理想。

(3)工程需要较高的精度，较短的测量耗时，而且需要现场提交成果。

(4)需要及时、准确地反映各种构筑物在静态或动态下的各种空间几何关系，因而测量工作具有渐进性和连续性。

(5)测量的网形受条件限制，测量成果的可靠性要依靠重复测量来保证。

(6)测量控制点埋设受环境和空间的制约，可能设在巷道的顶部或边上，同时这些点受地质构造和工程的影响，测量的检核工作量较大。

地下工程测量的环境和特点决定了地下工程测量的方法，不能完全按常规测量先高级后低级，先控制测量后碎部测量的方法和程序，可能会先局部控制、碎部(含施工放样)测量，再将局部控制延伸，再碎部(施工放样)，最后进行全面控制测量；或者局部控制测量和碎部测量交替延伸，以保证工程施工按设计进行。地下工程测量一般采用导线测量，随着新技术发展，逐步使用结构光工程测量和结构光摄影测量等方法。采用测距仪和陀螺经纬仪，以及应用无标尺测距等新仪器新方法。

§1.3 地下工程测量的发展

地下工程测量是地下工程建设不可缺少的一部分,是重要的技术部门,对地下工程的施工和建设起着保证、监督作用,对安全生产起指导性作用。地下工程测量是随着地下工程的发展而发展起来的。地下工程测量起初是实践于采矿生产,早在公元前两千多年前,我国就开始开采铜矿,到了公元前12世纪,已普遍开采各种金属矿,规模都比较大,而且在开采过程中,很重视矿体形状,并使用矿产地质图,以辨别矿产的分布。

在国际上,公元前15世纪意大利就有金矿巷道图;公元前13世纪埃及就有按比例缩小的巷道图;公元前1世纪希腊学者就有对地下工程测量和定向进行的论述;公元1556年德国已有著书对地下工程某些几何问题以及罗盘测量在地下巷道的应用进行了较全面的叙述。

20世纪中叶以来,地下工程测量得到迅速发展,在地下军事设施、地下建筑物、地下采矿、地下水道、地下公路、铁路隧道,以及跨江、跨海隧道中得到广泛的应用,起到了其他任何技术不可替代的作用。如我国西安至安康线的秦岭铁路隧道长18.448 km;京广复线大瑶山铁路隧道长14.3 km;水电建设工程中的鲁布革电站输水隧洞长9.4 km;北京地铁1、2号钱,上海地铁1号线,广州地铁1号线均达十几千米以上;在国际上地下隧道工程也很多,如日本的清水隧道长9.7 km,最有名的是穿越英法海峡的"欧洲隧道"长50 km。

科学家们总结和预言,19世纪是桥梁世纪,20世纪是向空间发展的世纪,21世纪将是向地下空间发展的世纪。随着全世界人口的迅速增加,住宅、城市、工业、厂房和交通道路占地迅速增长,加上环境的污染,人类有效的活动空间大幅度减少。最典型的是各大中城市,人口密集、道路狭窄,必须大力发展城市地铁和地下商城、地下娱乐中心,以及地下通道等地下工程。我国各大城市都有发展地铁网的规划。21世纪人类将广泛开发地下空间,包括铁路、公路、水道、工厂、矿山、电站、街道、医院,以及各种军事设施和掩体。地下工程的发展必然会促进和推动地下工程测量的发展。可以预测,未来研究地下工程测量的新理论、新方法、新仪器、新技术将是测绘界关注的焦点,也是测绘界21世纪的主要课题之一。

第二章　地面控制测量

§2.1　概　述

地下工程测量地面控制网是为地下工程服务的，应在地下工程开始前完成。地面控制网的基本特点是：

（1）控制网的大小、形状、点位分布，应与地下工程的大小、形状相适应，点位布设要考虑施工放样的方便，隧道控制网一定要保证隧道两端有控制点。

（2）地面控制网的精度，不要求网的精度均匀，但要保证某一方向和某几个点的相对精度高，如隧道控制网要能保证隧道横向贯通的准确性。

（3）投影面的选择应满足"控制点坐标反算的两点间长度与实地两点间长度之差应尽可能小"的要求。如隧道施工控制网一般投影到隧道贯通平面上，也可以将长度投影到定线放样精度要求最高的平面上。

（4）坐标系应采用独立的建筑坐标系，其坐标线应平行或垂直于建筑物的主轴线。主轴线通常由工艺流程方向、运输干线或主要厂房的轴线所决定。

地面控制网不但为施工放样服务，有可能为某些工程设计提供大比例地形图服务，有时可能还为地面建筑物变形监测服务。地面控制网在设计、施工时，应尽量考虑一网多用，避免重复建网，必要时可对控制网进行复测。

地面控制网的布设方法和步骤与一般工程控制网一样。首先是收集资料、了解情况。这项工作进行得好坏，直接影响到网形的选择、定位、观测，以及整个网的使用是否方便等。需要收集的资料很多，应首先收集地下工程所在地区的大比例尺地形图、地下工程设计图、地下各工程的相互关系图，以及地下工程施工的技术设计等。同时，还应收集该地区现有地面控制点情况，以及气象、水文、地质、交通等方面的资料。

其次是现场踏勘。对所收集的资料进行初步的研究之后，为了进一步判定已有资料的正确性和实用性，必须对地下工程所穿越的地区进行详细的踏勘。这时一般沿地下工程的中线方向，了解地下工程两侧的地形、水源、居民地，以及道路的分布情况。接着，结合现场踏勘和工程要求，初步选点和确定控制网方案。控制网可根据现场地形、工程大小和要求以及现有的仪器设备，在确保工程质量的前提下，可选择测距导线网、测边网、边角网、GPS网等。

综上所述，地面控制测量的基本任务，就是根据地下工程特点和需要，在地面布设一定形状的控制网，并精密测定其地面位置。其目的是为地面的大比例成图、施工放样、变形观测和地下控制测量传递地面坐标，建立整体的控制基础。控制网的作用在于控制全局，限制测量误差的传递和积累，保障测量工作的相对精度。地面控制测量，首先应针对不同的地下工程，研究控制网的布设形式，图形与观测方案的优化设计，以及实施过程中的有关问题，这样才能建立一个坚强可靠的控制网。各种工程除了建立平面控制网外，还应建立高程控制网。几何水准测量,简单方便而精度可靠,因而成为高程测量的主要方法。只有在地形起伏大的地区才用测距三角高程测量代替水准测量。

§2.2 地面控制网的布设原则

为了确保地下大型工程建设和设备安装,必须首先建立地面控制网,然后将地面坐标传递到施工隧道内,指导隧道开挖和建立地下工程控制网。地面控制网是地下工程建设和设备安装的基础,也是地下工程质量的根本保证。因此,在布设地面控制网时,应遵循以下布网原则:

(1)控制网的大小、网形主要取决于地下工程的形状、规模、施工方法,以及确保进洞附近有足够的控制点。若是跨江跨海或山岭隧道工程,两端控制点相对密度大,中间过渡点相对少一些,但必须一次布网,统一平差。

(2)控制网必须具备必要的精度。控制网的精度是根据地下工程要求所确定的。例如,地下大型贯通,要求在 x' 方向的平面允许误差为±0.5 m。考虑到地面控制误差占整个贯通测量误差的十分之一,即 $m_{地}^{2}=\frac{1}{10}m_{k}^{2}$,可得出地面控制网对贯通相遇点误差为±0.079 m。由此,可根据此项精度要求和地面控制网的规模,确定控制网的布设精度。

地面控制网必要精度的另一个概念,是指各进洞附近的控制点相对误差应尽量小。

(3)控制网投影面的选择应满足用控制点坐标反算两点距离与实地两点距离应尽可能相等,便于现场的施工与检查。

(4)地面高程控制网是地下工程建设和设备安装的重要保证,尽可能采用几何水准,高程控制点可与平面控制点布设在一起,也可单独设置。

(5)地面控制点点位设置要稳定、可靠,防止工程的影响和破坏,重要点位应采用强归心装置,确保点位长期可靠的使用。

§2.3 几种常用的地面控制网

地面控制网是保证地下工程,尤其隧道贯通工程的正确性的基础。隧道施工至少要从两个相对的洞口同时开挖。长隧道的施工需要通过竖井、斜井、平峒等多通道开挖,以增加工作面,加快施工速度。为了保证隧道最后正确贯通,必须在相应的开挖点建立控制点。由于地下工程的大小、长度、形状和施工方法不同,地面控制网的布设方案也有所不同,下面逐一进行讨论。

一、导线网

导线测量是地面控制的一种重要方法,随着测距仪(全站仪)精度的提高,给导线测量提供了十分方便的条件。导线测量相对于三角测量具有更大的灵活性,作业方便,计算简单,在隧道的地面控制中广泛应用。导线测量的不足之处就是检核条件远不如三角测量。为了解决此问题,在实际中一般都把导线布设成网形或闭合环形,单一导线很少使用。在特别困难地段布设导线,也至少布成主、副导线的形式,以主导线测距测角,而副导线上仅测定转折角,如图 2-1 所示,其中 α_0、β_0 为主、副导线之间的连接角。但导线平差计算后,可增加主导线的检核条件和进一步提高对横向误差的控制。

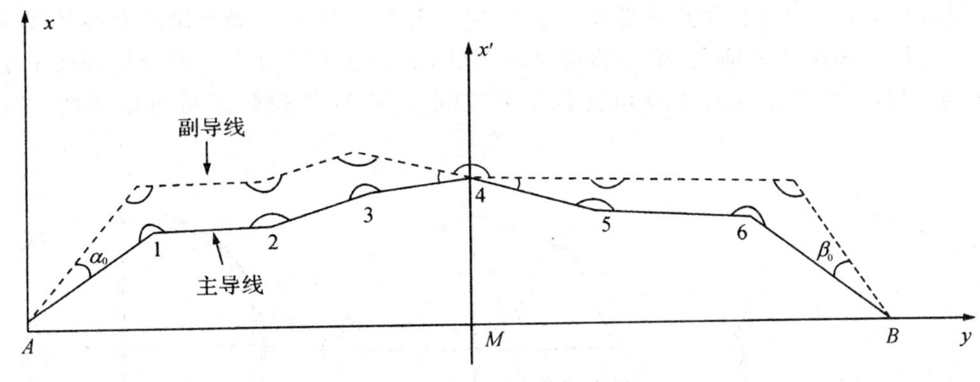

图 2-1　主、副导线的布设

对于直伸型或近于直伸型的隧道，如果以导线作为地面控制，为了减少导线量距误差对横向贯通误差的影响，应尽可能将主要导线点沿隧道中心线布设成直伸型，而导线点不宜过多。

二、三角锁

三角锁相对导线网而言，检核条件多、精度可靠。随着高精度的测距仪的广泛应用，不需用因瓦基线尺丈量基线，大大减少了野外测量工作量。三角锁的布设最好在垂直于贯通面的方向直伸，图形最好以单三角形组成，宜简不宜繁。如果三角锁能沿垂直于贯通面的方向布成直伸形，这样传距角大小的限制可以放松，此时边长误差对横向贯通精度影响也大大减少。三角点不要布设在由于隧道开挖而可能产生地表变形的地区，以免在施工过程中三角点位置发生变动或丢失。在隧道的每一个入口处都要布设一个三角点，该点最好纳入同级网，与主网一起平差，如果无法纳入主网内，也可以是低一级的插点。洞口三角点设置便于引测进洞。三角锁形状与大小应与工程大小直接对应，如图 2-2 所示，A、D 为洞口点。

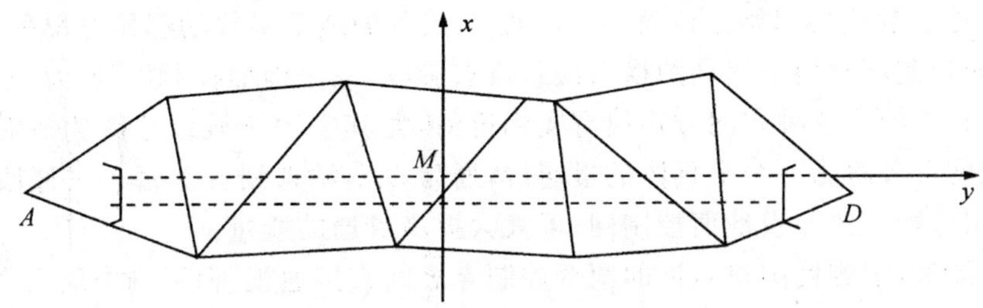

图 2-2　三角锁布设方案

隧道三角锁的观测精度，应根据横向贯通误差的允许值和布设图形确定。精度要求不宜太高，但应留有一定的余地。当经误差预计，地面控制网精度不能满足贯通的精度要求时，可加测边长，组成边角网。

地下工程较小时，地面控制可采用插点或插网的形式。当地下有重要工程时，一般不宜采用插点插网形式。由于条件关系，必须采用插点插网时，应与原网一起观测、平差，以防原网的误差影响。

三、环形控制网

一些特殊的工程，有时要布设形状特殊的控制网，这主要由工程对控制点的特殊要求所决定的。例如有些工程要求控制点近似在一条直线上,这些控制点可能会组成直伸导线或直伸三角网。在环形加速器工地上,地下隧道是环形的,由于隧道需要多方向开挖和便于坐标传递,在地面沿隧道的中心线或边线布设若干个控制点,由这些控制点可组成环网,如图 2-3 所示。

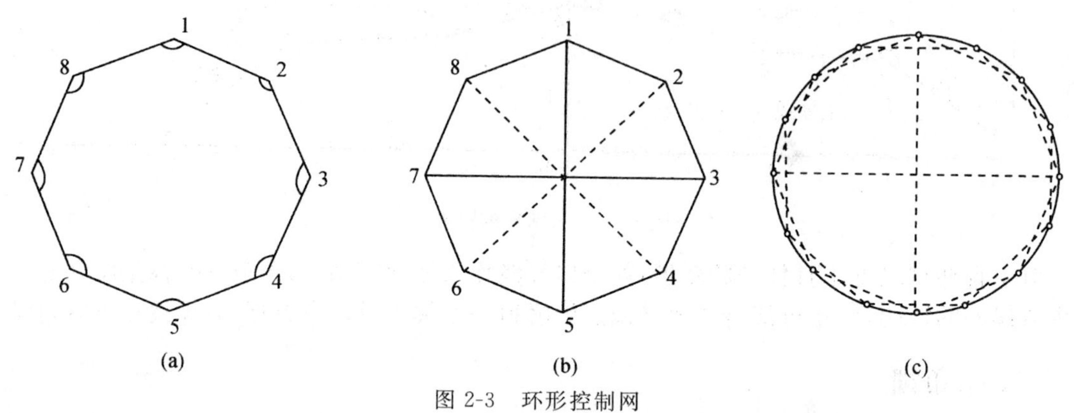

图 2-3 环形控制网

环形网可组成导线方案,如图 2-3(a)所示,也可隔点相连组成交叉三角网,如图 2-3(c)所示。环形网应与国家控制网连测,可组成各种形式的三角网(锁)。环形网是一种较为特殊的网形,一般布设大型环形工程的中心线上,如大型环质子同步加速器工程,大型正负电子对撞机工程,电子同步加速器的电子拉伸环工程等。

四、一种简便灵活的地面控制网

各种地下隧道工程,都要从地面向地下敷设支导线,若有两条支导线的地面起始点是互相通视或有高一级控制网的一条边(图 2-4)则较好。设 A 为平面坐标系的起始点,α_{AB} 为起始方位角。A 点处地下导线的起始方位角为 α_{AB},而 B 点处的地下导线的起始方位角为 α_{BA}。这样不难看出,地面控制网对地下贯通的横向误差没有影响,只是地面控制网的 AB 长度对地下贯通的纵向误差有影响。这种布网方式很有实用价值,尤其实用于城市地铁的地面控制网。一般的城市地铁网可分解为一个个具体的贯通段,通常以车站来划分。每个贯通段或每两个相邻车站间,利用这种方法布设地面控制网,可大大提高贯通的质量。

对于山岭隧道,很难使洞口附近的两个控制点之间直接通视,但可在中间山脊上设一个控制点 P,使它分别与 A、B 两点通视,或者使 AP、PB 为地面控制网中的两条边,如图 2-5 所示。只要水平角 $\angle APB$ 的精度足够高,AP、BP 两边的方位角相对误差就会很小。这样也可显著地减小地面控制网误差对贯通横向误差的影响。

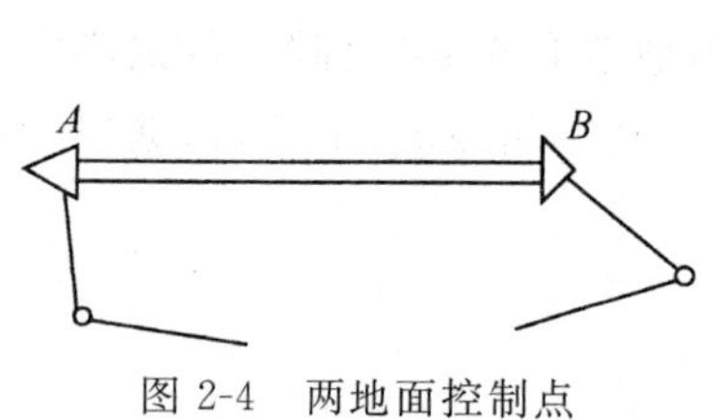

图 2-4 两地面控制点

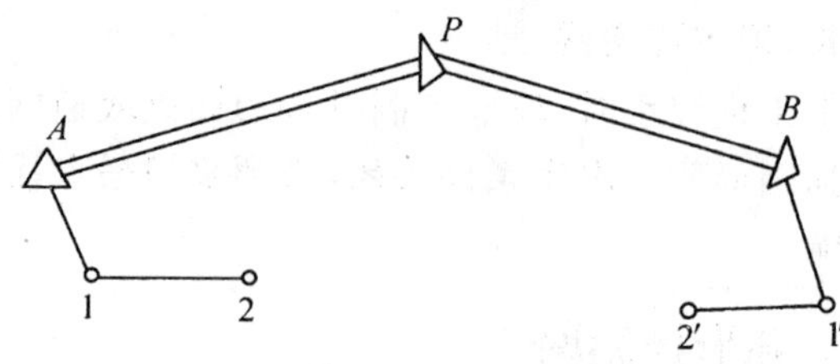

图 2-5 增设一控制点

§2.4　GPS控制网

GPS测量的特点是对点间的边长没有限制，也不要求两点间通视，而且所测的点位精度均匀。与常规方法相比，具有很大的优越性和灵活性，适合各种地下工程的地面控制测量，尤其适合山岭地区大型隧道和跨河、跨海隧道的地面控制测量。

一、全球定位系统(GPS)的简介

1. GPS的基本概念

GPS是全球性的卫星定位和导航系统，能提供连续的、实时的位置，以及速度和时间信息。该系统是由美国国防部研究完成的，整个系统包括空间、地面、用户三部分。空间部分有21颗卫星和3颗备用卫星，分布于倾角为55°的近似圆形轨道上。轨道距地面高度约2万km，卫星绕地球一周需要12 h。这样，地球上任何地方，任何时刻都能收到至少4颗卫星信号。地面控制部分有一个主控站，其任务是计算星历表、卫星时钟改正、导航电文等；3个地面天线，任务是向卫星注入导航电文和命令；5个监测站作为数据收集中心及通讯系统。用户部分由天线、接收机、数据处理和输入输出设备组成。

GPS测量有两种基本的观测量：伪距和载波相位。接收机测定调制码由卫星传播至接收机的时间，再乘上电磁波传播的速度便得到距离。由于所测距离受大气延迟和接收机时钟与卫星时钟不同步的影响，它不是几何距离，故称之为伪距。载波相位测量是把接收到的卫星信号和接收机本身的信号混频，从而得到拍频信号，再进行相位差测量。相位测量装置只能测量载波波长的小数部分，因此所测的相位可以看成是整波长数未知的伪距。由于载波的波长短(L_1为19.032 cm，L_2为24.42 cm)，所以测量的精度比伪距高。

GPS定位时，是把卫星看成是“飞行”的控制点，利用测量的距离进行空间后方交会，便可得到接收机的位置。卫星的瞬间坐标可利用卫星的轨道参数计算。

GPS定位包括单点定位和相对定位两种方式。单点定位确定点在地心坐标系中的位置，相对定位利用两台以上的接收机同时观测一组卫星，然后计算接收机之间的相对位置，定位测量时，许多误差对同时观测的测站有相同的影响，因此，大部分相互抵消，从而大大提高了相对定位的精度。

2. GPS卫星信号的组成

卫星发生的信号由一个基本频率$F_0=10.23$ MHz和两个载波频率分别为$154F_0(L_1)$和$120F_0(L_2)$组成。载波上有三种相位调制，载波的余弦波被频率为F_0的伪随机噪声码系列$P(t)$(即P码)所调制。载波的正弦波被频率为$0.1F_0$的另一伪随机噪声码$C(t)$(称为C/A码)所调制。此外，正弦波和余弦波上都调制了1 500 bit的数据$D(t)$(称为导航电文)，数据串包括卫星的位置，计时的改正、卫星本身的状态以及系统中的其他卫星的情况等。载波的正弦波和余弦波有不同的振幅A_c和A_p，正弦波比余弦波强3～6 dB，因此接收C/A码比接收P码容易。

GPS卫星信号由式(2-4-1)组成，即

$$\varphi(f_1,f_2)=A_pP(t)D(t)\cos(2\pi f_1+\varphi_p)+A_pP(t)D(t)\cos(2\pi f_2+\varphi_p)+A_cC(t)D(t)\sin(2\pi f_1+\varphi_c) \tag{2-4-1}$$

式中，f_1、f_2 分别为 L_1、L_2 的频率；$P(t)$、$C(t)$ 分别为P码和C/A码；$D(t)$ 为数据串，也称为导航电文；A_c、A_p 分别为正弦波和余弦波的振幅；φ_p、φ_c 分别为P码和C/A码信号的初相位。

3. GPS接收机

GPS接收机的种类很多，根据其接收通道的工作原理可以分为调制码相关(简称码相关)、调制码相位(简称码相位)和载波平方三种类型。每一种类型又有单频和双频之分。对于调制码相关型，根据采用的调制码不同又分为P码相关型和C/A码相关型两种。目前C/A码只调制在 L_1 载波上，因此C/A码相关型接收机只是单频机。

载波平方型接收机的基本原理是将接收到的GPS信号首先和接收机所产生的参考信号混频，得到载波拍频信号(频率低于原载波频率)，然后自乘，得二次谐波。设载波拍频信号为 $Y=A(t)\cos(wt+\varphi)$，由于调制码 $A(t)$ 为 $+1$ 和 -1 系列，因此，$Y^2=A^2(t)\cos^2(wt+\varphi)=[1+\cos(wt+\varphi)]/z$，所得结果 Y^2 是一个没有调制的二次谐波。

调制码相关型接收机的基本原理是将接收到的GPS信号首先和接收机参考信号混频后得到一个较低的工作频率，然后和接收机本身产生的编码(P码或C/A码)通过锁延码路进行相关分析。当相关最大时，一方面可得到两信号的延迟时间，从而得到“伪距”和卫星信号发射的时间，另一方面类似于“平方型”原理，两信号相乘得到了拍频载波，用于相位测量。

调制码相位型接收机的基本原理是将接收到信号和该信号延迟后相乘，延迟时间是半个调制码周期(对于P码为49 ns，对于C/A码为489 ns)，相乘后的信号通过带通滤波器，得到了频率等于调制码频率的正弦波，然后再用它进行相位测量。

三种类型的接收机各有优缺点。码相关型接收机能提供最完全的观测数据，包括伪距、载波相位和卫星的有关信息。但双频接收机须依赖P码，而P码有时受到限制。C/A码相关型接收机只能用 L_1 信号，因而是单频的，单频接收机不能改正电离层信号延迟，精度要低一些。码相位型和载波平方型接收机，不需知道调制码，因此又叫无码接收机，可同时用 L_1 和 L_2 测量，但是它们都不能解调卫星信号，有关卫星的轨道参数需要用其他方法获得。

二、GPS控制网布设的基本原则

GPS控制网设计和布设时，应考虑以下基本原则：

1. 网点密度按工程需要确定

这里所讲的GPS控制网不是国家级网，而是地下工程的地面控制网。应根据工程的大小、范围、精度和点位密度的要求布设网点，不过分地要求点位均匀，平均边长从几百米至几千米不等，以满足工程需要为原则。

2. 网点应满足一定的精度要求

合理地确定施测精度标准，既能保证当前工程的需要，又留有适当的余地，同时考虑今后其他工程的可能需要，以便节省人力、物力，提高工作效益，加快施测进度。

3. 遵循统一的测量规范、按等级标准设计和作业

GPS测量定位速度快、相对定位精度高、工作时间短、效益好，是现代化的测量方法，必须遵循统一的测量规范，按等级标准设计和作业。国家质量监督检验检疫总局、中国国家标准化管理委员会2009-02-06发布的《全球定位系统(GPS)测量规范》中，GPS测量按其精度划分为五个等级，如表2-1、表2-2所示。

表 2-1　A 级的精度要求

级　别	坐标年变化率中误差		相对精度	地心坐标各分量年平均中误差/mm
	水平分量/(mm/a)	垂直分量/(mm/a)		
A	2	3	1×10^{-8}	0.5

表 2-2　B、C、D 和 E 级的精度要求

级　别	相邻点基线分量中误差		相邻点间平均距离/km
	水平分量/mm	垂直分量/mm	
B	5	10	50
C	10	20	20
D	20	40	5
E	20	40	3

工程控制网一般属 D 级或 E 级，相当于国家三等网和四等网。GPS 网布设时，除了联测测区内高级 GPS 点外，不必按常规测量方式逐级布网，可根据实际需要，采用相应的等级规定一次完成全网的布点和施测。当测区内无高级 GPS 点时，可与测区内或附近的国家大地控制点联测。

三、网形设计

GPS 网形设计是施测方案的基础，它侧重考虑如何检核 GPS 数据质量和保证点位精度。为了检核 GPS 数据质量，GPS 网应当构成闭合环状。闭合环有同步环和异步环之分。两台接收机同时观测相同的卫星，所得同步观测资料可以解算出两站之间的一条基线向量。将不同时段观测的各基线构成的闭合环叫作异步环。三台接收机同时观测相同的卫星，所得的同步观测资料解算出三个基线向量构成三角形同步环路，其中只有两条是独立的，一般用 k 台接收机同步观测时，可解算出 $k(k-1)/2$ 条基线向量，其中只有 $k-1$ 条是独立的。同样，由若干条独立基线构成的闭合环也叫异步环。同步环中由各基线向量构成的坐标闭合差之和应等于零，否则，基线解算结果有粗差。测量中应增加多条观测或附加条件的方法，采用最小二乘法进行平差，以提高点位的精度并增加其可靠性。由独立基线构成的异步环或增加观测的时段数都可产生多余观测。多余观测数 r 的计算是由独立基线数减去待定点数。设计中总的观测点为 m，用 k 台接收机，在各点作 n 次观测，则同步观测的次数 $s=m\cdot n/k$，独立基线向量数 $b=(k-1)s=(k-1)\cdot m\cdot n/k$。

布设 GPS 网时应当由异步闭合构成区域性的子环路，然后由若干子环路再构成覆盖整个测区的闭合的网环路。每个子环路可以作为施测方案分期观测的依据。每个子环路观测结束后便可及时评定 GPS 数据质量。

图 2-6 是一个由四台接收机进行同步观测构成的环形网，采用点连接方式。

图 2-7 为两端有高级点的附合路线形式，采用边连接方式，显然附合路线形式的多余观测数较少。

在 GPS 网设计时应进行时段设计。时段越长，越有可能选取图形强度较好的星组的观测数据。由于卫星的运动和测站随地球自动运动，卫星相对测站的几何图形在不断地变化，星组中卫星更替造成时段的自然分段，每一个时段称为一个子时段。为了使观测能处于最佳时段，在技术设计时，可根据测站的概略坐标及卫星星历做外推预报，计算出观测时一天的图形强度因子，找出间隙区，选择最佳观测时段。

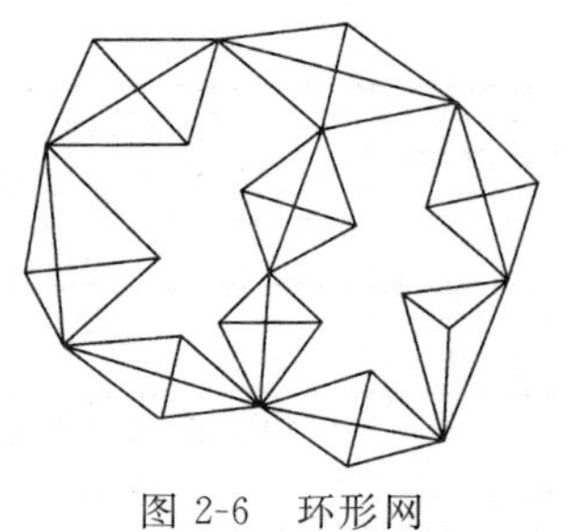

图 2-6　环形网

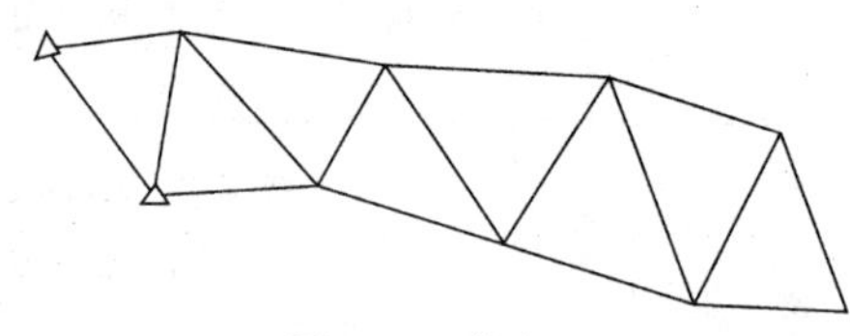

图 2-7　附合网

在 GPS 网设计时,应尽可能多与高级 GPS 控制点或国家测设的三角点、水准点进行联测,以便提供数据处理的基准值和成果质量的外部检核。

四、保证 GPS 工程控制网质量的主要措施

GPS 测量所获空间弦长的精度用式(2-4-2)表示,即

$$m = \pm\sqrt{a^2 + (b \cdot D)^2} \tag{2-4-2}$$

式中,m 为空间弦长的误差;a 为固定误差系数;$b(\times 10^{-6})$ 为比例误差系数;D 为相邻点的距离。

可见,基线测量的误差源划分为固定误差和比例误差两部分。固定误差主要来源于天线相位中心的不稳定性、多路径效应、观测噪声及测站位置误差;比例误差主要为星历误差、时钟误差、电离层及对流层影响的残余误差。其中天线相位中心变化、多路径影响和相对对流层延迟的影响,是小于 5 km 短基线测量的主要误差来源。在 5～10 km 基线上,对流层延迟误差逐步上升为主要误差,随着基线长度的增加,电离层延迟误差和卫星轨道误差将成为主要误差来源。GPS 的测量精度,在 10 km 以内与目前最精密的测量方法相比较,两者基本一致。随着地面测量长度的增大,GPS 将远远高于地面任何方法的测量精度。尽管 GPS 测量精度很高,为了充分发挥仪器的作用,根据 GPS 测量误差来源和影响规律,在进行 GPS 工程控制网测量中,应采取如下适当的措施,保证 GPS 网的观测质量。

1. 减小天线相位中心变化和多路径的影响

在定位前,天线要认真对中和定向。在同一测站上的不同时间段测量时,尽量用不同的天线,或者选用带有屏蔽罩的天线以减小误差影响,从几个不同的方向量取天线仪器高并取中数。在选择测站时,要注意避开周围有反射作用的物体,以避免产生多路径效应。

2. 防止接收信号受到电干扰

任何强电磁场和强的无线电信号,都会对来自卫星的信号产生干扰,致使接收信号失锁和观测值噪声比降低,影响 GPS 测量精度。因此,应注意保持测站位置与变电站、强力辐射电台、电视台及微波站的距离大于 100 m,防止接收信号受到强电的干扰。

3. 大气层折射影响的改正

当卫星信号穿过大气对流层和电离层时,将会产生时间延迟,如不改正,会影响 GPS 测量精度。当基线小于 15 km 时,在相位差观测中能较好地消除这种时间延迟的影响。对于更长的基线,其对流层影响是通过测定观测时间段内的测站气象参数,选择相应的模型予以改正的;而电离层的影响,与电离层中含的电容量有关,但电容量具有一定的随机性,不能完全改正。目前,单频机这种改正效率仅有 50%,而双频机的改正效率可达 98%。因此,测量长基线,最好采用双频接收机,利用单频接收机可在影响较小的夜间观测。

4. 保证卫星星座质量和不丢失卫星信号

卫星星座质量是用位置精度因子 PDOP 表示的，其值越大实时单点定位精度越差，时标精度越低。因此，一般要求 PDOP 值不大于 8，最好选择包含 PDOP 值有跳变的观测时间段观测，以提高相对定位精度。

由于物体遮挡而造成的接收机丢失卫星信号的现象称为物理中断。低于地面 15°角的卫星信号受大气层折射影响很大，GPS 网的测站要避开高于 15°角的障碍物，对于无法避开的障碍物，可选择不受或少受其影响的时间段观测。

§2.5　几种典型的地面控制网

一、上海地铁 1 号线的地面控制网

上海地铁 1 号线由富锦路站至莘庄站，南北向贯穿市中心，全长约 37 km。控制网除了满足 1 号线使用，还留有一定余地，考虑其他线路的应用。整个控制网基本上覆盖了浦西大部分地区。

根据上海市建筑物密集、高大的特点，建立三等三角网，以相连的中心多边形构成，其中心点的连线接近 1 号线。如图 2-8 所示，三等网共 14 个点，最长边 4.62 km，最短边 2.72 km，平均边长 3.68 km。取城市二等网的一个点坐标和两个方向定向。本网为依附于城市二等网的三等边角网。外业观测按现行规范执行，边角同测。三等网的精度经平差确定，最弱点相对于起始点点位中误差小于±5.4 cm。

三等网以下布设四等空中导线，沿地铁 1 号线布设 5 条附合导线，共 15 个点，如图 2-9 所示。所谓空中导线，是因上海市建筑物高而密，无法在地面布设，将四等导线点均布设在高层建筑物顶台上，构成空中导线。导线点用水泥现场浇灌的水泥柱，柱高 1.3 m，外表成圆筒形，配备强制归心装置。用精密测距仪和 T_2 经纬仪测距、测角。四等空中导线是地铁施工直接使用的点。导线最弱边相邻点位中误差均小于±2 cm。

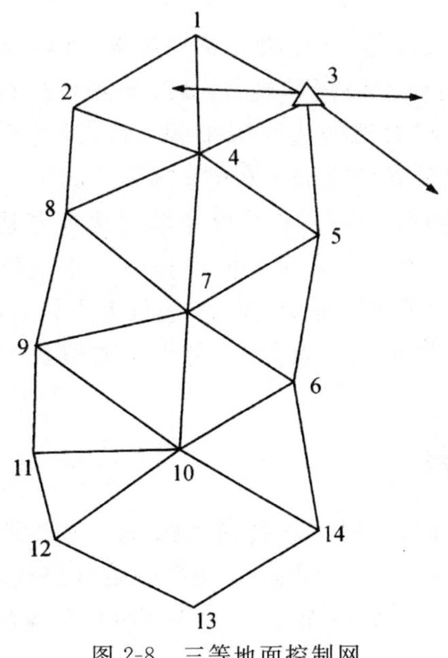

图 2-8　三等地面控制网

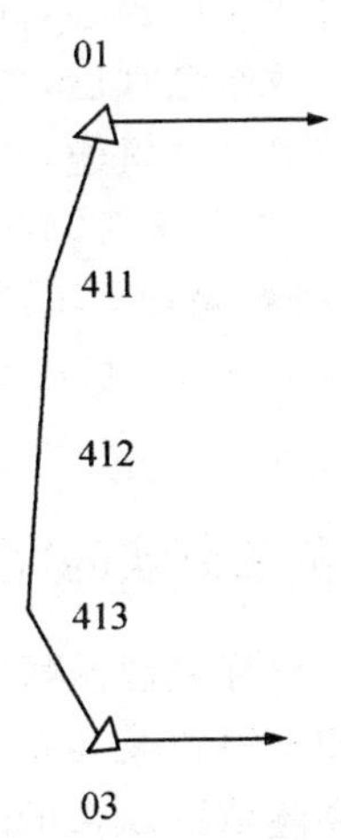

图 2-9　四等空中导线

高程控制系统,布设二等水准网,每个地铁车站设置 2 个水准点,全线共 26 个水准点。每千米高差测量中误差为±2 mm。

因为地铁施工周期较长,而上海是软土地质,使高层建筑物有不同程度的下沉,需定期对平面和高程控制进行监测,确保点位精度和地铁工程的质量。

二、秦岭特长铁路隧道控制网

西安—安康线秦岭特长铁路隧道,是我国目前最长的铁路隧道,全长 18.448 km。隧道采用机械化最新方法开挖,全隧道仅中间一个贯通面,要求横向贯通中误差小于±100 mm,远低于现行规范规定的±250 mm 的要求。这种长隧道的开挖方法在国内尚属首次,在国际上也不多见。这种方法的基本特点是精度要求高,可靠性强。由于测区内相对高差约 2 000 m,山陡林密,地形复杂,树木覆盖率高达 90%,通视和交通条件极差,气候变化无常,昼夜温差悬殊,测量工作难度极大,不便于布设常规的三角网或导线网。经反复论证,选用 GPS 网,按 B 级要求布设。全网由 12 个控制点组成,隧道两端各有六个控制点,如图 2-10 所示。

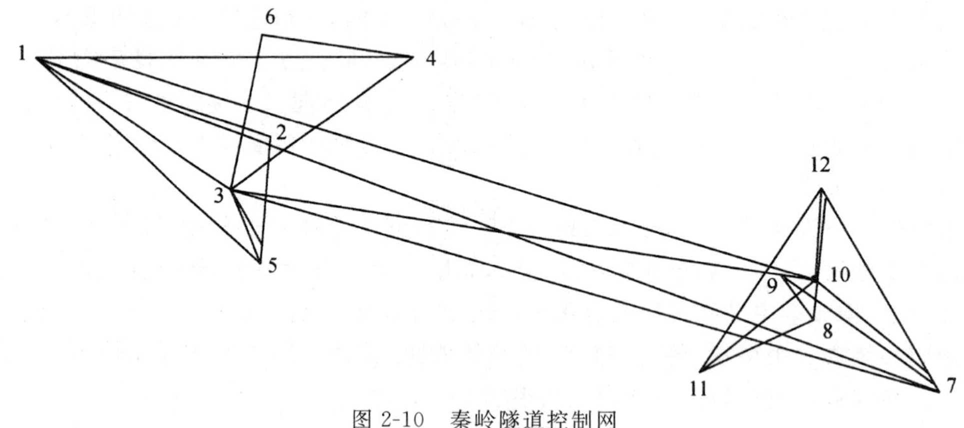

图 2-10 秦岭隧道控制网

观测采用三台 Wild200GPS 接收机,采用相对静态定位的方法。观测要求,如卫星高度角、图形强度 PDOP 及采样速率完全按《全球定位系统(GPS)测量规范》B 级网规定执行。所有控制点均采用异步环相连,并组成空间三角形和空间大地四边形以加强 GPS 网的几何强度。观测结果经数据处理后,均达到规范精度要求,满足隧道贯通工程的要求。

为确保隧道的正确贯通,高程采用一等精密水准测量。一等水准外业采用两台自动安平精密水准仪 Zeiss Ni002 及其配套的殷钢水准标尺,由两个外业小组同向进行。水准路线全长 120 多千米,所有测量工作严格按规范要求进行。为了对外业观测高差进行重力异常改正,采用相对重力仪 Lacoste 对水准路线上每个水准点按加密重力点要求,分三条测线进行重力测量。

三、穿越英法海峡的“欧洲隧道”地面控制网

“欧洲隧道”横穿英法海峡海底,从英国的伏克斯顿到法国的科凯利,该隧道工程由两条行车隧道和一条辅助隧道及端点车站组成,隧道长达 50 km。“欧洲隧道”是单纯的铁路隧道,迄今无法解决公路隧道所存在的通风问题。年运输 3 000 万旅客和 1 500 万吨货物,高峰期每个方向每小时可通过约 20 列火车。

隧道由间距为 15 m 的三条平行管道组成，外侧两管道内径为 7.6 m，供行车用，中间的辅助管道内径 4.8 m，主要用于维修、通风和救援等，同时在行车隧道的正确贯通上也起决定性作用。每隔 375 m 用横坑连通主、辅管道。由于列车的行驶速度每小时高达 160 km，将在隧道内形成“活塞效应”而产生巨大气流，故在两行车道之间，每隔 250 m 在隧道上部设置一根直径为 2 m 的通气管，用以平衡气压。为了确定隧道两端点之间的几个关系，通过入口井指导隧道掘进的平面位置、高度和方向，确保贯通的精度，必须有高精度的平面控制网和高程网。

1. 地面平面控制网

按常规方法布设地面控制网，采用电磁波测距仪进行观测，用最小二乘法作整体平差，所得隧道贯通面的纵向和横向标准差达±16 cm，而限差达±50 cm，显然不理想。为了提高平面控制网的精度，1987 年用 GPS 测量技术在海峡两岸同时使用双频接收机 TI4100 各测了三个控制点，将由 GPS 所测定的坐标差推算出的水平距离和方位角作为伪观测值参加到网的平差，平差在国际地球参考椭球体上进行，用高斯正形投影将地理坐标换算成直角坐标，坐标原点取北纬 $\varphi_0=50°$，中央子午线 $\lambda_0=1°30'$。由于引进高精度的 GPS 观测，控制网精度从原先的 $\pm4\times10^{-6}$ 提高到了 $\pm1\times10^{-6}$。这相当于隧道长度为 40 km 时，由地面控制测量所引起的纵、横向贯通误差为±4 cm，若考虑入口点与控制点的连测误差，这项标准差估计为±5 cm。

2. 地面上的高程连测

由于英法两国水准系统的基准不一致，尽管各国在两岸都布设有精密的水准网，但跨越英法海峡隧道的两端点间高程远不像一般网那样容易，而精度也难以满足。若两岸各以自己的基准面为依据测得高程控制网，并按此高程指导隧道掘进，必然在贯通面上出现高程错位 ΔH。只有将两岸的高程点换算到统一的基准面上，才可避免上述错位。当 ΔH 被测定后，其换算很简单。从理论上讲，确定 ΔH 有三种方法，即三角高程连测、跨越海峡的流体动力水准测量和 GPS 高程连测。三角高程测量，在跨海 50 km 的情况下，由于受天顶距观测、折光和大地水准曲率误差的影响较大，很难达到精度要求，实际上不能采用。流体动力水准测量系统设想当海平面绝对平静时，由两岸水位站测得该海水位高程分别为 M_E 和 M_F，则 $\Delta H=M_E-M_F$。实际上由于潮汐作用以及海流影响的不确定性，该法的精度也难以保证。GPS 高程测量能以厘米级的精度测定海峡两岸点间的高差，但这是地心坐标系下的值，必须换算到参考椭球体上，这时所得到的是椭球面高程或椭球面高差，而不是所求的正高。而大地水准面同椭球面之间存在着不确定的偏差，用 GPS 测定高差时必须考虑这种因素，在计算时顾及其影响，按卫星法测得英、法两海岸间的 ΔH 为 30 cm，其标准差 $\sigma_{\Delta H}=\pm8$ cm，若考虑两岸水准网测量误差，可将隧道两端起点间高程连测误差定为±10 cm。

§2.6　地面控制网误差对地下工程精度的影响

地面控制网的误差是通过地下支导线传递的，对地下各种工程都可能产生影响，但影响最大的是贯通工程。从测量学科来讲，贯通工程是地下测量精度要求最高的重要工程。只要地面控制网精度能满足贯通工程的精度要求，就能满足地下所有工程精度的需要。因此，这里仅讨论地面控制网误差对隧道贯通的误差影响。

一、单导线误差对贯通横向误差的影响

图 2-11 为一地面单导线，点号分别为 1、2、…、n，观测水平角分别为 β_1、β_2、…、β_n，测距边

长分别为 S_1、S_2、…、S_n，m_s/s 为边长相对中误差，m_β 为测角中误差。AM 和 NM 的边长分别为 L_{AM} 和 L_{NM}，并以此表示为地下导线。为了讨论问题方便，假设地下导线没有误差。β_A、β_c 为地下导线与地面导线的联系角。设 A 点为导线的坐标起算点，$A-1$ 方向的方位角 α_0 为起算方位角，N 为导线出口点，M 为贯通相遇点。

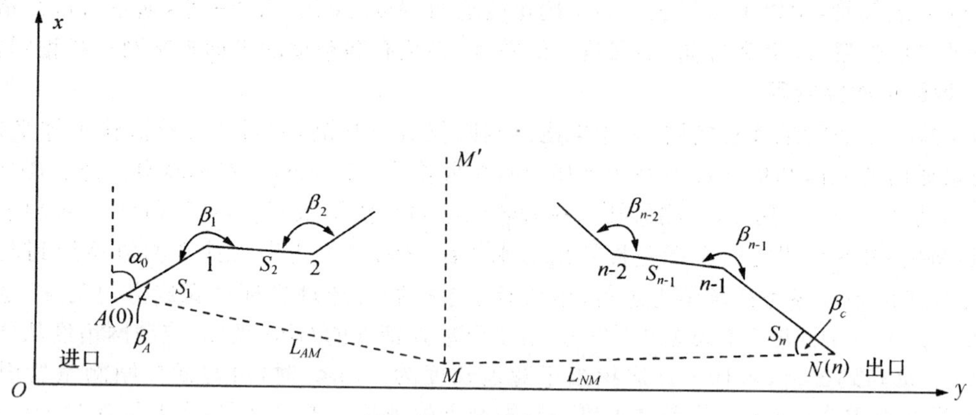

图 2-11 地面单导线分析

由图 2-11 可知，地上、地下导线共同形成一个平面的贯通闭合环。由于测量不可避免地存在误差，致使在贯通相遇点 M 处，产生坐标闭合差($x_{M出}-x_{M进}$)和($y_{M出}-y_{M进}$)。当 x 坐标轴平行于贯通面方向M'时，($x_{M出}-x_{M进}$)的中误差为贯通中误差。为推求($x_{M出}-x_{M进}$)的中误差，需首先列出($x_{M出}-x_{M进}$)的函数式。

通过进口导线得到 M 点的 x 坐标值为

$$x_{M进}=x_0+L_{AM}\cos\alpha_{AM} \tag{2-6-1}$$

通过出口导线得到 M 点的 x 坐标值为

$$x_{M出}=x_0+S_1\cos\alpha_{01}+S_2\cos\alpha_{12}+\cdots+S_{n-1}\cos\alpha_{(n-2)(n-1)}+S_n\cos\alpha_{(n-1)n}+L_{NM}\cos\alpha_{NM} \tag{2-6-2}$$

于是

$$\begin{aligned}x_{M出}-x_{M进}=&x_0+S_1\cos\alpha_{01}+S_2\cos\alpha_{12}+\cdots+S_{n-1}\cos\alpha_{(n-2)(n-1)}+\\&S_n\cos\alpha_{(n-1)n}+L_{NM}\cos\alpha_{NM}-x_0-L_{AM}\cos\alpha_{AM}\end{aligned} \tag{2-6-3}$$

对式(2-6-3)求全微分，并把式中与地面导线无关的各项舍掉，等式左边用 $\mathrm{d}(x_{M出}-x_{M进})_外$ 表示，即

$$\begin{aligned}\mathrm{d}(x_{M出}-x_{M进})_外=&\Delta x_{01}\frac{\mathrm{d}S_1}{S_1}+\Delta x_{12}\frac{\mathrm{d}S_2}{S_2}+\cdots+\Delta x_{(n-2)(n-1)}\frac{\mathrm{d}S_{n-1}}{S_{n-1}}+\Delta x_{(n-1)n}\frac{\mathrm{d}S_n}{S_n}-\\&(y_M-y_1)\mathrm{d}\beta_1-(y_M-y_2)\mathrm{d}\beta_2-\cdots-(y_M-y_{n-2})\mathrm{d}\beta_{n-2}-\\&(y_M-y_{n-1})\mathrm{d}\beta_{n-1}\end{aligned} \tag{2-6-4}$$

式(2-6-4)中，Δx_{ij} 表示 j 点对 i 点的坐标增量，S_i 和 β_i 为独立观测量，假定为等精度观测，按误差传播定律转换成中误差，同时假设地面控制网误差对地下贯通横向误差影响为 $m_外$，则

$$\begin{aligned}m_外^2=&(\Delta x_{01}^2+\Delta x_{12}^2+\cdots+\Delta x_{(n-1)n}^2)\times\left(\frac{m_S}{s}\right)^2+[(y_M-y_1)^2+\\&(y_M-y_2)^2+(y_M-y_{n-1})^2]\times\left(\frac{m_\beta}{\rho}\right)^2\end{aligned} \tag{2-6-5}$$

令 $d_{ij}=\Delta x_{ij}$ 为导线边长向贯通面方向投影的线段长，$R_{iM}=(y_M-y_i)$ 为导线点向贯通面方向作垂线的垂线长。由式(2-6-5)可得地面单导线对贯通横向误差的影响为

$$m_{外}=\pm\sqrt{\left(\frac{m_S}{S}\right)^2\sum_1^n d^2+\left(\frac{m_\beta}{\rho}\right)^2\sum_1^{n-1}R^2} \tag{2-6-6}$$

式中，d、R 可由图上直接量取；$\frac{m_S}{S}$ 采用网中最弱边相对中误差；m_β 用测角中误差，现举例说明。

如图 2-12 所示，0—1—2—3—4—5 为地面导线。计算时可先绘 1∶1 万的平面图，在图上直接量取垂线长和边长的投影长。取垂线长：$11'=270$ m，$22'=100$ m，$33'=60$ m，$44'=265$ m，因 0、5 不是角顶，不必量其垂线长。

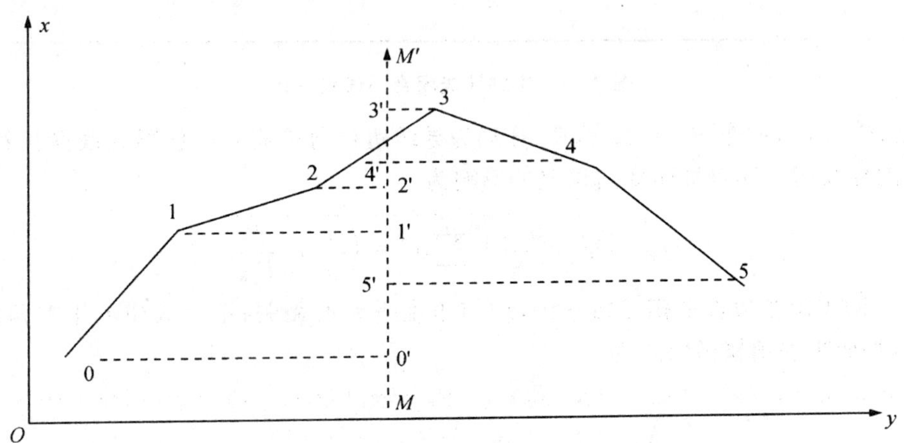

图 2-12　地面导线分析(比例尺 1∶1 万)

量取边长投影线段长：$0'1'=180$ m，$1'2'=50$ m，$2'3'=115$ m，$3'4'=85$ m，$4'5'=160$ m，设 $\frac{m_S}{S}=1∶1$ 万，$m_\beta=\pm5''$，代入式(2-6-6)得地面导线对贯通横向误差影响为

$$m_{外}=\pm\sqrt{\left(\frac{1}{10\,000}\right)^2(180^2+50^2+115^2+85^2+160^2)+\left(\frac{5}{206\,265}\right)^2(270^2+100^2+60^2+265^2)}$$
$$=\pm29.99\text{ mm}$$

二、主副导线闭合环对贯通横向误差的影响

如图 2-13 所示，$0-1-2-\cdots-(n-1)-n$ 为主导线，$0-1'-2'-\cdots-k'-n$ 为副导线，显然主导线有 $(n+1)$ 个点，副导线有 k 个点。设 x 轴平行于贯通面方向，O 为坐标原点，01 方位角 α_0 为起始方位角，进口联系方向为 $01'$，联系角为 β_i，出口联系方向为 nk'，联系角为 β_c。由于贯通闭合环只能采用主导线为地面环边，所以贯通横向误差的函数式为

$$(x_{E出}-x_{E进})=(x_0+S_1\cos\alpha_{01}+S_2\cos\alpha_{12}+\cdots+S_n\cos\alpha_{(n-1)n}+I_c\cos\alpha_{nE})-(x_0+I_j\cos\alpha_{oE}) \tag{2-6-7}$$

取上式全微分，并去掉与地面导线无关的各项，得

$$\mathrm{d}(x_{E出}-x_{E进})_{外}=(x_1-x_0)\frac{\mathrm{d}S_1}{S_1}+(x_2-x_1)\frac{\mathrm{d}S_2}{S_2}+\cdots+(x_n-x_{n-1})\frac{\mathrm{d}S_n}{S_n}+$$

$$
\begin{aligned}
&(y_E-y_0)\mathrm{d}\beta_0+(y_2-y_1)\mathrm{d}\beta_1+\cdots+\\
&(y_n-y_{n-1})(\mathrm{d}\beta_1+\mathrm{d}\beta_2+\cdots+\mathrm{d}\beta_{n-1})+\\
&(y_E-y_n)(\mathrm{d}\beta_1+\mathrm{d}\beta_2+\cdots+\mathrm{d}\beta_{n-1}+\mathrm{d}\beta_n)
\end{aligned} \tag{2-6-8}
$$

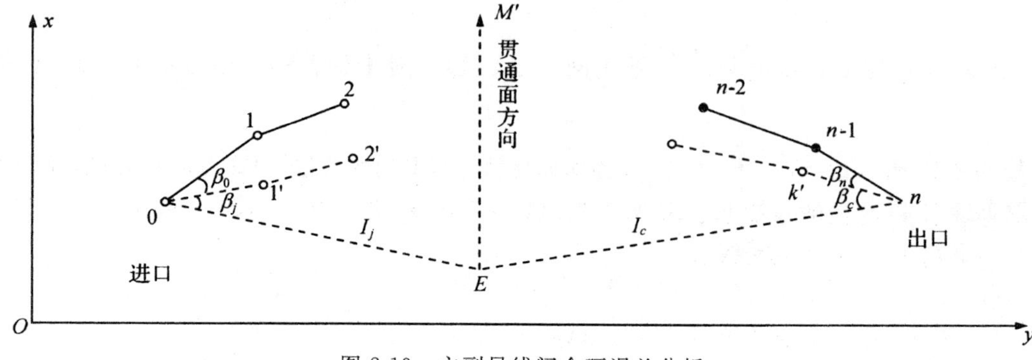

图 2-13 主副导线闭合环误差分析

根据式(2-6-8),并令 $d_{ij}=\Delta x_{ij}$,R_i 分别为导线边长向贯通方向投影的线段长和垂线长,得地面主副导线闭合环对贯通横向误差的影响为

$$
m_{外}=\pm\sqrt{\left(\frac{m_S}{S}\right)^2\sum_1^n d^2+\left(\frac{m_\beta}{\rho}\right)^2\frac{1}{P_{角}}} \tag{2-6-9}
$$

式(2-6-8)中的各边长是相互独立的,均与角度平差值无关;把公式中的平差角的误差部分提取出,组成平差角权函数式为

$$
\begin{aligned}
\mathrm{d}(x_{E出}-x_{E进})_\beta=&(y_E-y_0)\mathrm{d}\beta_0+(y_E-y_1)\mathrm{d}\beta_1+(y_E-y_2)\mathrm{d}\beta_2+\cdots+\\
&(y_E-y_{n-1})\mathrm{d}\beta_{n-1}+(y_E-y_n)\mathrm{d}\beta_n
\end{aligned} \tag{2-6-10}
$$

主副导线平差时,其内角和条件方程式为

$$
V_{\beta_0}+V_{\beta_1}+V_{\beta_2}+\cdots+V_{\beta_n}+V_{\beta_{1'}}+V_{\beta_{2'}}+\cdots+V_{\beta_{k'}}+W=0
$$

而式(2-6-10)的权倒数为

$$
\begin{aligned}
\frac{1}{P_{角}}=&[ff]-\frac{[af]^2}{[aa]}-\frac{[bf\cdot 1]^2}{[bb\cdot 1]^2}-\cdots-\frac{[rf(r-1)]^2}{[rr(r-1)]^2}=\\
&[(y_E-y_0)^2+(y_E-y_1)^2+(y_E-y_2)^2+\cdots+(y_E-y_{n-1})^2+(y_E-y_n)^2]-\\
&\frac{[(n+1)y_E-(y_0+y_1+y_2+\cdots+y_{n-1}+y_n)]^2}{(n+1)+k}
\end{aligned} \tag{2-6-11}
$$

当 x 坐标轴与贯通面方向重合时,$y_E=0$,则上式为

$$
\begin{aligned}
\frac{1}{P_{角}}&=(y_0^2+y_1^2+y_2^2+\cdots+y_{n-1}^2+y_n^2)-\frac{(y_0+y_1+y_2+\cdots+y_{n-1}+y_n)^2}{(n+1)+k}\\
&=\sum_1^n R^2-\frac{\left(\sum_1^n R\right)^2}{n+1+k}
\end{aligned} \tag{2-6-12}
$$

将式(2-6-12)代入式(2-6-9)得

$$
n_{外}=\pm\sqrt{\left(\frac{m_S}{S}\right)^2\sum_1^n d^2+\left(\frac{m_\beta}{\rho}\right)^2\left[\sum_1^n R^2-\frac{\left(\sum_1^n R\right)^2}{n+1+k}\right]} \tag{2-6-13}
$$

式(2-6-13)为地面主副导线闭合环对贯通横向误差影响的最后计算公式。实际计算方法与单导线对贯通横向误差影响一样，这里不举例说明。

三、三角锁误差对贯通横向误差的影响

当隧道工程采用三角锁作为地面控制时，其贯通横向误差的计算可采用单导线公式(2-6-6)。在使用时，以三角锁靠近隧道线路中线的最短路线作为地面单导线看待。把三角锁的测角中误差当作代用导线的测角中误差，把三角锁的最弱边相对中误差当作代用导线的各边边长相对中误差。这种方法使用起来简单方便，但计算出的贯通横向误差偏大，不是很精确。要准确推导地面三角网对地下导线起始点和起始方位角误差，其联合影响贯通横向误差相对复杂，下面给出两种估计公式。

1. 任意形状三角锁对贯通横向误差影响的计算公式

当地面控制网为任意形状的三角锁，两洞口点的连线为 x 轴，贯通相遇点几乎在连线的中央，顾及地下导线起始点和起始方位角误差的联合影响，则地面三角锁对地下贯通横向误差的影响为

$$m_{外} = \pm \frac{m_\beta}{\rho}\sqrt{\frac{2}{3}\sum_1^n y_i U_i^2 + \sum_1^n f_i^2 \pm \sum_1^n x_i f_i Q_i} \tag{2-6-14}$$

式中，$U_i = S_i \tan^2\alpha_i + S_i \tan^2\beta_i + S_i^2 \tan\alpha_i \tan\beta_i$；$f_i = \frac{x_n}{2} - x_i$；$Q_i = S_i \tan\alpha_i - S_i \tan\beta_i$。

式(2-6-14)中的最后一项有正负之分，当位于推算路线左边的三角形取“+”号，位于推算路线的右边的三角形取“−”号，n 为三角形的个数。

2. 等边直伸三角锁对贯通横向误差的影响公式

当地面控制网沿贯通隧道轴线方向布设近似等边直伸三角锁时，可按网(锁)终点相对于起始点的横向误差代替对贯通横向误差的影响。对于锁的一端有起始边的直伸等边三角锁，其对贯通横向误差影响公式为

$$m_{外} = \pm \frac{m_\beta}{\rho} L \sqrt{\frac{4k^2 - 3k + 5}{9k}} \tag{2-6-15}$$

对于锁的两端均有起始边的等边直伸三角锁，其对贯通横向误差影响公式为

$$m_{外} = \pm \frac{m_\beta}{\rho} L \sqrt{\frac{k^2 - 1.5k + 3}{9k}} \tag{2-6-16}$$

式中，L 为三角锁两端之间的长度；k 为三角锁两端之间的间接边数，其值为 $k = \frac{n+1}{2}$；m_β 为测角中误差。

第三章　地下起始数据的传递和获取

§3.1　概　述

地下工程，首先要由地表通过平峒、斜井或竖井深入地下，再利用各种巷道、空间和相互的几何关系进行建设。为了测定地下巷道和空间与地表水体、铁路、高大建筑物的相对位置关系，为了测定相邻地下巷道、空间的相对位置关系，为了相向开挖巷道的正确贯通等，地面和地下必须采用统一的坐标系统和高程系统。这种测量工作称为地下起始数据的传递或称联系测量。

地下起始数据传递的主要任务：

(1)确定地下导线测量起算边的坐标方位角。

(2)确定地下导线起算点的平面坐标。

(3)确定地下高程测量起算点高程。

前两项任务属平面联系测量，习惯上称为定向；第三项属于高程联系测量，习惯上称为导入标高。

地下起始数据的传递，根据地下工程进峒的方式不同，可分为几何定向和物理定向两类六种情况。

几何定向分为：

(1)通过平峒和斜井定向。

(2)通过一个竖井定向。

(3)通过两个竖井定向。

物理定向分为：

(1)用磁性仪器定向。

(2)用投向仪定向。

(3)用陀螺经纬仪定向。

通过平峒和斜井定向，只需通过平峒和斜井敷设经纬仪导线，将地面坐标与地下导线连测即可。用磁性仪器和投向仪定向，精度偏低，这里不详细讨论。

地下起始数据的传递，是将地面坐标传递到地下导线的起始边和起始点上，这种测量工作是起传递或联系作用。在此工作之前，必须将地面坐标引到进峒口或井口附近，地下必须有永久性的导线点。

地下起始数据传递的限差，不能完全按一井定向、两井定向或陀螺定向的方法而定，而应根据地下工程的大小或工程需要而定。某种方法可达到的限差，如两井定向要求两次独立定向结果的互差应小于$\pm1'$，这只是反映两井定向内部符合程度，可理解为本方法所能达到的精度。联系测量的限差，应该是地下工程大小的函数，比如地下 2 km 的贯通工程和 10 km 的贯通工程对联系测量的要求就不一样。这样既有利于人力、设备、技术、财务的合理配置，以免造成过多的浪费，同时有利于新的技术和方法的研究。

§3.2　地面近井点和井下定向基点的设置

为了将地面坐标系中的平面坐标及方向传递到地下去，在定向前必须在井口附近设立近井点和水准基点，这些点又称为连接点。在地下定向水平上设立地下定向基点和水准基点，对这些基点的有关要求，将在下面具体讨论。

一、近井点和井口水准基点的基本要求

在一般情况下，由于井口建筑物多，连接点直接与地面控制点通视连接困难，而且井口附近工程项目也多，因此，近井点和水准基点的选择和保护都存在一定的困难。在设立近井点和水准基点时，应满足下列要求：

(1)近井点和水准基点位置确定应便于观测、保存和不受地下和地面工程的影响。

(2)每个井口附近应设立一个近井点和两个水准基点。

(3)近井点至井口的连接导线边数应不超过三个。

(4)多井口的大型地下工程区域，近井点应统一考虑、合理布设，尽可能使相邻井口的近井点通视，或力求间隔边数最少。

(5)近井点和井口水准基点标石的埋设，要确保稳固，具体要根据地表的土层而定，埋设的深度适当，也可在标石四周加灌混凝土，或在实地用混凝土浇灌，同时加放保护桩或栅栏等。

二、地下定向基点和水准基点的基本要求

地下定向基点和水准基点是地下导线测量和高程测量的起始点，是地下工程按设计施工和建设的关键。地下定向基点不应少于三个点，它们应该在碹顶上或巷道顶、底板的稳定岩石中，它们应两两相互通视，点位设置还应便于保存和使用。水准基点也可设在巷道的边上。定向基点也可作为水准基点。

三、近井点和井口水准基点的精度要求

近井点一般在地面三、四等控制网的基础上采用插网、插点和敷设测距导线等方法测设。近井点的精度要求，一般相对四等点来说，点位中误差应不超过±7 cm。当受到地形条件限制，选不出较好的近井网图形时，近井点相对高级点的点位中误差可放宽至±(10～15)cm。若有两井或多井的近井点时，且地下有大型的贯通工程，近井点的精度不能随便放宽。

建立近井点的目的是便于向井口附近敷设连接点，为了保证连接点和定向的精度，要求近井点后视边的坐标方位角中误差相对四等边不应超过±10″。当利用两个近井点敷设导线，进行巷道贯通时，两近井点后视边相对的坐标方位角应满足式(3-2-1)的要求，即

$$m_{\alpha_{\mathrm{I\,II}}} \leqslant \frac{23.3''}{S_{\mathrm{I\,II}}} \tag{3-2-1}$$

式中，$S_{\mathrm{I\,II}}$ 为两近井点的距离。

井口水准基点精度应满足两相邻井口间进行主要巷道贯通的要求。由于两井间主要巷道贯通时，高程允许偏差为±0.2 m，则其中误差 $m_E=\pm 0.1$ m。因此，井口水准基点应按四等

水准测量的精度要求进行施测。

§3.3 一井定向

一井定向是通过一个竖井进行的几何定向。概括起来说,就是在一个竖井中悬挂两根钢丝,钢丝的一端固定在地面,另一端系有定向专用的垂球自由悬挂于定向水平,一般称为垂球线。在地表确定两垂球线的坐标及其连线的坐标方位角;在定向水平上把垂球线与井下定向基点连接起来,这样便能将地面的方向和坐标传递到井下,从而达到了定向的目的。因此,一井定向工作可分为由地面向定向水平投点和地面与定向水平连接测量两部分。

一、投 点

投点一般都采用垂球线单垂投点法,即在投点过程中,垂球的重量不变。单垂投点可分为单垂稳定投点和单垂摆动投点两类。前一种方法是将垂球放在比重较大的液体中(或盐水中),使其基本上处于静止状态,在定向水平测角量边时均与静止的垂球线进行连接;后一种方法是让垂球线自由摆动,用专门的设备观测垂球线的摆动,求出它的静止位置并加以固定,在定向水平上连接时,按固定的垂球线位置进行观测。

1. 单垂稳定投点

单垂稳定投点是假定垂球线在井筒内处于铅垂位置而静止不动,即在任何一个水平上投影为一个点,或者说两垂球线在井筒中构成一个竖直面,该竖直面于任何一个水平面的交线都保持同一方向,以便井上、下的连测。只有这样才能把地面坐标系统通过垂球线传递到定向水平上去,使其坐标不变。但实际上是不可能的。因此当摆动不超过 0.4 mm 时,我们认为它是稳定的。

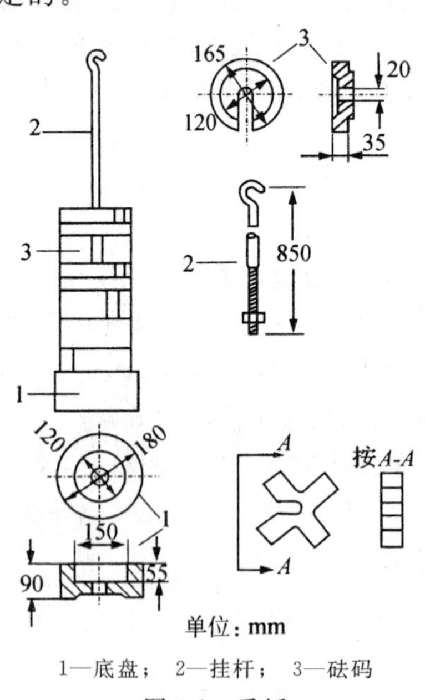

1—底盘; 2—挂杆; 3—砝码

图 3-1 重锤

单垂稳定投点的主要设备分述如下:

(1)重锤。挂在钢丝下端使钢丝在井筒内处于铅垂状态的重铊称为重锤。重锤一是用生铁制成,在磁性竖井中用铅制成。重锤形状以法码式最佳,钢丝上悬挂重锤,要求其悬挂点四周的重量对称(图 3-1)。重锤的重量应随井的深度变化而变化,当井深在 100 m 以内时,一般用 30~50 kg,井深大于 100 m 时,可用 50~100 kg。一般情况下,重锤越大,重球线越稳定,但随着重量的加大,钢丝的直经也相应地增大,气流对钢丝的影响也加大,同时钢丝直径的增大,实际上也增大了经纬仪的照准误差。

(2)钢丝。钢丝采用细直径的抗拉强度高的优质炭质弹性钢丝,钢丝直径大小的选择,主要取决于所用重锤的重量。钢丝上悬挂的锤重应接近极限抗拉强度值的 60%~70%,但不得超过 70%。各种不同直径的炭质弹性钢丝的极限抗拉强度值及其相应的容许最大锤重列于表 3-1。井筒深度大于 300 m 时,适合采用直径 1 mm 以上的钢丝。

表 3-1　钢丝的抗拉强度和规定的悬挂垂球重量值

钢丝直径/mm	碳素弹簧钢丝(YB248-64)						重要用途的弹簧钢丝(YB550-65)	
	Ⅰ组		Ⅱ组		Ⅲ组			
	抗拉强度/kg	悬挂垂球重/kg	抗拉强度/kg	悬挂垂球重/kg	抗拉强度/kg	悬挂垂球重/kg	抗拉强度/kg	悬挂垂球重/kg
0.5	53～61	35	44～53	30	34～44	25	—	—
0.8	130～150	90	107～130	70～75	85～107	60	—	—
1.0	105～222	130～135	160～195	110～115	129～164	90～95	140～168	95～100
1.2	271～305	180～190	220～271	150～160	175～226	120～130	203～243	135～145
1.4	345～401	235～245	292～354	200～210	231～292	160～170	270～318	180～190
1.6	443～503	300～310	372～443	255～265	292～372	200～210	353～412	235～245
1.8	534～610	360～370	457～534	310～320	356～458	250～260	432～508	300～310
2.0	628～723	430～440	565～660	380～390	440～565	300～310	534～628	360～370

在定向前必须对钢丝进行检查和抗拉强度实验。有扭曲扭结或由几段拧接的钢丝不宜采用，它容易断裂，又不容易使整个钢丝成一直线。钢丝的脆性实验是把钢丝弯成直角，来回重复弯曲几次还不断即可。断裂性实验是在一段 3～4 m 长的钢丝上悬挂两倍的负荷，钢丝不断即可。实验证明，钢丝与重锤连接的地方最易断裂，不应弯曲，一般用专制的铁环连接，如图 3-2(a)所示；也可用胶皮电线抽出铜芯，将钢丝插入，然后弯成环形，将钢丝尾端扎紧，再用铁丝缠固，如图 3-2(b)所示。

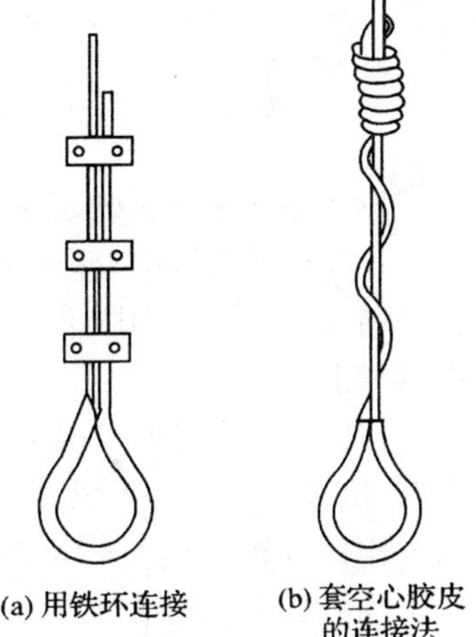

图 3-2　钢丝与重锤的连接

(3)手摇绞车。绞车是控制下放钢丝和下放速度的主要器件。其各部分的强度必须承受 3 倍投点时的荷重。为了不使钢丝弯曲过甚，绞车滚筒直径不应小于 250 mm，绞车应设有双闸。

(4)导向滑轮。导向滑轮安装在井口的上方，作为下放钢丝的导向，同样承受较大的拉力，应坚固。轴系性能要好，最好采用滚珠轴承，轮缘成锐角形的绳槽，以防止钢丝脱落。

(5)小垂球。在提放钢丝时，不能采用重锤，而应用 3～5 kg 的小垂球，可用重物或沙袋替代。

(6)定点板。定点板是固定钢丝的，一般用铁制成。在地面连接时，应在定点板下进行。定向时也可不用定向板，钢丝直接由滑轮下放到井筒中去。

2. 单垂摆动投点

井深较大时，垂球线难以稳定。为了提高投点精度，一般不是设法稳定垂球，而是观测垂线的摆动，找出其静止的位置，并固定起来，然后再进行连接测量。单垂摆动投点时所需的设备和安装方法基本上和单垂稳定投点一样，只是在定向水平增设一个观测垂球线摆动并能固定垂球线的设备，目前一般采用有两相互垂直标尺的定点盘。如图 3-3 所示，对点块 3 可借助于两对相互垂直的螺杆 5 在定点盘内移动，并固定在所需要的位置上，对点块中央有小孔与缝隙，可以插入一个带有尖针的圆盘。孔 8 中可插入标尺，并可用旁边的螺丝 9 固定。定点盘中央有 3～5 cm 直径的圆孔。通过四个圆孔可用螺丝把定点盘固定在不动的木架基座上。

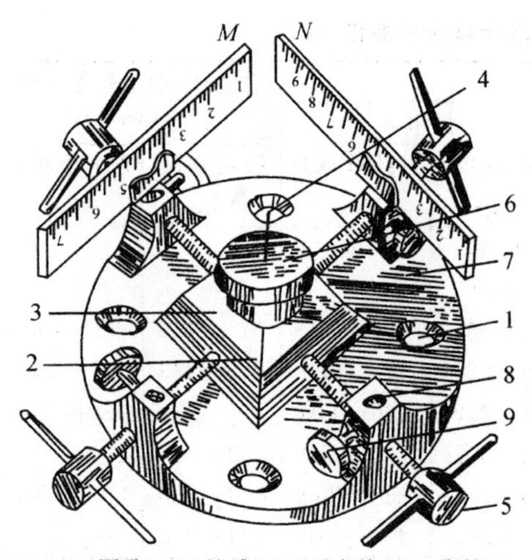

1—圆孔；2—缝隙；3—对点块；4—尖针；5—螺杆；6—圆盖；7—定点盘；8—孔；9—螺丝

图 3-3 定点盘

观测垂线摆动时，两经纬仪与两相互垂直的标尺分别垂直，将定点盘固定在专设台架的木板上，取下对点块，把钢丝通过定点盘的圆孔中放下，使垂线在与其中一个标尺平行的方向上摆动，此时两台经纬仪同时分别在两标尺上连续读出钢丝摆动的左右边缘位置所标定的读数。读取钢丝在标尺左右位置读数时，应以钢丝的内缘或外缘为准。一般每个标尺上应连续读取 13 个以上的奇数读数。用式(3-3-1)计算垂线稳定位置在标尺上的读数。

$$N_{平}=\frac{1}{2}\left(\frac{\sum l_i}{n}+\frac{\sum r_i}{m}\right)=\frac{l_{平}+r_{平}}{2} \quad (3\text{-}3\text{-}1)$$

式中，$l_{平}$ 为垂球线摆动到标尺左边时连续读取 n 个读数 l_1、l_2、l_3、…、l_n 的平均值；$r_{平}$ 为垂球线摆动到标尺右边时连续读取 m 个读数 r_1、r_2、r_3、…、r_m 的平均值。

按上述观测方法确定垂球线静止位置的平均值应连续进行两次，两次之差不得超过 1 mm，取其平均值作为最终结果。此时，从定点盘圆孔中取走钢丝，安上带尖针的对点块，两台经纬仪望远镜分别瞄准标尺读数 $M_{平}$ 和 $N_{平}$，用螺丝 5 把对点块尖针放在两望远镜视线交点位置上。

在没有定点盘的情况下，也可在工作台上固定两根互相垂直的三棱尺，在求出垂线静止位置后，用事先做好的小木板盖在工作台的圆孔上并固定之，将钢丝固定在孔旁，在木板上对应垂线的静止位置插上大头针，用大头针代替钢丝进行连接测量。

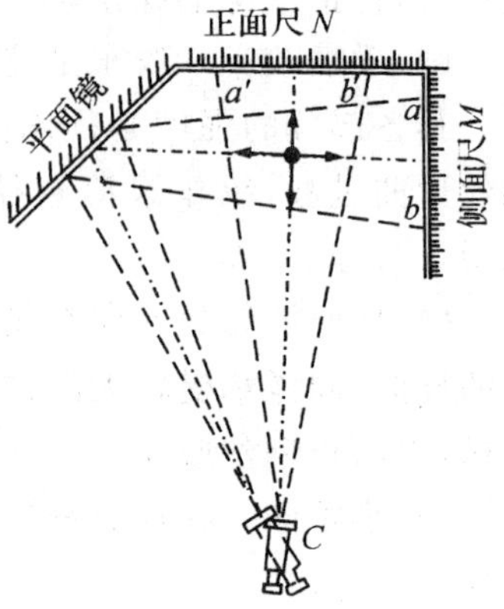

在地下条件不允许的情况下，也可用一台经纬仪观测，如图 3-4 所示。此时在固定点盘和安置仪器时，应使两标尺中的一个与经纬仪视线垂直，另一个与视线平行。与视线垂直的标尺叫正面尺，平行的叫侧面尺。为了能观测到侧面尺，在它的对面设一个平面镜，镜面与正面标尺成 45°角。这样垂球线在侧面尺的摆动位置可在平面镜上读出。

图 3-4 一台经纬仪观测垂球线的摆动

3．钢丝的下放和自由悬挂的检查

(1)钢丝的下放。在井盖和绞车安好之后，在钢丝下放之前，必须通知定向水平的人员离开井筒。钢丝通过滑轮并挂上小垂球后，慢慢放入井筒内。下放速度均匀，每秒 1～2 m，每下放 50 m 左右稍停一下，使垂球摆动稳定后再继续下放。当垂球到达定向水平后，立即停止下放，制动绞车，并将钢丝卡入定线板内。在换上重锤前，必须估算钢丝的拉伸长度。钢丝的拉伸长度值 ΔL 可按下式计算：

$$\Delta L=K\cdot L\frac{Q(C_1-C_2)}{C_1} \quad (3\text{-}3\text{-}2)$$

式中，K 为受力 1 kg 钢丝每米的伸长量，cm，可由表 3-2 查出；L 为钢丝悬挂长度，m；Q 为重锤和带挂钩的悬挂物总重量，kg；C_1 为重锤的比重，生铁为 7.3，g/cm³，熟铁为 7.7，g/cm³；C_2 为稳定液的比重，水为 1，g/cm³。

表 3-2　钢丝伸长系数

钢丝直径/mm	0.5	0.8	1.0	1.2	1.4	1.6	1.8	2.0
系数 K/cm	0.255	0.100	0.064	0.044	0.032	0.002 5	0.002 0	0.001 6

估算钢丝拉伸量 ΔL 后，将钢丝提升或下降相应的距离，然后换上重锤，放入桶中，并注意不使垂球与桶底或桶壁接触。

(2)钢丝自由悬挂的检查。钢丝在井筒中是否自由悬挂，必须进行检查。具体有以下几种检查方法。

①信号圈法。地面人员用细金属丝绕着钢丝作成直径为 2～3 cm 的小圈，每隔一段时间下放 2～3 个，如下放的小圈达到定向水平，则表明钢丝是自由悬挂的，否则钢丝处于非自由悬挂状态。为避免小圈被钢丝上的油粘住，在下放钢丝过程中，应擦去钢丝上的防锈油。

②钟摆法。垂线摆动可看作钟摆，垂球线一次摆动时间为

$$t=\pi\sqrt{\frac{l}{g}} \tag{3-3-3}$$

式中，t 为一次摆动的时间，即半周期，s；l 为垂球线的自由悬挂长度，m；g 为重力加速度，m/s²。

由于

$$\pi \approx \sqrt{g}$$

所以

$$t \approx \sqrt{l}$$

故

$$l \approx t^2 \tag{3-3-4}$$

因此，在定向水平上测定一次摆动的实际时间后，便按上式计算钢丝长度，再与实际井深长度比较，若两值相同，钢丝自由悬挂，若两值不同则钢丝不自由悬挂，可根据实际摆动的时间找出接触的位置。为了精确起见，需用秒表多次观测以取得 l 的平均值。这种检查需在垂球放入稳定液桶中之前进行。

(3)比距法。若钢丝未与任何东西接触，则井上下两垂球线间的距离相等。井上下实际测得两垂球线间距离之差不大于 2 mm 时，便可认为是自由悬挂的。

(4)井筒中条件允许时，也可乘罐笼或吊桶直接检查钢丝的自由悬挂。

实际定向时，一般都采用两种以上的方法进行检查，以确保垂球线的自由悬挂。

二、井上下连接测量

在投点工作完毕后，应立即同时进行井上下连接测量。连接测量的任务有两个。在地面上测定两垂球线的坐标及其连线的方位角；在定向水平根据两垂球线的坐标和方位角测定井下导线起始点的坐标与起始边方位角。

连接测量的方法主要有连接三角形法、连接四边形法和瞄直法。

1. 连接三角形法

投点工作结束后，井筒内已挂好两根垂球 A、B，如图 3-5(a)所示。由于 A、B 两点不能安置仪器，因此需在井上下选择连接点 C 和 C'，从而在井上下形成了以 AB 为公用边的三角形 ABC 和 ABC'。一般把这样的三角形称为连接三角形。图 3-5(b)所示的是井上下连接三角形平面投影。由图中可以看出，当已知 D 点坐标及 DE 边方位角和地面三角形各内角和边长时，便可用普遍导线的方法计算出 A、B 两点坐标及其连线的方位角。同样，已知 A、B 两点的坐标及其连线的方位角和连接角 δ'，就能计算出井下导线起算边 $D'E'$ 的方位角及 D' 点的坐标。

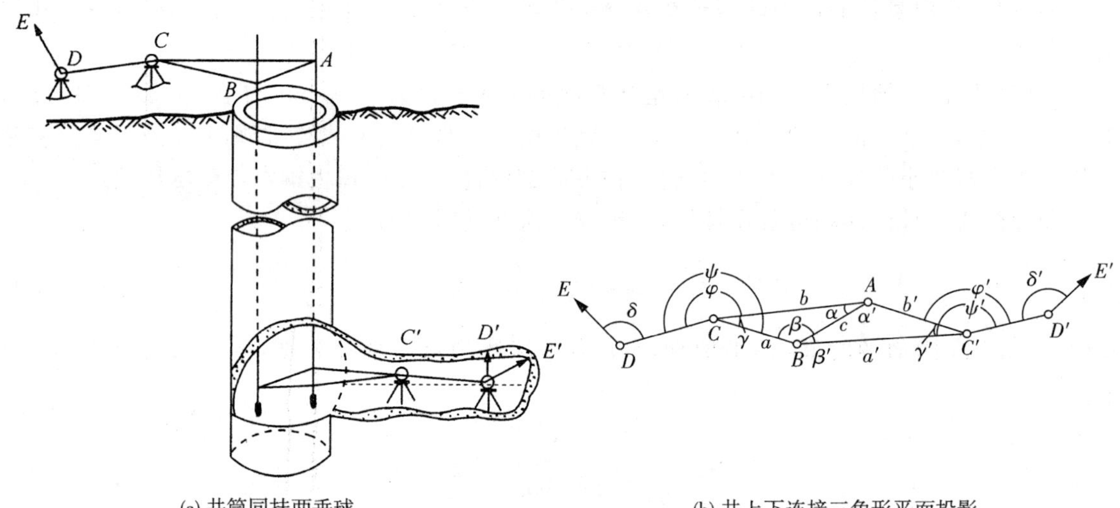

(a) 井筒同挂两垂球　　(b) 井上下连接三角形平面投影

图 3-5　连接三角形示意图

井上下连接点 C 和 C' 是构成连接三角形的关键点，在选择点位时，应满足下列要求：

(1)点 C 与 D 及点 C' 与 D' 应彼此通视，CD 和 $C'D'$ 的长度应大于 20 m。

(2)点 C 及点 C' 应尽可能在 AB 延长线上，即角度 γ 和 α 及 γ' 和 β' 不应大于 2°，这样可构成最有利的延伸三角形。

(3)点 C 及点 C' 应适当地靠近垂球线，应使 a/c 及 b'/c 之值不大于 1.5。

1)外业测量

用连接三角形连接时的外业测量工作，以图 3-5 为例，可分为测角量边两步。

(1)在连接点 C 上用测回法测量角度 γ 和 φ，仪器一般采用不低于 J_6 的经纬仪。当 CD 边小于 20 m 时，在 C 点观测水平角，仪器应对中三次，每次对中时转动仪器基座 120°，连接三角形角度观测要求见表 3-3。

表 3-3　连接三角形中角度测量的要求

仪器级别	水平角观测方法	测回或复测数	测角中误差	限差			
				半测回归零差	各测回互差	检验角与最终角之差	重新对中测回(复测)间互差
J_2	全圆方向观测法	3	±6″	12″	12″	—	60″
J_6	全圆方向观测法或复测法	6	±6″	30″	30″	40″	72″

当用复测法时，为了检查起见，要加测 φ 角并进行测站平差。井下连接点 C' 上的测角方法及要求同上。

(2)丈量连接三角形的三个边长时，应对钢尺施加比长时的拉力，记录测量时的温度。在钢丝稳定的情况下，应用钢尺不同的起点丈量六次，同一边长各次丈量互差应不大于 2 mm，取其平均值作为丈量结果。在钢丝摆动的情况下，应将钢尺沿所量三角形边长方向固定，然后用摆动观测的方法(至少连续读 6 个数)确定钢丝在钢尺上的稳定位置以求得边长。每边需用上述方法丈量两次，互差不大于 3 mm，取其平均值作为丈量的结果。

2)内业计算

确定角度 α、β、α'、β' 及 D' 点的坐标(x,y)。计算之前应对全部记录进行检查。对于延伸三角形，垂球处的角度 α、β 按正弦公式计算，即

$$\left.\begin{aligned}\sin\alpha &= \frac{a}{c}\sin\gamma \\ \sin\beta &= \frac{b}{c}\sin\gamma\end{aligned}\right\} \tag{3-3-5}$$

当 $\alpha < 2°$ 及 $\beta > 178°$ 时，可用近似公式计算，即

$$\left.\begin{aligned}\alpha &= \frac{a}{c}\gamma \\ \beta &= \frac{b}{c}\gamma\end{aligned}\right\} \tag{3-3-6}$$

当 $\alpha > 20°$时，则不采用正弦公式，而采用边长公式，即

$$\left.\begin{aligned}\tan\frac{\alpha}{2} &= \pm\sqrt{\frac{(p-b)(p-c)}{p(p-a)}} \\ \tan\frac{\beta}{2} &= \pm\sqrt{\frac{(p-a)(p-c)}{p(p-b)}}\end{aligned}\right\} \tag{3-3-7}$$

式中，$p = \dfrac{a+b+c}{2}$。

3)连接测量和计算正确性检核

连接三角形三内角和 $\alpha+\beta+\gamma=180°$，$\alpha'+\beta'+\gamma'=180°$，一般均能闭合，若有微小残差时，即可将其平均分配给 α、β。三角形内角和只能检验计算的正确性，不完全检核测角量边的正确性。要正确检核还要通过两垂线间丈量距离 $c_{丈}$ 和计算距离 $c_{计}$ 进行比较。$c_{计}$ 用式(3-3-8) 计算，即

$$c_{计}^2 = a^2 + b^2 - 2ab\cos\gamma \tag{3-3-8}$$

按上式计算的 c 值与直接丈量值之差在地面应不大于±2 mm，井下应不大于±4 mm。

当 $\alpha > 20°$、$\beta < 160°$，按边公式解算三角形时，也可用计算角度 γ 来检查量边测角精度，即

$$\tan\frac{\gamma}{2} = \pm\sqrt{\frac{(p-a)(p-b)}{p(p-c)}} \tag{3-3-9}$$

算得的角度值与直接测得值的角之差应不大于$\pm 1'30''$。

连接三角形解算实例，见表 3-4。

表 3-4 地面连接三角形的解算

($\gamma < 2°$, $\beta > 178°$)

∠α、∠β的计算					边长核算		误差计算	
连接三角形示意图 $\alpha = \frac{a}{c}\gamma$ $\beta = \frac{b}{c}\gamma$					$c_{计}^2 = a^2 + b^2 - 2ab\cos\gamma$		$m_\alpha = \frac{a}{c}m_\gamma$ $m_\beta = \frac{b}{c}m_\gamma$	
观测值	a	8.335 9	c	3.069 7	a^2	69.487 228 81	m_γ	±6.3″
	b	11.405 2	γ	0°03′06.0″	b^2	130.078 587	m_α	±17.1″
改正数	$v_a = -0.000\,1$; $v_b = 0.000\,2$; $v_c = -0.000\,1$				$\cos\gamma$	0.999 999 59	m_β	±23.4″
平差值	a	b	c		$2ab\cos\gamma$	190.145 135 3		
	8.335 8	11.405 4	3.069 6					
γ''	186″				$c_{计}^2$	9.420 680 5		
$\frac{a}{c}$	2.715 542 235							
α''	505.090 855 7″							
α	0°08′25.1″							
$\frac{b}{c}$	3.715 411 929							
(β'')	691.066 618 7″				$c_{计}$	3.069 3	$v_a = -\frac{d}{3}$	
(β)	0°11′31.1″				$c_{丈}$	3.069 7		
β	179°48′28.9″				$d = c_{丈} - d_{计}$	0.000 4	$v_b = +\frac{d}{3}$	
$\sum = \alpha + \beta + \gamma$	180°00′00.0″							

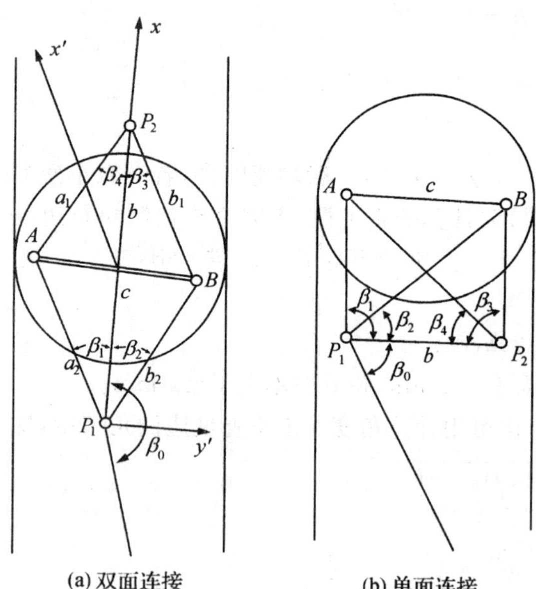

图 3-6 连接四边形示意图

2. 连接四边形法

当井筒和井底车场的条件限制必须在与垂球线连线的垂直方向上连接时,可采用连接四边形法,如图 3-6 所示。它可分为双面连接和单面连接两种。连接四边形法的实质为双点后方交会法,即利用两已知点来确定两个未知点的位置及其方向。

1)外业测量

在 P_1 和 P_2 两点上,分别测出图中所示的角度 β_1、β_2、β_3、β_4 以及 P_1、P_2 与井下导线起始边间的夹角 β_0,分别丈量 P_1P_2、AB 之间距离 b 与 c_0 测角量边的方法与要求均同于连接三角形法。

2)内业计算

四边形连接法实质是双点后方交会,其解算的方法很多,这里仅介绍一种最简单的假定方位角法。设 P_1 点为假定坐标原点，P_1P_2 为 x' 轴。按假定坐标系统和观测角度，计算两垂球线的方位角 α'_{AB} 及其距离 c'，根据 α_{AB} 与 α'_{AB} 的差值，可求得 P_1P_2 在地面坐标系统中的方位角及坐标。

现以图 3-6 为例加以说明，计算两垂球线的假定坐标：

先由三角形 P_1AP_2 计算边长 a_1、a_2，即

$$\left.\begin{aligned} a_1 &= \frac{b}{\sin\gamma}\sin\beta_1 \\ a_2 &= \frac{b}{\sin\gamma}\sin\beta_4 \end{aligned}\right\} \tag{3-3-10}$$

式中，$\gamma = 180° - (\beta_1 + \beta_4)$。

垂球 A 点的假定坐标为

$$\left.\begin{aligned} y'_A &= a_2\sin(360° - \beta_1) \\ x'_A &= a_2\cos(360° - \beta_1) \end{aligned}\right\} \tag{3-3-11}$$

同理，可由三角形 P_1BP_2 计算垂球 B 点的假定坐标，即

$$\left.\begin{aligned} y'_B &= b_2\sin\beta_2 \\ x'_B &= b_2\cos\beta_2 \end{aligned}\right\} \tag{3-3-12}$$

此时，可根据垂球线的假定坐标，求 A、B 两点连线的假定方位角 α'_{AB} 及其距离 c'。

$$\tan\alpha'_{AB} = \frac{y'_B - y'_A}{x'_B - x'_A}$$

$$c' = \frac{y'_B - y'_A}{\sin\alpha'_{AB}} = \frac{x'_B - x'_A}{\cos\alpha'_{AB}} = \sqrt{(x'_B - x'_A)^2 + (y'_B - y'_A)^2} \tag{3-3-13}$$

垂球线 A、B 的计算值与丈量值之差应不大于±3 mm。

现根据地面和定向水平两垂球线的方位角之差和四边形边长，可求出任一边在地面系统中的方位角和 P_1、P_2 点的坐标。P_1、P_2 点的坐标按式(3-3-14) 计算，即

$$\left.\begin{aligned} y_{P_1} &= y_A + a_2\sin\alpha_{AP_1} = y_B + b_2\sin\alpha_{BP_1} \\ x_{P_1} &= x_A + a_2\cos\alpha_{AP_1} = x_B + b_2\cos\alpha_{BP_1} \\ y_{P_2} &= y_A + a_2\sin\alpha_{AP_2} = y_B + b_2\sin\alpha_{BP_2} \\ x_{P_2} &= x_A + a_1\cos\alpha_{AP_2} = x_B + b_1\cos\alpha_{BP_2} \end{aligned}\right\} \tag{3-3-14}$$

根据所求 P_1、P_2 两点的坐标，可计算出它们的连线长度 b'，计算值与实际丈量值之差应不大于±5 mm。这时，可根据 P_1P_2 的方位角及其坐标和连接角 β_0，便可容易算出定向水平导线起始边的方位角和坐标。

3. 瞄直法

瞄直法又称穿线法，此法看作是连接三角形法的特例。在连接三角形法中，将连接点 C、C' 选择在两垂球线 A、B 连线的延长线上，如图 3-7 所示。此时，只要在 C 和 C' 点安置经纬仪，精确测出 β_C、β'_C 角，在 D 和 D' 点上测出 β_D、β'_D 角，便可容易算出井下导线起始边 $D'E'$ 的坐标方位角。

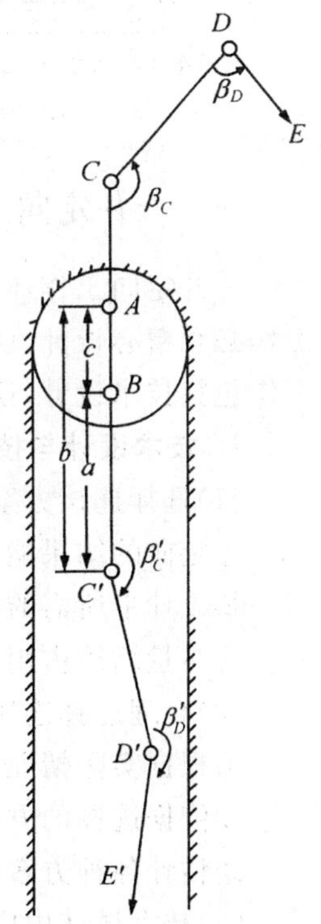

图 3-7　瞄直法连接

为了确定井下导线起始点 D' 的坐标,地面需测量边长 DC、CA 和 AB,井下需测量边长 AB、BC' 和 $C'D'$。为了检核,还需测量 CB 和 $C'A$ 边长。定向精度取决于瞄直和测角精度,量边精度对方向传递没有影响。

瞄直法看起来非常简单,但要把连接点 C 和 C' 精确地设在 AB 的直线上较为困难。目前基本上有两种方法。

(1)以垂球线上 A 和 B 两垂球点为基准,确定 D 和 D' 点。先用眼睛在 A、B 垂球线的延长线上瞄直安置经纬仪,再用经纬仪望远镜瞄准垂球线 A 及 B,看两垂球线是否与经纬仪中心在一直线上,若不在一直线上,按垂直于 AB 方向稍微移动经纬仪,整平后,再用望远镜检查,直到 A、B、C 三点精确地在一直线上为止。如采用专门的滑座,可将经纬仪精确地安置在 AB 的直线上。滑座如图 3-8 所示,滑座的不动部分 1 与三脚架固定连接,可滑动的板座 2 固定,连接经纬仪,转动螺丝杆 3 可使滑动板座 2 沿垂直于 AB 方向微动。

(2) 以 C、D 点为基准,确定垂球点 A、B。在地面上预先选定 C 点 D 点,如图 3-9 所示,在 C 点对中安置经纬仪,用望远镜瞄准 D 点,利用望远镜视线在 CD 直线上,安置两定向滑轮及两定点板,最后再利用经纬仪精确地把 A、B 两垂球线安置在 CD 直线上。此法适合在浅井中使用,在深井中由于垂球重,不易移动垂球线。

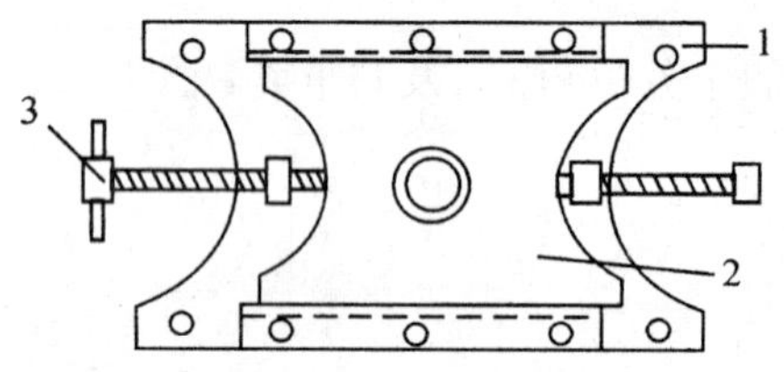

1—滑座的不动部分;2—滑动板座;3—螺杆

图 3-8 滑座

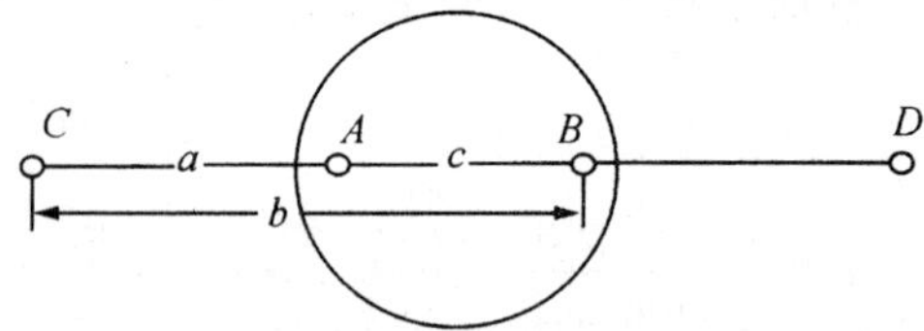

图 3-9 用瞄直法将两垂球线确定在固定边方向上

三、一井定向工作的组织与实施

一井定向工作环节多,工作难度大,精度要求高,而且占用井筒时间不宜过长。因此,定向工作必须精心设计,认真组织,周密实施,以保证定向工作顺利进行。一井定向的组织与实施工作包括技术设计,仪器、设备的准备,地面和定向水平的连接工作以及安全措施等。

1. 技术设计与技术准备

(1)选择连接方案,做出技术设计的基本原则:

①定向的结果能充分满足井下工程的精度要求;

②设计中所需的技术人员和仪器设备应从实际出发;

③尽量缩短占用井筒的时间。

(2)合理选择连接方案:

①根据实际情况,确定连接方案;

②依据选择的方案,确定垂球线和连接点的位置;

③估计各种方案所能达到的精度和所需的时间。

(3)技术设计中应说明的问题:

①投点方法;

②所选用的钢丝型号、垂球重量,以及绞车、滑轮、定点盘的牌名和规格;

③表明垂球线在井筒中位置及投点设备的安装地点图；

④井上、下连接所采用的仪器和工具，测角量边的方法和精度要求；

⑤井上下所需人员的配备及人员的分工；

⑥制定工作时间表，在安全的前提下，尽可能采取平行作业，以缩短占用井筒的时间。

(4)定向设备、工具的准备包括如下：

①准备投点设备，如绞车、滑轮、定向板、垂球、钢丝，以及钢丝稳定设备或摆动观测设备；

②准备安装设备，定向水平工作台和盖井所需的木料；

③规定好井上下联络信号，一般采用电话或对讲机井上下联系；

④检查定向设备，检验观测所用的仪器；

⑤预先安装好某些投点设备，并将所需用具、设备等及时送至定向井口和井下。

2. 地面工作的内容及顺序

(1)将定向所需人员及设备送到定向水平。

(2)将提升容器可靠地固定，其前提是安全，便于定向。

(3)铺井盖和安装绞车。

(4)安装滑轮。

(5)下放钢丝。

(6)固定绞车插爪，检查钢丝自由悬挂情况。

(7)测量角度。

(8)丈量边长。

(9)及时与定向水平联系，以便互相了解工作进展情况。

(10)待井上下定向工作完全结束后，提升钢丝，拆卸设备。

3. 定向水平上的工作内容及顺序

(1)铺工作台。

(2)挂上工作垂球。

(3)检查钢丝是否自由悬挂。

(4)安设定点盘，进行摆动观测(稳定投点时没有此项工作)。

(5)测量角度。

(6)丈量边长。

(7)及时向地面通报工作进展情况。

(8)钢丝提升到地面后，拆卸设备。

4. 定向时的安全措施

采用竖井定向时，应特别注意安全，否则很容易产生意外事故，必须采取有效措施。

(1)在定向过程中，应禁止一切非定向工作人员在井口附近停留。

(2)应向参加定向的工作人员反复进行安全教育，以提高警惕，地面工作人员不得将任何东西掉入井内，在井盖上的工作人员必须配戴安全带。

(3)提升容器应牢固停妥。

(4)井盖必须牢固可靠地盖好。

(5)下放或提升钢丝时，应事先通知井下人员离开井筒。

(6)垂球未到定向水平或地面时，井下人员不得进入井筒。

(7)井上、下应有专人负责联系,自始至终,地面井口不能离人。

5. **定向后的技术总结**

技术总结是按技术设计进行实施的总结和归纳,是对定向结果的全面分析和精度评价,主要包括如下几个方面:

(1)定向测量的时间安排,参加人员及分工。

(2)定向竖井的基本概况。

(3)地面连测导线的施测、计算及精度。

(4)定向方案实施过程中的必要说明。

(5)定向内业处理和精度评定。

(6)定向工作的技术分析和结论。

§3.4 一井定向精度分析

在一井定向过程中,影响井下起始边方位角和起始点坐标精度的主要因素是投向误差和井上下连接误差。其中投向误差除了人为因素外,还受到井筒风流、滴水等多种因素的影响。本节分析诸多因素的影响,旨在采取有效措施减少影响。

矿山测量规程要求:两次独立定向所得井下定向边坐标方位角之差不得大于$\pm 2'$,则一次定向中误差为$\pm \dfrac{2'}{2\sqrt{2}} = \pm 42''$。此项误差包括井上连接误差$m_{上}$、投向误差$\theta$、井下连接误差$m_{下}$,即

$$m_{\alpha_0} = \pm\sqrt{m_{上}^2 + \theta^2 + m_{下}^2} \tag{3-4-1}$$

在一般情况,投向误差和井上下连接误差大致相等,即$\theta^2 = m_{上}^2 + m_{下}^2$,则投向误差应满足

$$\theta \leqslant \frac{m_{\alpha_0}}{\sqrt{2}} = \pm\frac{42''}{\sqrt{2}} \approx \pm 30'' \tag{3-4-2}$$

若井上下连接误差也相等,则

$$m_{上} = m_{下} \leqslant \frac{m_{\alpha_0}}{\sqrt{2}\sqrt{2}} = \pm 21'' \tag{3-4-3}$$

一、用垂球线投点的误差来源

用垂球线投点受到井筒环境、深度的影响,同时也受到所使用钢丝及有关的器具的影响。以下就普遍认可的有关误差进行分析。

1. **气流对垂球线和垂球的影响**

井筒中的空气处于运动的状态,其运动的速度取决于风量的大小,这样在井筒中便产生一个气流。气流对垂球线及垂球产生影响,同时还随井筒的加深,其影响更加突出。

井筒中的气流,一般为紊流。所谓的紊流,是气体质点的流动方向无秩序,各质点除了做主要的纵向流动外,还做着很多次要的横向流动,并产生涡流。若垂球线处在紊流的井筒中,则受到横向的压力。垂球线受气流影响最大的是在马头门。在马头门处钢丝承受着由井底车场转入井筒或由井筒转入井底车场的气流的侧压力的作用,如图 3-10 中的h_2所示,产生偏

斜。至于马头门以上的 h_1 部分，气流的运动方向是沿井筒的轴线方向，即使风速大于 0.007 m/s，全流呈现为一种无秩序的紊乱的流动，对钢丝的侧压力无论按大小或方向都是混乱的，其对钢丝的撞击基本上可相互抵消，而对钢丝偏斜的总影响是很微小的。垂球线在马头门以下的 h_3 部分，位于稳定的介质中，在定向中须把井底盖好，不受气流的影响。马头门处钢丝承受气流的侧压力线段的长短应根据钢丝在井筒中的实际位置确定。如图 3-11 所示，设所承受的气流压力为 h，设单位长度上所受的压力为 P，则钢丝在马头门处所受气流压力为 Ph，并集中作用在 h 的 $\frac{h}{2}$ 处，则气流压力对 O 点的力矩为

$$M_1 = \frac{P}{2}(2Hh - h^2) \tag{3-4-4}$$

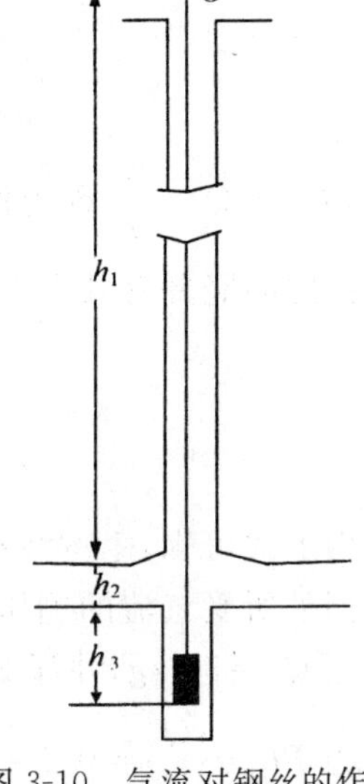

图 3-10　气流对钢丝的作用

因 h^2 比 $2Hh$ 小得多，将 h^2 舍去后得

$$M_1 = PHh \tag{3-4-5}$$

如图 3-12 所示，设 Q 为垂球的重量，e 为垂球线的偏斜值，则垂球对 O 点的重力矩为

$$M_2 = eQ \tag{3-4-6}$$

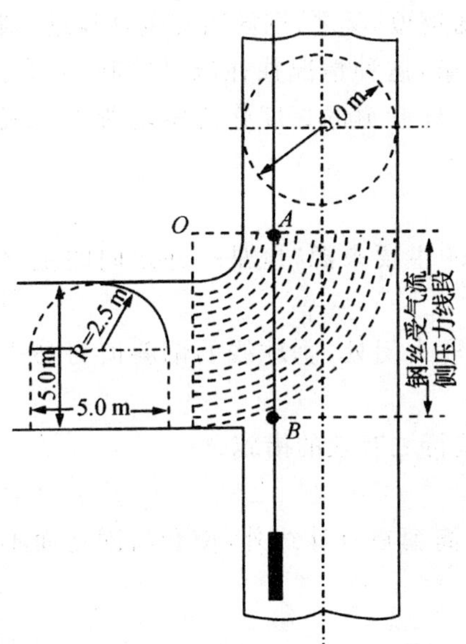

图 3-11　图解确定马头门钢丝承受气流侧压力的线段

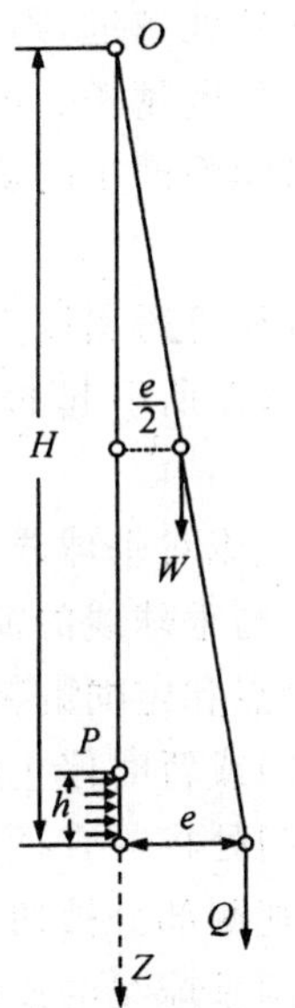

图 3-12　确定垂球线偏斜的示意图

设钢丝的全重为 W，并把钢丝看作绝对钢体，其重力矩为

$$M_3 = \frac{e}{2}W \tag{3-4-7}$$

上述三个力矩应平衡，即

$$M_1 = M_2 + M_3$$

故

$$PhH = e\left(Q + \frac{W}{2}\right)$$

即

$$e=\frac{PhH}{Q_0} \tag{3-4-8}$$

式中，$Q_0=Q+\frac{W}{2}$ 称为作用荷重。

如定向竖井有几个中间水平，且这些中间水平的全流都对垂球线有影响时，垂球线总的偏斜为

$$e=\frac{\sum PhH}{Q_0} \tag{3-4-9}$$

由上式可知，垂球线在井筒中所受气流影响而产生的偏斜值与作用荷重成反比，与井深及马头门处所受气流的侧压力成正比。

当 $Q_0=50$ kg，井深 200 m 时，引起垂球线偏斜值 $e=1$ mm，则马头门处钢丝所受气流的侧压力 $Ph=\frac{eQ_0}{H}=0.5$ kg。这说明了井筒中的气流对垂球线偏斜值的影响不可低估，要保证精度，必须采取有效措施。

另一方面，从图 3-11 可看出，垂球线的偏斜与垂球线的悬挂位置有关，当钢丝的悬挂位置离平巷与井筒交接处越远，则钢丝所受气流压力的长度越短；反之，钢丝离交接处越近，则钢丝所受气流压力的长度越长。由于井筒中的气流异常复杂，这种情况往往难以控制，因此，在计算钢丝受气流影响而产生的偏斜值时，一般采用马头门处巷道的高度作为钢丝所受气流压力的长度。

由以上的分析可得出以下结论：

(1)井筒中气流所引起的垂球线偏斜是投点误差的主要来源，也是一井定向的主要误差来源。

(2)井筒中气流对垂球线偏斜的影响主要发生在马头门处，垂球线的偏斜值与马头门高度、井深成正比，与垂球线的荷重成反比。

为了提高投点和定向的精度，在实践中总结出一些行之有效的措施：

(1)关闭风门或暂时停止扇风机的工作。

(2)在马头门处将一直径为 0.2～0.3 m 的防风套筒套在垂球线外，使套筒固定而不接触垂球线，套筒的观测部分被切开，以便观测。

(3)尽量使两垂球线的连线方向平行或对称。

(4)采用高强度的小直径钢丝和相应的允许荷重的垂球，并将垂球放入较稠(或比重较大)的稳定液中。

2. 滴水对垂球线的影响

井筒内的滴水、涌水及水管漏水，都将打击垂球线和垂球，破坏了垂球线的均匀摆动，影响垂球线的偏斜。这种现象对垂球线影响的方向、力度具有随机性和不可量测性，至少目前无法用数学公式来表达。但它的影响不可忽视，在选择垂球线位置时，应注意滴水的影响。

3. 钢丝的弹性影响

钢丝的弹性影响一般表现为两种形式。一是当缠在绞车滚筒上的钢丝放入井内时，钢丝仍保持原环状(图 3-13)。这样就使钢丝上各点不在一条铅垂线上，而偏离了中心位置。当经

纬仪照准在偏离中心的钢丝上时，便产生误差。若钢丝直径较大而垂球重量较轻，就更为显著。二是当钢丝自滑轮经定点板放入井筒后，当定点板的中心不位于滑轮槽的铅直投影线上，故定点板与滑轮间这段钢丝将成为倾斜状态（图 3-14）。由于钢丝的弹性使钢丝经过定点板后也会有一小段处于倾斜位置，随后才逐步被垂球拉向垂直位置。若定向时，在地面对这一段偏斜的钢丝上某点（图 3-14 中 C 点）进行连测，这将可能使井上下连测点不在同一的铅垂线上而产生误差。为了避免或减少钢丝弹性的影响，应采取以下措施。

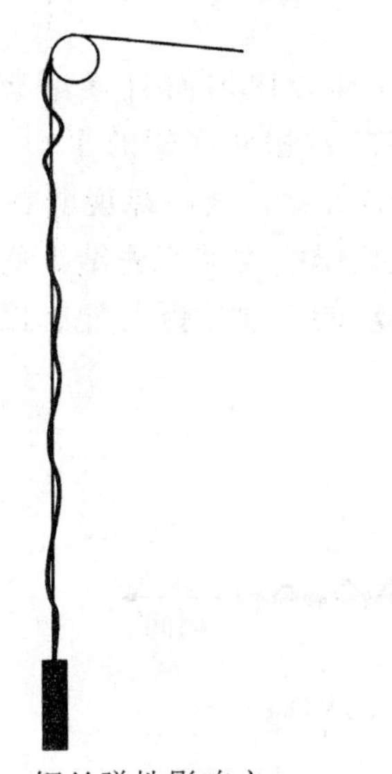

图 3-13　钢丝弹性影响之一

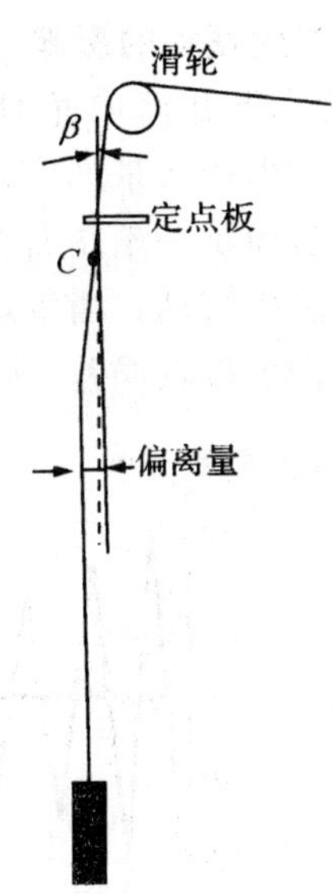

图 3-14　钢丝弹性影响之二

（1）采用直径较大（不小于 250 mm）的绞车和高强度小直径的钢丝，并利用适当重量的重锤。

（2）定向时应在定点板下放钢丝已完全铅直的部分进行连接测量，观测点应在定点板 0.5 m 以下的地方。在安置滑轮和定点板时，要尽量使其中一段斜线与铅垂线的交角 β 尽可能小，而且两定点板应尽可能安置在两垂球线的连线方向上，以减弱其影响。

4．垂球线摆动方向与标尺面不平行的影响

当进行垂球线的摆动观测时，是在安置经纬仪的 C 点，对垂球线摆动极限位置 L 和 R 进行多次观测，在标尺 MN 上读取一系列读数 l 和 r，然后取其平均值求得读数 a，如图 3-15 所示，便认为该读数为垂球线稳定位置在标尺上的读数。当垂球线的摆动方向与标尺面不平行时，真正稳定的位置应是在摆幅 LR 的中央，即 a' 点，该点在标尺上的读数为 a_0，a_0 与 a 点相差一段距离，该段距离为垂球线摆动方向与标尺面不平行所引起的投点误差。其值可按式（3-4-10）计算，即

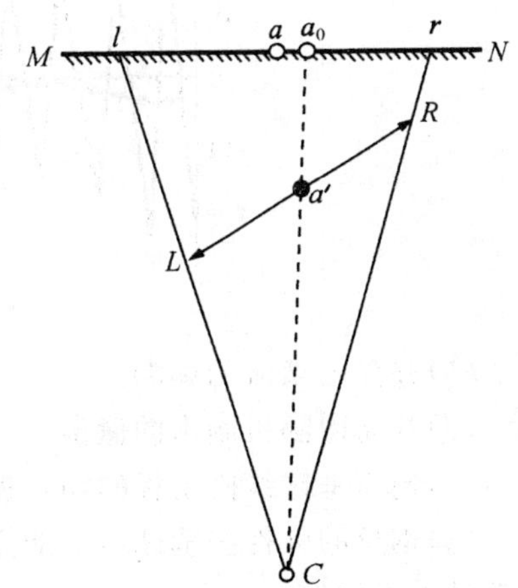

图 3-15　垂球线摆动与标尺面不平行的误差

$$m_{a,a_0} \approx \frac{w^2 \sin 2\alpha}{8S} \tag{3-4-10}$$

式中，w 为垂球线的摆幅(即 LR)；α 为垂球线摆动方向与标尺间的夹角；S 为经纬仪与标尺间的距离。

由公式可知，当 $\alpha=45°$ 时，其误差最大。设 $\alpha=45°$，$w=12$ cm，$S=5$ m 时，则 $m_{a,a_0}=0.36$ mm；若 $\alpha=10°$ 时，则 $m_{a,a_0}=0.12$ mm；当 $\alpha=0$ 时，则 $m_{a,a_0}=0$，没有误差。

因此，观测时应尽量使标尺面与垂球线摆动方向平行，并采取措施限制摆幅 w 的大小，以减少这项误差对投向的影响。

5. 垂球线附生摆动的影响

在理想状态下，井筒内垂球的摆动应与钟摆一样，具有均匀而且逐渐衰减的摆幅，如图 3-16(a)所示。但由大量的实际观测资料发现，垂球线的各相邻摆幅的平均位置的连线，并不成为一条直线，而是一条左右偏移的曲线，如图 3-16(b)所示。这明显说明在主要摆动过程中，还有一系列附生摆动。当垂球线有了附生摆动，将直接影响摆动观测结果所求得稳定位置的正确性，因而产生投点误差。经研究发现，产生附生摆动的主要原因可能有以下几种情况。

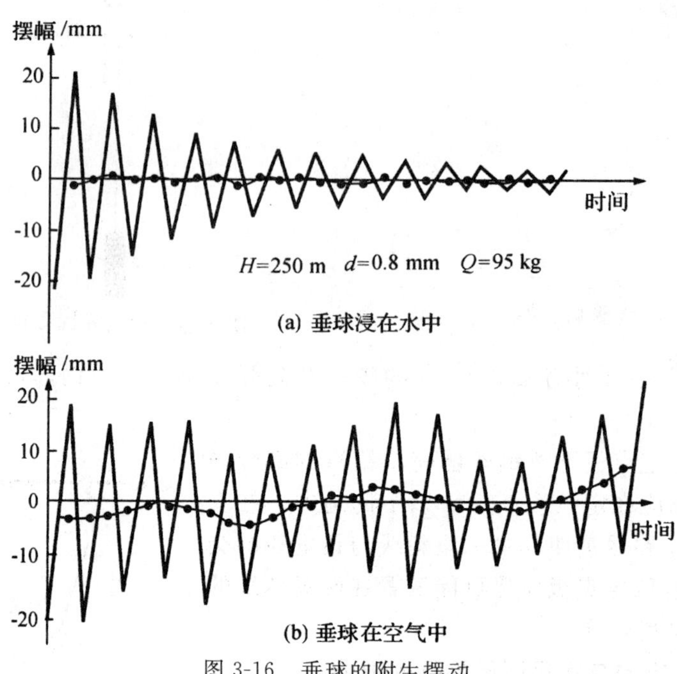

图 3-16 垂球的附生摆动

(1)井筒内紊流的影响。

(2)井筒内随机滴水的撞击。

(3)地面垂球线固定板的随机振动。

(4)钢丝的弹性使垂球线不能完全拉直，稍受外界振动的影响，垂球线便会上下振动，致使正常摆动不均匀。

(5)金属垂球可能受到井筒内其他金属的引力和磁力的影响。

实践证明，适当增大垂球的重量和稳定液的浓度，可减少附生摆动的影响。

二、用垂球线投点引起的投向误差

一井几何定向，是用垂球线投点将方位传递到井下的。由于垂球线投点误差，引起垂球线偏斜，便引起两垂球线方位误差，即投向误差，以 θ 表示。θ 值大小直接与投点误差 e 的大小和方向有关。如图 3-17 所示，设 A、B 为两垂球线的地面位置，A'、B' 为两垂球线在定向水平的位置，e_1、e_2 为投点线量误差，由投点线量误差引起投向误差为

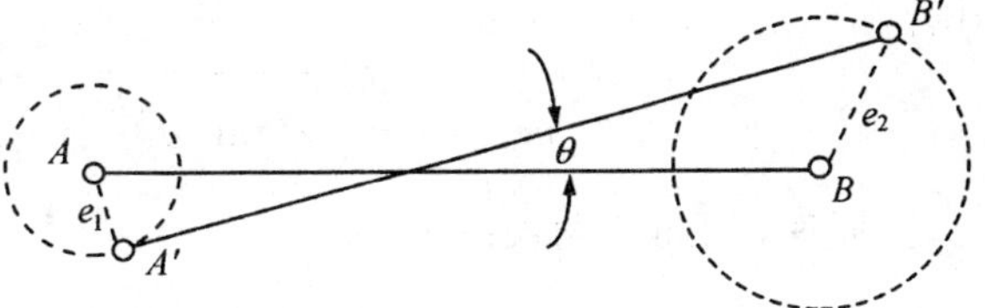

图 3-17　投点误差所引起的投向误差

$$\theta = \pm \frac{\rho}{c}\sqrt{\frac{e_1^2 + e_2^2}{2}} \tag{3-4-11}$$

式中，c 为 A、B 两垂球线间的距离，$\rho = 206\ 265$。

同一井筒内两垂球线的投点条件相同，可认为 $e_1 = e_2 = e$，则

$$\theta = \pm \frac{\rho}{c} e \tag{3-4-12}$$

由上式可知，投向误差与投点误差成正比，与两垂球线间距离成反比。要提高投向精度，要采取精确投点的方法，尽量减少投点误差，同时尽可能增大两垂球线间的距离 c。

三、三角形连接法的精度分析

用三角形连接进行一井定向测量，由图 3-5 可知，井下导线起始边 $C'D'$ 的方位角 $\alpha_{C'D'}$ 的计算公式为

$$\alpha_{C'D'} = \alpha_{DC} + \varphi - \alpha + \beta' + \psi' \pm 4 \times 180° \tag{3-4-13}$$

显然方位角 $\alpha_{C'D'}$ 的误差就是定向误差，它包括各连接角误差和投向误差 θ 两部分。

$$m_{\alpha_{C'D'}}^2 = m_{\alpha_{CD}}^2 + m_\varphi^2 + m_\alpha^2 + m_{\beta'}^2 + m_{\psi'}^2 + \theta^2 \tag{3-4-14}$$

如将上式分为井上和井下连接误差及投向误差三部分，则有

$$m_{\alpha_{C'D'}}^2 = m_{上}^2 + \theta^2 + m_{下}^2 \tag{3-4-15}$$

式中，$m_{上}^2 = m_{\alpha_{CD}}^2 + m_\varphi^2 + m_\alpha^2$；$m_{下}^2 = m_{\beta'}^2 + m_{\psi'}^2$。

1. 连接三角形垂线处的角度误差及最有利形状

计算垂线处角度 α，在延伸三角形中是用正弦公式，即

$$\sin\alpha = \frac{a}{c}\sin\gamma$$

角度 α 是观测值 a、c 和 γ 的函数，故误差公式为

$$m_\alpha^2 = \left(\frac{\partial\alpha}{\partial a}\right)^2 m_a^2\rho^2 + \left(\frac{\partial\alpha}{\partial c}\right)^2 m_c^2\rho^2 + \left(\frac{\partial\alpha}{\partial\gamma}\right)^2 m_\gamma^2 \tag{3-4-16}$$

式中，$\frac{\partial\alpha}{\partial a} = \frac{\sin\gamma}{c \cdot \cos\alpha}$；$\frac{\partial\alpha}{\partial c} = \frac{a\sin\gamma}{c^2 \cdot \cos\alpha}$；$\frac{\partial\alpha}{\partial\gamma} = \frac{a\cos\gamma}{c \cdot \cos\alpha}$。

将各偏导数代入得

$$m_\alpha^2 = \frac{\sin^2\gamma}{c^2 \cdot \cos^2\alpha} m_a^2\rho^2 + \frac{a^2\sin^2\gamma}{c^4\cos^2\alpha} m_c^2\rho^2 + \frac{a^2\cos^2\gamma}{c^2\cos^2\alpha} m_\gamma^2 \tag{3-4-17}$$

再将 $\sin\gamma = \frac{c}{a}\sin\alpha$ 和 $\cos^2\gamma = 1 - \sin^2\gamma = 1 - \sin^2\alpha \cdot \frac{c^2}{a^2}$ 代入上式得

$$m_\alpha^2 = \frac{\tan^2\alpha}{a^2} m_a^2\rho^2 + \frac{\tan^2\alpha}{c^2} m_c^2\rho^2 + \frac{a^2}{c^2 \cdot \cos^2\alpha} m_\gamma^2 - \tan^2 a \cdot m_\gamma^2 \tag{3-4-18}$$

则

$$m_{\alpha}=\pm\sqrt{\rho^{2}\tan^{2}\alpha\left(\frac{m_{a}^{2}}{a^{2}}+\frac{m_{c}^{2}}{c^{2}}-\frac{m_{\gamma}^{2}}{\rho^{2}}\right)+\frac{a^{2}}{c^{2}\cdot\cos^{2}\alpha}m_{\gamma}^{2}} \tag{3-4-19}$$

同理，可得 β 角误差为

$$m_{\beta}=\pm\sqrt{\rho^{2}\tan^{2}\beta\left(\frac{m_{b}^{2}}{b^{2}}+\frac{m_{c}^{2}}{c^{2}}-\frac{m_{\gamma}^{2}}{\rho^{2}}\right)+\frac{b^{2}}{c^{2}\cdot\cos^{2}\beta}m_{\gamma}^{2}} \tag{3-4-20}$$

对井下连接三角形垂线处角度误差，可得同样的公式。由式(3-4-19)、式(3-4-20)可以看出，当 $\alpha'\approx0°$、$\beta'\approx180°$或 $\alpha'\approx180°$、$\beta'\approx0°$时，各测量元素的误差对垂线处角度的精度影响最小。此时，$\tan\alpha\approx0$、$\tan\beta\approx0$、$\cos\alpha\approx1$、$\cos\beta\approx-1$，故式(3-4-19)、式(3-4-20) 则变成

$$\left.\begin{aligned}m_{\alpha}&=\pm\frac{a}{c}m_{\gamma}\\m_{\beta}&=\pm\frac{b}{c}m_{\gamma}\end{aligned}\right\} \tag{3-4-21}$$

由此可得到以下结论：

(1)连接三角形最有利形状为连接角 γ 不大于 2°的延伸三角形。

(2) 计算角 α 和 β 的精度取决于连接角 γ 误差的大小，且随 $\frac{a}{c}$ 和 $\frac{b}{c}$ 的比值的减小而减小，因此，在连接时，除了提高测量角 γ 的精度外，应使连接点 C 和 C' 应尽可能靠近最近的垂球线。

(3) 两垂球线距离 c 越大，则计算角的精度越高。

(4)在延伸三角形中量边误差对定向精度影响不大。

当在定向水平难以构成延伸三角形时，也可用锐角大于 20°的三角形连接。此时的三角形内角可用边公式计算。

当量边误差相等时，即 $m_a=m_b=m_c=m_l$，则可得计算角的中误差公式，即

$$\left.\begin{aligned}m_{\alpha}&=\frac{m_{c}\rho}{c\cdot\sin\beta}\sqrt{1+\cos^{2}\beta+\cos^{2}\gamma}\\m_{\beta}&=\frac{m_{c}\rho}{c\cdot\sin\alpha}\sqrt{1+\cos^{2}\alpha+\cos^{2}\gamma}\end{aligned}\right\} \tag{3-4-22}$$

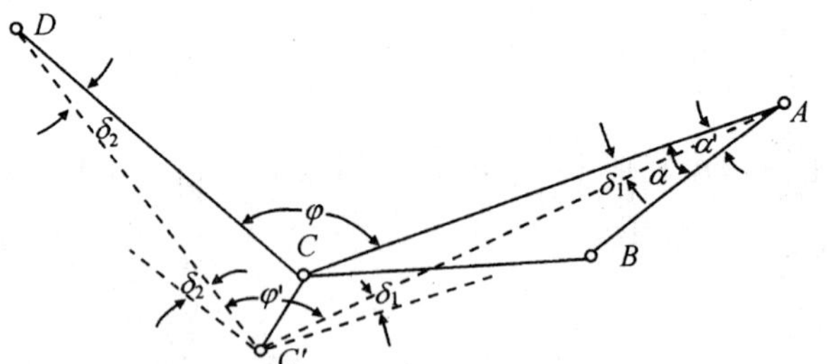

图 3-18 经纬仪在连接点上的对中误差

由上式也可得出以下结论：

(1)当 α、β 角接近于 0°或 180°时，计算角误差最大。

(2)两垂球线间距越大，则计算角误差越小。

(3)若有一垂球线处的顶角为直角，则另一个垂球线的顶角误差为最小，反之亦然。

2. 连接点对中误差对定向精度的影响

如图 3-18 所示，AB 为垂球线，CD 为地面上的连接边，由于存在对中误差，经纬仪被安置在 C' 点上，此时连接边就成了 $C'D$ 边。这样，两垂球线 AB 边的方位角为

$$\alpha_{AB1}=\alpha_{DC}+\angle\varphi'-\angle\alpha'\pm2\times180°$$

当经纬仪对中无误差时，则

$$\alpha_{AB}=\alpha_{DC}+\angle\varphi-\angle\alpha\pm2\times180^\circ$$

由此而引起的两垂球线方位角误差为

$$\Delta=\alpha_{AB}-\alpha_{AB1}=\angle\varphi-\angle\varphi'-\angle\alpha+\angle\alpha'$$

由图 3-18 可知，$\angle\varphi-\angle\varphi'=\delta_2+\delta_1$

由于 $$\angle\alpha'-\angle\alpha=-\delta_1$$

故 $$\Delta=\delta_2+\delta_1-\delta_1=\delta_2$$

由此可见，经纬仪对中误差引起两垂球线的方向误差为 δ_2，其对中误差可按求仪器对中误差的方法确定，即

$$m_T=\pm\frac{e_T}{\sqrt{2}d}\rho \tag{3-4-23}$$

式中，e_T 为经纬仪对中线量误差；d 为 CD 边长。

连接时还应考虑到 D 点上觇标对中误差 m_D，即

$$m_D=\pm\frac{e_D}{\sqrt{2}d}\rho \tag{3-4-24}$$

式中，e_D 为觇标对中线量误差。

因此，在 C 点测连接角 φ 的误差，对定向精度的影响 m_φ 为

$$m_\varphi=\pm\sqrt{m_i^2+\left(\frac{e_T}{\sqrt{2}d}\right)^2\rho^2+\left(\frac{e_D}{\sqrt{2}d}\right)^2\rho^2} \tag{3-4-25}$$

式中，m_i 为测量方法误差。

当 $e_T=e_D=e$ 时，则

$$m_\varphi=\sqrt{m_i^2+\frac{e^2}{d^2}\rho^2} \tag{3-4-26}$$

由此可知：

(1) 经纬仪在连接点 C 的对中误差，直接影响两垂球线的方位角精度，其精度随连接边 d 的增长而提高。

(2) 由于连接三角形的各测量元素都是根据经纬仪的中心测得的，所以经纬仪在 C 点的对中误差对连接三角形的解算没有影响。

3. 用连接三角形进行一井定向的总误差

计算连接三角形进行一井定向的总误差用式(3-4-14)计算，即

$$m_{\alpha_0}=m_{\alpha_{C'D'}}=\pm\sqrt{m_{\alpha_{DC}}^2+m_\varphi^2+m_\alpha^2+m_{\beta'}^2+m_{\psi'}^2+\theta^2}$$

式中的各项误差计算公式分别如下：

(1)由于地面连接边方位角 α_{DC} 是由地面近井点布设导线测出的，故 $m_{\alpha_{DC}}$ 可按支导线的误差积累公式计算，即

$$m_{\alpha_{DC}}=\pm m_\beta\sqrt{n}$$

式中，m_β 为地面近井导线的测角中误差；n 为近井导线的角数。

(2)连接角中误差 m_φ 和 $m_{\psi'}$ 均用式(3-4-26)计算，即

$$m_\varphi=m_{\psi'}=\pm\sqrt{m_i^2+\frac{e^2}{d^2}\rho^2}$$

(3) m_α、$m_{\beta'}$ 在 $\alpha < 2°$、$\beta > 178°$ 的延伸三角形中，用式(3-4-21)计算，即

$$m_\alpha = \frac{a}{c} m_\gamma, \quad m_{\beta'} = \frac{b}{c} m_\gamma$$

(4)投向误差 θ 按式(3-4-12)计算，即

$$\theta = \pm \frac{e}{c} \rho$$

4. 两个检核公式的可靠性分析

采用连接三角形进行一井定向时，均利用两个检核公式检查测量和计算的正确性。其一是用两垂球线间的测量值与计算值进行检核；其二是用三角形内角和是否等于 180°来检核。下面分别讨论这两种检核公式的可靠程度。

1)两垂球线间距离检核公式的可靠性

若两垂球线间的距离观测值为 c，而计算值为 c'，而检核用 $d = c - c'$ 公式，根据此公式，我国有关规程规定，井上不大于±2 mm，井下不大于±4 mm。由检核公式可得误差公式为

$$m_d^2 = m_c^2 + m_{c'}^2 \tag{3-4-27}$$

因

$$c' = a^2 + b^2 - 2ab\cos\gamma$$

故

$$m_{c'}^2 = \left(\frac{\partial c'}{\partial a}\right) m_a^2 + \left(\frac{\partial c'}{\partial b}\right) m_b^2 + \left(\frac{\partial c'}{\partial \gamma}\right) \frac{m_\gamma^2}{\rho^2} \tag{3-4-28}$$

因 $c \approx c'$，故

$$\frac{\partial c'}{\partial a} = \frac{2a - 2b\cos\gamma}{2c} = \frac{a - b\cos\gamma}{c}$$

$$\frac{\partial c'}{\partial b} = \frac{2b - 2a\cos\gamma}{2c} = \frac{b - a\cos\gamma}{c}$$

$$\frac{\partial c'}{\partial b} = \frac{2ab\sin\gamma}{2c} = \frac{ab\sin\gamma}{c}$$

将偏导数中的各值按图 3-19 加以换算，有

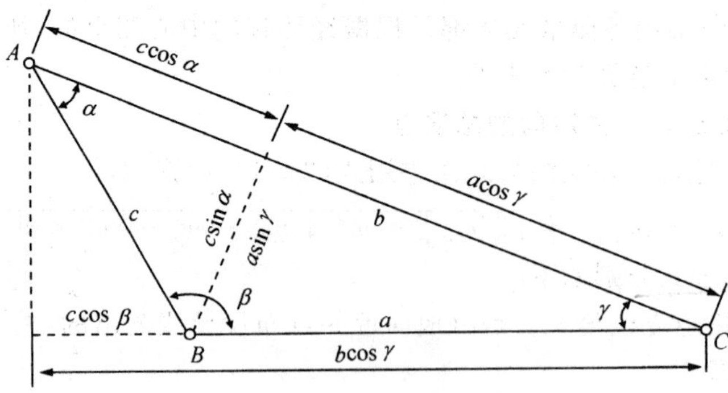

图 3-19 连接三角形各边长换算

$$a - b\cos\gamma = c \cdot \cos\beta, \quad 故 \frac{\partial c'}{\partial a} = \cos\beta$$

$$b - a\cos\gamma = c \cdot \cos\alpha, \quad \frac{\partial c'}{\partial b} = \cos\alpha$$

$$a\sin\gamma = c\cdot\sin\alpha,\quad \frac{\partial c'}{\partial\gamma} = b\sin\alpha$$

将上列各值代入式(3-4-28)得

$$m_{c'}^2 = m_a^2\cos^2\beta + m_b^2\cos^2\alpha + \frac{m_\gamma^2}{\rho^2}b^2\sin^2\alpha$$

当延伸三角形用正弦公式解算时，$\cos\alpha \approx 1, \cos\beta \approx -1$，则

$$m_{c'}^2 = m_a^2 + m_b^2 + \frac{m_\gamma^2}{\rho^2}b^2\sin^2\alpha \tag{3-4-29}$$

代入式(3-4-27)得

$$m_d^2 = m_c^2 + m_a^2 + m_b^2 + \frac{m_\gamma^2}{\rho^2}b\sin^2\alpha \tag{3-4-30}$$

上式右边前三项为量边误差对差数 d 的影响，最后一项为测角误差的影响。设 $b = 6.5\ \mathrm{m}$，$\alpha = 15°$，$m_\gamma = 18''$，则

$$\frac{m_\gamma}{\rho}b\sin\alpha = \frac{18}{2.06\times10^5}\times6.5\times10^3\times0.259 = 0.14\ \mathrm{mm}$$

可见，测角误差的影响甚微。因为在延伸三角形中，$\sin\alpha = 0$，所以测角误差对计算边长的影响反映不出来。因此，这种检核公式只能检查量边的正确性，而不能检查测角的正确性。

2）用三角形内角和公式检核的可靠性

三角形中三内角和数公式为

$$S = \alpha + \beta + \gamma$$

式中角度 γ 是实测的，而 α、β 是按下式计算的，即

$$\sin\alpha = \frac{a}{c}\sin\gamma,\quad \sin\beta = \frac{b}{c}\sin\gamma$$

可见，和数 S 是角度 γ 和边长 a、b、c 的实测值的函数。当测角量边均有误差时，则和数 S 的误差 m_S 为

$$m_S^2 = \left(\frac{\partial S}{\partial a}\right)^2 m_a^2\rho^2 + \left(\frac{\partial S}{\partial b}\right)^2 m_b^2\rho^2 + \left(\frac{\partial S}{\partial c}\right)^2 m_c^2\rho^2 + \left(\frac{\partial S}{\partial\gamma}\right)^2 m_\gamma^2 \tag{3-4-31}$$

式中各偏导数按三内角和数公式计算，即

$$\frac{\partial S}{\partial a} = \frac{\sin\gamma}{c\cdot\cos\alpha}\qquad \frac{\partial S}{\partial b} = \frac{\sin\gamma}{c\cdot\cos\beta}$$

$$\begin{aligned}\frac{\partial S}{\partial c} &= -\frac{a\sin\gamma}{c^2\cdot\cos\alpha} - \frac{b\sin\gamma}{c^2\cdot\cos^2\beta} = -\frac{a}{c^2}\cdot\frac{c}{a}\cdot\frac{\sin\alpha}{\cos\alpha} - \frac{b}{c^2}\cdot\frac{c}{b}\cdot\frac{\sin\beta}{\cos\beta}\\ &= -\frac{1}{c}\,\frac{\sin(\alpha+\beta)}{\cos\alpha\cdot\cos\beta} = -\frac{1}{c}\,\frac{\sin\gamma}{\cos\alpha\cdot\cos\beta}\end{aligned}$$

$$\begin{aligned}\frac{\partial S}{\partial\gamma} &= \frac{a}{c}\cdot\frac{\cos\gamma}{\cos\alpha} + \frac{b}{c}\cdot\frac{\cos\gamma}{\cos\beta} + 1 = \frac{\sin\alpha\cdot\cos\gamma}{\sin\gamma\cdot\cos\alpha} + \frac{\sin\beta}{\sin\gamma}\cdot\frac{\cos\gamma}{\cos\beta} + 1\\ &= \frac{\tan\alpha}{\tan\gamma} + \frac{\tan\beta}{\tan\gamma} + 1 = \frac{\tan\alpha + \tan\beta + \tan\gamma}{\tan\gamma}\end{aligned}$$

因

$$\tan\alpha + \tan\beta + \tan\gamma = \tan\alpha\cdot\tan\beta\cdot\tan\gamma$$

故

$$\frac{\partial S}{\partial\gamma} = \tan\alpha\cdot\tan\beta$$

将上式各偏导数值代入式(3-4-31),并且假定为延伸三角形,即 $\cos\alpha\approx 1,\cos\beta\approx -1$,则

$$m_S^2=\left(\frac{\sin\gamma}{c}\rho\right)^2(m_a^2+m_b^2+m_c^2)+(\tan\alpha\cdot\tan\beta)^2m_\gamma^2 \quad (3\text{-}4\text{-}32)$$

若量边误差相同,则

$$m_S^2=3\left(\frac{\sin\gamma}{c}\rho\right)^2m_c^2+(\tan\alpha\cdot\tan\beta)^2m_\gamma^2 \quad (3\text{-}4\text{-}33)$$

上式右端第一项为量边误差对三内角和的影响,第二项为测 γ 角误差的影响。

设 $c=3.5$ m、$\gamma=2°$时,由量边误差 $m_t=\pm 2$ mm 引起的三内角和闭合差为

$$\sqrt{3}\left(\frac{\sin\gamma}{c}\right)m_c=\pm 7.1''$$

可见,三角形内角和检核公式对量边误差的反映是不敏感的,它无法检查量边的正确性。对于其他形状的连接三角形,则能反映量边误差的影响。

另设 $\alpha=177°$, $\beta=2°$, $m_\gamma=\pm 1°$,则

$$(\tan\alpha\cdot\tan\beta)m_\gamma=6.6''$$

同样,可见三角形内角和检核公式对测角误差也很不敏感。

从以上两个检核公式分析可得出以下结论:

(1)用两垂球线间距离检核公式,只能检查量边的正确性,而不能检查测角的正确性。

(2)三角形内角和检核公式只能检查计算过程的正确,不能检查测角量边的正确性。

(3)测角的正确性只能用在 C 点上测 γ、ψ、φ 三个角的方法来检查。

(4)当连接三角形不是延伸三角形时,三角形内角和公式可以检查量边的粗差。

四、四边形连接法的误差分析

四边形连接是一井几何定向的一种方法,其观测工作量大于三角形连接法。但在某些竖井中,由于井筒或井底车场条件的限制,不得不采用四边形连接。四边形连接法的精度与测角精度和四边形形状有关。

四边形连接法分单面连接和双面连接两种,如图 3-20 所示。现根据图中所标出的测量角度和图形,并按假定方位角法解算来分析其误差。

两仪器点 P_1 与 P_2 的连接在地面坐标系统中的方位角 $\alpha_{P_1P_2}$ 是按式(3-4-34)求得的,即

$$\alpha_{P_1P_2}=\alpha_{AB}-\alpha'_{AB} \quad (3\text{-}4\text{-}34)$$

式中,α_{AB} 为两垂球连线在地面坐标系统中的方位角;α'_{AB} 为两垂球连线在假定坐标系统中的方位角。

根据误差传播定律,则

$$m^2_{\alpha_{P_1P_2}}=m^2_{\alpha_{AB}}+m^2_{\alpha'_{AB}}$$

由于 $m_{\alpha_{AB}}$ 与井下连接无关,故上式可写成

$$m_{\alpha_{P_1P_2}}=m_{\alpha'_{AB}}$$

实际上方位角 α'_{AB} 是由式(3-4-35)求得,即

$$\alpha'_{AB}=\arctan\frac{y'_B-y'_A}{x'_B-x'_A} \quad (3\text{-}4\text{-}35)$$

式中,

$$\left.\begin{aligned} x'_A&=\frac{d\cdot\sin\beta_3\cos\beta_1}{\sin(\beta_1+\beta_3)},\quad y'_A=\frac{d\cdot\sin\beta_3\sin\beta_1}{\sin(\beta_1+\beta_3)}\\ x'_B&=\frac{d\cdot\sin\beta_4\cos\beta_2}{\sin(\beta_2+\beta_4)},\quad y'_B=\frac{d\cdot\sin\beta_4\sin\beta_2}{\sin(\beta_2+\beta_4)}\end{aligned}\right\}\tag{3-4-36}$$

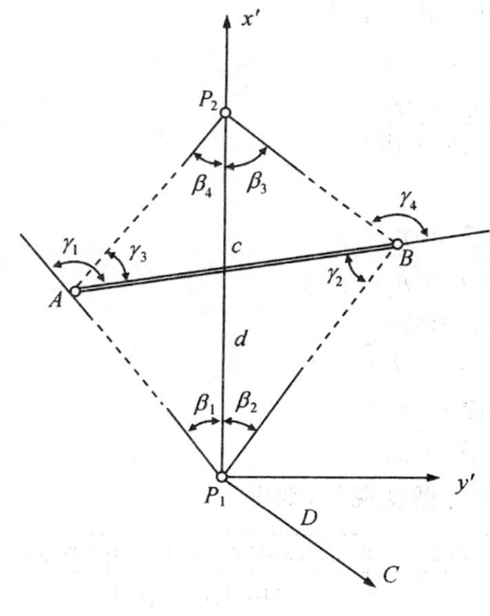

(a) 双面连接

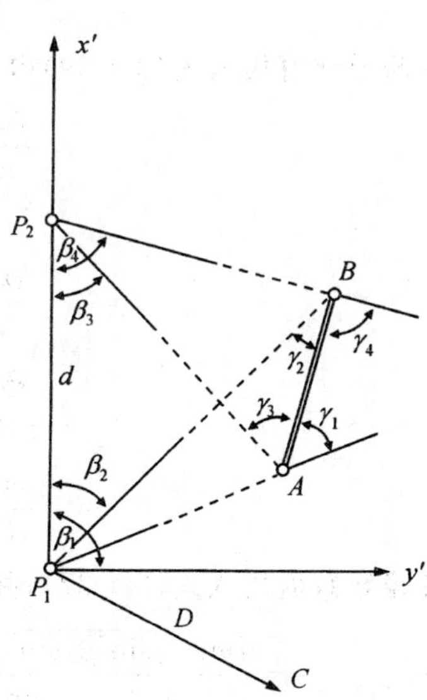

(b) 单面连接

图 3-20　双面和单面连接四边形

由式(3-4-35)按误差积累规律得

$$m^2_{\alpha_{P_1P_2}}=m'_{\alpha'_{AB}}=\left(\frac{\partial\alpha'_{AB}}{\partial\beta_1}\right)^2m^2_{\beta_1}+\left(\frac{\partial\alpha'_{AB}}{\partial\beta_2}\right)^2m^2_{\beta_2}+\left(\frac{\partial\alpha'_{AB}}{\partial\beta_3}\right)^2m^2_{\beta_3}+\left(\frac{\partial\alpha'_{AB}}{\partial\beta_4}\right)^2m^2_{\beta_4}\tag{3-4-37}$$

对式(3-4-35)取所测角度的偏导数得

$$\frac{\partial\alpha'_{AB}}{\partial\beta_i}=\frac{(x'_B-x'_A)\dfrac{\partial(y'_B-y'_A)}{\partial\beta_i}-(y'_B-y'_A)\dfrac{\partial(x'_B-x'_A)}{\partial\beta_i}}{(x'_B-x'_A)^2+(y'_B-y'_A)^2}\tag{3-4-38}$$

因　$(x'_B-x'_A)^2+(y'_B-y'_A)^2=c^2$

$$\frac{(x'_B-x'_A)}{c}=\cos\alpha'_{AB}$$

$$\frac{(y'_B-y'_A)}{c}=\sin\alpha'_{AB}$$

式中，c 为两垂球线间的距离。故上式有

$$\frac{\partial\alpha'_{AB}}{\partial\beta_i}=\frac{1}{c}\left[\cos\alpha'_{AB}\frac{\partial(y'_B-y'_A)}{\partial\beta_i}-\sin\alpha'_{AB}\frac{\partial(x'_B-x'_A)}{\partial\beta_i}\right]\tag{3-4-39}$$

顾及式(3-4-36)，对 β_1 取偏导数得

$$\frac{\partial(y'_B-y'_A)}{\partial\beta_1}=\frac{\partial\left[\dfrac{d\sin\beta_4\sin\beta_2}{\sin(\beta_2+\beta_4)}+\dfrac{d\sin\beta_3\sin\beta_1}{\sin(\beta_1+\beta_3)}\right]}{\partial\beta_1}$$

$$=d\frac{\sin(\beta_1+\beta_3)\sin\beta_3\cos\beta_1-\sin\beta_3\sin\beta_1\cos(\beta_1+\beta_3)}{\sin^2(\beta_1+\beta_3)}=\frac{d\sin^2\beta_3}{\sin^2(\beta_1+\beta_3)}$$

同理得

$$\frac{\partial(x'_B-x'_A)}{\partial\beta_1}=\frac{d\cos\beta_3\sin\beta_3}{\sin^2(\beta_1+\beta_3)}$$

将上式两偏导数值代入式(3-4-39)得

$$\frac{\partial\alpha'_{AB}}{\partial\beta_1}=\frac{d\sin\beta_3\sin\gamma_3}{c\sin^2(\beta_1+\beta_3)}$$

同理得

$$\frac{\partial\alpha'_{AB}}{\partial\beta_2}=\frac{d\sin\beta_4\sin\gamma_4}{c\sin^2(\beta_2+\beta_4)}$$
$$\frac{\partial\alpha'_{AB}}{\partial\beta_3}=\frac{d\sin\beta_1\sin\gamma_1}{c\sin^2(\beta_1+\beta_3)}$$
$$\frac{\partial\alpha'_{AB}}{\partial\beta_4}=\frac{d\sin\beta_2\sin\gamma_2}{c\sin^2(\beta_2+\beta_4)}$$

将上列各偏导数值代入式(3-4-37),并顾及角度为等精度观测,则得

$$m_{\alpha_{P_1P_2}}=\pm\frac{dm_\beta}{c}\sqrt{\frac{\sin^2\beta_3\sin^2\gamma_3+\sin^2\beta_1\sin^2\gamma_1}{\sin^4(\beta_1+\beta_3)}+\frac{\sin^2\beta_4\sin^2\gamma_4+\sin^2\beta_2\sin^2\gamma_2}{\sin^4(\beta_2+\beta_4)}} \tag{3-4-40}$$

式中,γ_1、γ_2、γ_3、γ_4 相应为 AB 线与四边形各边的夹角(图 3-20)。由式(3-4-40) 可知:

(1) P_1P_2 边长 d 的丈量误差对方位角 $\alpha_{P_1P_2}$ 没有影响。

(2) 四边形连接定向误差主要受 β_1、β_2、β_3 及 β_4 观测精度和四边形图形的影响。当 $\beta_1=\beta_2=\beta_3=\beta_4=45°$ 时,即连接四边形为正方形时,连接的精度最高。

§3.5 两井定向

当地下工程有两个竖井时,且两井定向水平间有巷道相通并便于进行测量时,就应采用两井定向。两井定向是把两个垂球线分别挂在两个井筒内,然后在地面和井下把两个垂球线连接起来,通过计算便可把地面坐标系统中的平面坐标及方向传递到井下。

两井定向与一井定向相比,两垂球线的距离大大地增加了,然而投向误差不是定向的主要误差。例如,设两井筒间距离为 50 m,投点误差 $e=\pm1$ mm,其投向误差为

$$\theta=\pm\frac{e}{c}\rho=\pm\frac{1}{50\,000}\times206\,265''=\pm4.11''$$

由此可见,投点误差对两井定向投向误差影响比一井定向小得多,同时说明了两井定向比一井定向精度高得多。这是两井定向的最大的优点。因此,有关规程规定,当地下有大型工程时,尽管已做过一井定向,若两井间有平巷连通,必须进行两井定向。

一、两井定向的外业测量工作

两井定向工作与一井定向类似,包括向定向水平投点、地面与井下连接测量、内业整理等。

下面分别叙述。

1. 投点

每个竖井悬挂一根垂球线，投点设备、投点方法和一井定向相同。一般采用单稳投点。在竖井比较忙的情况下，为了减少占用井筒的时间，有条件时可把垂球线挂在井筒的管子间内。两井定向垂球线自由悬挂的检查，只能采用信号圈法检查或乘罐笼直接检查。

2. 地面连接测量

地面连接测量的目的是测定两垂球线 A、B 的平面坐标及 AB 的方位角。连接方式可根据两井距离的远近来选择。当两井距离较近时，可从一个近井点向两垂球线敷设导线。这种连接导线应尽可能敷设在两垂球线连线的方向上，以减少量边误差对 AB 连接坐标方位角的影响。连接导线的测站数越少越好，如图 3-21(a)所示。当两井距离较远时，可设置两个近井点，近井点应尽可能靠近井筒，从近井点到垂球线的导线边不宜超过三条，如图 3-21(b)所示。设置近井点的要求与一井定向相同。

3. 井下连接测量

井下连接测量是在定向水平，敷设一条导线，将两垂球线连接起来，如图 3-21 所示。在巷道形状和条件可能的情况下，尽可能沿两垂球线连线方向敷设，其长度越短，导线点数越少，精度越高。导线的等级和观测精度，应根据地下工程的需要和现有的设备来确定。

具体工作时，先下放垂球线，在进行钢丝自由悬挂检查后，观测与垂球线相连的连接角和连接边，导线的其他部分则在下放垂球之前或以后测完。

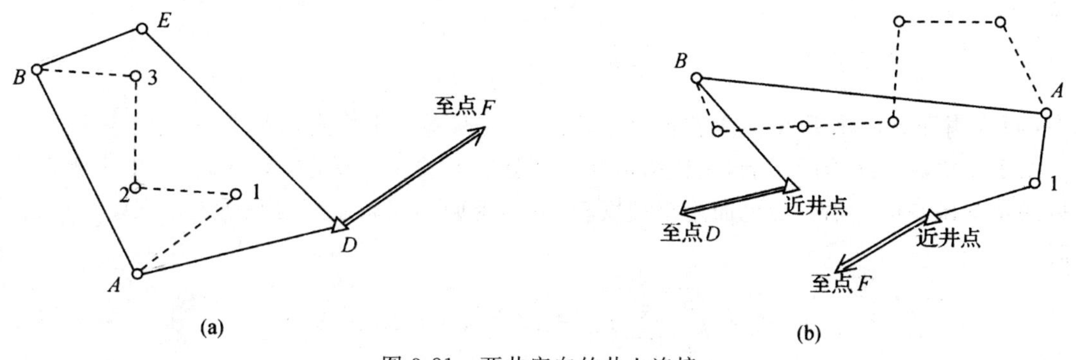

图 3-21 两井定向的井上连接

二、两井定向的内业计算

从两井定向的井上下连接图可以看出，井上下好像是一条导线，只是在两垂球线处缺少两个观测角，使地面到井下导线不能直接推算。地面根据连接测量的结果，算出两垂球线的坐标，并反算出两垂球线的方位角和长度。井下连接导线没有已知方向，所以必须假定一个方向和坐标原点，即所谓的假定坐标系统。按假定坐标系统计算出两垂球线的假定坐标，再用假定坐标反算出两垂球连线的长度和假定方位角。根据两垂球连线井上下方位角之差，可算出井下连接导线任意一边在地面坐标系统中的方位角。然后再按地面坐标系统的方位角和一个垂球线的坐标，重新计算井下连接导线各点及另一个垂球线的坐标。将按地下导线重新推算的是一个垂球线的坐标与地面坐标之差分配后，两井定向工作全部结束，具体计算步骤如下。

1. 计算两垂球连线的水平距离和坐标方位角

根据地面测量成果计算两垂球线 A、B 的坐标，再按坐标计算两垂线连线 AB 的水平距离和坐标方位角。

$$c=\frac{y_B-y_A}{\sin\alpha_{AB}}=\frac{x_B-x_A}{\cos\alpha_{AB}}=\sqrt{(\Delta y_{AB})^2+(\Delta x_{AB})^2} \tag{3-5-1}$$

$$\tan\alpha_{AB}=\frac{y_B-y_A}{x_B-x_A}=\frac{\Delta y_{AB}}{\Delta x_{AB}} \tag{3-5-2}$$

2. 计算假定坐标系统中的方位角和长度

为确定井下假定坐标系统并计算在定向水平上两垂球线在假定坐标系统中的方位角和长度，一般假设 A 为坐标原点，$A1$ 边为 x' 轴方向，即 $x'_A=0$，$y'_A=0$，$\alpha'_{A1}=0°00'00''$。根据假定坐标系统的起始数据与井下连接测量的数据求得 B 垂球线的假定坐标(x'_B，y'_B)。计算两垂球线连线的假定方位角 α'_{AB} 和距离 c'，即

$$\tan\alpha'_{AB}=\frac{y'_B}{x'_B} \tag{3-5-3}$$

$$c'=\frac{y'_B}{\sin\alpha'_{AB}}=\frac{x'_B}{\cos\alpha'_{AB}}=\sqrt{(y'_B)^2+(x'_B)^2} \tag{3-5-4}$$

3. 测量与计算正确性的第一检验

由于地面与定向水平不在同一平面上，因此井上下连接测量所算得的两垂球间的距离应满足

$$c=c'+\frac{H}{R}c \tag{3-5-5}$$

式中，H 为井下定向水平 A、B 两点高程平均值；R 为地球的平均曲率半径，一般取 6 371 km。

由于测角量边误差的影响，上述两值并不相等。有关规程规定，差值 Δc 不应大于井上下连接测量中误差的 2 倍。当地面连接精度较高时，地面连接误差相对井下连接误差可以忽略，此时

$$\Delta c\leqslant 2\sqrt{\frac{m_\beta^2}{\rho^2}\sum R_{xi}^2+a^2\sum l\cdot\cos^2\varphi+b^2c^2} \tag{3-5-6}$$

式中，m_β 为井下导线测角误差；a、b 为井下导线量边偶然误差和系统误差影响的系数；R_{xi} 为井下各导线点至垂球线 B 的连线在 AB 垂直的方向线上的投影长度；φ 为各导线边与垂球线连线 AB 间的夹角；l 为导线各边边长；c 为两垂球线间的距离。

用上式可以检验测量和计算的正确性。但当导线成延伸形时，由 R_{AB} 很小，不能检查测角的正确性。在这种情况下，上式不能全面检查两井定向的精度。

4. 根据地面坐标系统计算井下导线点坐标

(1)由图 3-21(a)计算井下连接导线边的坐标方位角，有

$$\alpha_i=\alpha'_i+\Delta\alpha_{AB}$$
$$\Delta\alpha_{AB}=\alpha_{AB}-\alpha'_{AB}$$
$$\alpha_{A1}=\Delta\alpha_{AB}$$

式中，$\Delta\alpha_{AB}$ 为两垂球线连线在两坐标系统中方位角的差值；α_{A1} 为第一条边在地面坐标系统中的方位角；α'_i 为该边在假定坐标系统中的方位角。

(2)根据计算所得的起始数据 x_A、y_A 及 α_{A1} 与井下各测量数据，重新计算井下导线，求得井下连接导线各点的坐标，最后计算垂球线 B 的坐标。

5. 测量与计算结果正确性的第二个检验

这个检验是利用两垂球线的井上下坐标来检查的，也就是将井下连接导线按地面坐标系统，由 A 推算 B 的坐标，它应与地面连测所求得的 B 点坐标相同。如果其相对闭合差符合井下所采用的连接导线的精度时，则认为井下连接导线的测量与计算是正确的。平差一般采用近似方法，将闭合差按与边长成比例分配，对井上下连接导线各点的坐标加以改正；若地面连接导线精度高于井下连接导线，也可对井下导线各点的坐标加以改正。

6. 两井定向的近似平差

两井定向的平差在于消除线量闭合差。由于井上下连接导线要求尽可能沿两垂球线的连线方向布设，而且目前测角精度较高，由式(3-5-6)可以看出，测角误差对线量闭合差影响较小，因而平差时只对导线边长进行改正，而不改正角度，并使各边的坐标方位角不变。为了简化计算，可直接在坐标增量中加入改正数。具体方法如下：

(1)计算井上下边长改正系数 $K_上$ 和 $K_下$，有

$$\left.\begin{aligned} K_上 &= \frac{C_平 - C_上}{C_平} \\ K_下 &= \frac{C_平 - C_下}{C_平} \end{aligned}\right\} \tag{3-5-7}$$

式中，$C_平 = \frac{1}{2}(C_上 + C_下)$。这里认为井上下连接导线精度相等。上下边长改正系数符号相反。

(2)计算坐标增量改正数。

边长改正数 V 的一般公式为

$$V = l \cdot K$$

边长改正后的坐标增量为

$$\Delta x = (l + V)\cos\alpha = l\cos\alpha + V\cos\alpha = \Delta x' + \delta\Delta x$$

式中，$\Delta x'$ 为平差前的坐标增量。

$$\delta\Delta x = V\cos x = lK\cos\alpha = \Delta x' \cdot K$$

同理

$$\delta\Delta y = V\sin\alpha = lK\sin\alpha = \Delta y' \cdot K$$

三、两井定向实例

某矿两井定向，B 点为插入的近井点，A 点为四等点，图 3-21 中实线表示地面连接导线，虚线表示井下连接导线。近井点的坐标 $x_B = 4\ 380.341$，$y_B = 1\ 177.830$，坐标方位角 $\alpha_{AB} = 266°45'4.1''$。井上下连接实测边长和角度列于表 3-5、表 3-6 之中。

(1)根据地面导线计算结果计算 A、B 的坐标，即

$$x_A = -4\ 381.854, \quad y_A = -1\ 200.939$$

$$x_B = -4\ 330.173, \quad y_B = -1\ 234.291$$

(2)计算坐标方位角 α_{AB} 和两垂球线间的距离 c。

$$\alpha_{AB} = \arctan\frac{y_B - y_A}{x_B - x_A} = \arctan\frac{-33.352}{51.681} = 327°09'51''$$

$$c=\sqrt{\Delta x^2+\Delta y^2}=61.508\ \text{m}$$

表 3-5 两井定向地面连接导线坐标计算

点		水平角	方位角	水平边长 /m	坐标增量		坐标	
测站	照准点				Δx/m	Δy/m	x/m	y/m
F	D		266°45′14.1″				−4 380.241	−1 177.830
D	F E	239°09′08″4	325°54′22.5″	59.467	+49.246	−33.334	−4 330.995	−1 211.164
E	D B	126°07′41″2	272°02′03.1″	23.142	+0.822	−23.127	−4 330.173	−1 234.291
E	D		145°54′22.5″				−4 380.241	1 177.830
D	E A	300°06′04″4	266°00′26.9″	23.165	−1.613	−23.109	−4 381.854	−1 200.939

表 3-6 按假定坐标系统计算井下导线各点坐标

点		水平角	方位角	边长 /m	坐标增量		坐标	
测站	照准点				Δx/m	Δy/m	x/m	y/m
A	1		0°00′00″	14.747	+14.747	0.000	+14.747	0
1	A 2	69°02′55″	249°02′55″	28.452	−10.174	−26.571	+4.573	−26.571
2	1 3	267°52′36″	336°55′31″	36.860	+132.991	−14.055	+37.564	−40.626
3	2 B	96°39′37″	53°35′08″	10.708	−3.026	−10.272	+34.538	−50.898

(3)根据假定坐标系统计算井下连接导线。

设 $y'_A=0$,$x'_A=0$,$\alpha_{A1}=0°00'00''$,则得 B 垂球线假定坐标:

$$x'_B=34.538,\ y'_B=-50.898$$

(4)计算假定方位角 α'_{AB} 和井下两垂球线间的距离 c'。

$$\alpha'_{AB}=\arctan\frac{y'_B}{x'_B}=\arctan\frac{-50.898}{34.538}=304°09'35''$$

$$c'=\sqrt{(y'_B)^2+(x'_B)^2}=\sqrt{(-50.898)^2+(34.538)^2}=61.510\ \text{m}$$

(5)计算 $\Delta c=c-c'-c\times\dfrac{H}{R}$(井深 334 m),有

$$\Delta c=61.508-61.51-\frac{61.508\times 334}{6\ 378\ 000}=0.005\ \text{m}$$

$$\Delta c_{允}\leqslant 2\sqrt{\frac{m_\beta^2}{\rho^2}\sum R_{x_i}^2+a^2\sum\cos^2\varphi+b^2c^2}\approx\pm 7\ \text{mm}$$

$$\Delta c=5\ \text{mm}\leqslant\Delta c_{允}=7\ \text{mm}$$

(6) 计算 A—1 边的坐标方位角 α_{A1},即

$$\alpha_{A1}=\alpha_{AB}-\alpha'_{AB}=327°09'51''-304°09'35''=23°00'16''$$

(7)根据起算数 x_A、y_A、α_{A1} 和井下导线测量数据重新计算井下导线(表 3-7),求得井下导线各点及垂球线 B 的坐标。

$$x_B=-4\ 330.172,\quad y_B=-1\ 234.291$$

(8)计算导线闭合差,并按边长反号分配,即

$$f_x=x_{B井}-x_{B地}=+1\ \text{mm}$$

$$f_y=y_{B井}-y_{B地}=-2\ \text{mm}$$

相对闭合差:$\dfrac{f}{p}=\dfrac{\sqrt{1^2+2^2}}{87\ 767}\approx\dfrac{1}{39\ 250}<\dfrac{1}{6\ 000}$

式中,p 为两井垂球线间的距离,以 mm 为单位。

然后将 f_x、f_y 按边长正比反号分配于坐标增量中,见表 3-7。

表 3-7 按地面坐标系统计算井下导线坐标

点		水平角	方位角	边长/m	坐标增量		坐标	
测站	照准点				Δx/m	Δy/m	x/m	y/m
A	1		123°00′16″	14.747	+13.574 0	+5.763 0	−4 381.854 −4 368.280	−1 200.939 −1 195.176
1	A 2	69°02′55″	272°03′11″	28.452	+1.019 0	−28.435 +1	−4 367.261	−1 223.611
2	1 3	267°52′36″	359°55′47″	35.860	+35.860 −1	−0.045 +1	−4 331.402	−1 234.654
3	2 B	96°39′37″	276°35′24″	10.708	+1.229 0	−10.637 0	−4 330.173	1 234.291

四、两井定向精度分析

两井定向和一井定向一样,是由投点,井上、下连接三个部分组成。因此,井下连接导线某一边方位角的总误差为

$$m_{\alpha_i}=\pm\sqrt{m_上^2+\theta^2+m_下^2} \tag{3-5-8}$$

式中,θ 为投向误差,$\theta=\pm\dfrac{e}{c}\rho$。因两垂球线间距 c 增大,投向误差对定向精度的影响不像一井定向那样起主要作用。两井定向误差主要为井上、下连接误差。

1. 地面连接误差

两井定向时,井下连接导线某一边的方位角按式(3-5-9)计算,即

$$\alpha_i=\alpha_{AB}-\alpha'_{AB}+\alpha'_i \tag{3-5-9}$$

式中,α_{AB} 为两垂球线的连线在地面坐标系统中的方位角;α'_{AB} 为两垂球线的连线在井下假定坐标系统中的方位角;α'_i 为该边在假定坐标系统中的假定方位角。

由上式可知,仅方位角 α_{AB} 与地面连接有关,故地面连接误差为

$$m_上=m_{\alpha_{AB}}$$

两井定向的地面连接,根据两井的距离和地面连接方案不同,分两种不同的情况,以下具体加以分析。

1)由一个近井点向两垂球线敷设连接导线的误差

如图 3-22(a)所示,地面连接误差包括由近井点到结点Ⅱ和由结点Ⅱ到两垂球线所设两部分导线的误差。由于这些导线的误差使两垂球线产生相对的位置误差,从而使方位角 α_{AB} 产生了误差。为了便于分析,假定一坐标系统以 AB 为 y 轴,以垂直于 AB 为 x 轴,则

$$m_{上}=m_{\alpha_{AB}}=\pm\sqrt{\frac{\rho^2}{c^2}(m_{xA}^2+m_{xB}^2)+nm_{\beta}^2} \tag{3-5-10}$$

式中，c 为两垂球线间的距离；m_{xA} 为由结点到垂球线 A 之间所设的支导线误差所引起的 A 点在 x 轴方向的位置误差；m_{xB} 为由结点到垂球线 B 之间所设的支导线误差所引起的 B 点在 x 方向位置误差；n 为由近井点到结点间的导线测角数；m_{β} 为由近井点到结点间的导线测角中误差。

当近井点就是结点时，$n=0$，即

$$m_{上}=m_{\alpha_{AB}}=\pm\frac{\rho}{c}\sqrt{m_{xA}^2+m_{xB}^2} \tag{3-5-11}$$

而

$$m_{xA}=\pm\sqrt{m_{xA\beta}^2+m_{xAl}^2}$$

$$m_{xB}=\pm\sqrt{m_{xB\beta}^2+m_{xBl}^2}$$

$$m_{xA\beta}=\pm\frac{m_{\beta}}{\rho}\sqrt{\sum_{\mathrm{II}}^{A}R_{yA}^2}$$

$$m_{xB\beta}=\frac{m_{\beta}}{\rho}\sqrt{\sum_{\mathrm{II}}^{B}R_{yB}^2}$$

在量边误差对坐标方位角没有影响时，量边误差对 AB 点位影响可用式(3-5-12)计算，即

$$\left.\begin{aligned}m_{xAl}&=\pm\sqrt{\sum_{\mathrm{II}}^{A}m_l^2\cdot\sin^2\varphi}\\m_{xBl}&=\pm\sqrt{\sum_{\mathrm{II}}^{B}m_l^2\cdot\sin^2\varphi}\end{aligned}\right\} \tag{3-5-12}$$

式中，R_{yA} 为由结点到垂球线 A 间的导线上各点到 A 的距离在 AB 线上的投影长；R_{yB} 为由结点到垂球线 B 间的导线上各点到 B 的距离在 AB 线上的投影长；φ 为导线各边与 AB 连线间的夹角。

由上式可见，量边系统误差对坐标方位角 α_{AB} 没有影响，此时量边误差对 A、B 点位的影响可用式(3-5-13)计算，即

$$\left.\begin{aligned}m_{xAl}&=\pm a\sqrt{\sum_{\mathrm{II}}^{A}l\cdot\sin^2\varphi}\\m_{xBl}&=\pm a\sqrt{\sum_{\mathrm{II}}^{B}l\cdot\sin^2\varphi}\end{aligned}\right\} \tag{3-5-13}$$

式中，a 为量边的偶然误差系数；l 为导线各边边长。

2)由两个近井点分别向两垂球线敷设连接导线的误差

由图3-22(b)所示，这种方案同样需要假定 AB 为 y 轴，垂直于 AB 的方向为 x 轴，则坐标方位角 α_{AB} 的误差为

$$m_{上}=m_{\alpha_{AB}}=\pm\frac{\rho}{c}\sqrt{m_{xA}^2+m_{xB}^2} \tag{3-5-14}$$

而

$$m_{xA}^2=m_{xS}^2+\frac{1}{\rho^2}\sum_{S}^{A}m_{\beta}^2R_{yA}^2+a^2\sum_{S}^{A}l\sin^2\varphi$$

$$m_{xB}^2=m_{xT}^2+\frac{1}{\rho^2}\sum_{T}^{B}m_{\beta}^2R_{yB}^2+a^2\sum_{T}^{B}l\sin^2\varphi+b^2(R_{(T-B)x}\pm R_{(S-A)x})^2$$

式中，m_{xS}、m_{xT} 为近井点 S 和 T 的 x 坐标误差；$R_{(T-B)x}$、$R_{(S-A)x}$ 为连线 TB 和 SA 在 x 轴上的投影。当近井点（定向基点）S、T 位于 AB 线的同侧时括号内取负号，异侧时取正号。

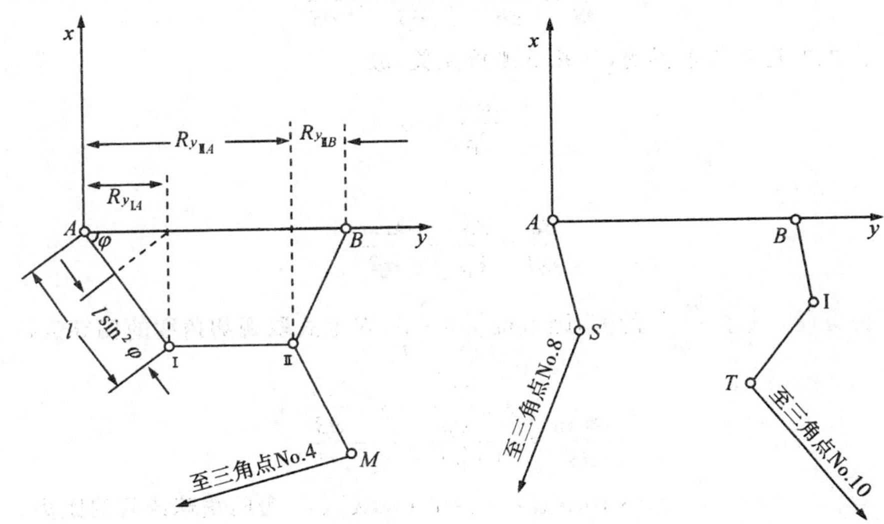

（a）设置一个定向基点的地面连接方案　　（b）设置两个定向基点的地面连接方案

图 3-22　两井定向的地面连接方案

2. 井下连接误差

井下连接导线如图 3-23 所示，共观测了 $(n-1)$ 个角和 n 条边。井下连接导线误差是由井下连接导线中某一边的坐标方位角误差表示的，即

$$m_{下}^2 = m_{\alpha i}^2 = m_{\alpha\beta}^2 + m_{\alpha l}^2 \tag{3-5-15}$$

式中，$m_{\alpha\beta}$、$m_{\alpha l}$ 为测角、量边误差所引起的井下导线某边的方位角误差。

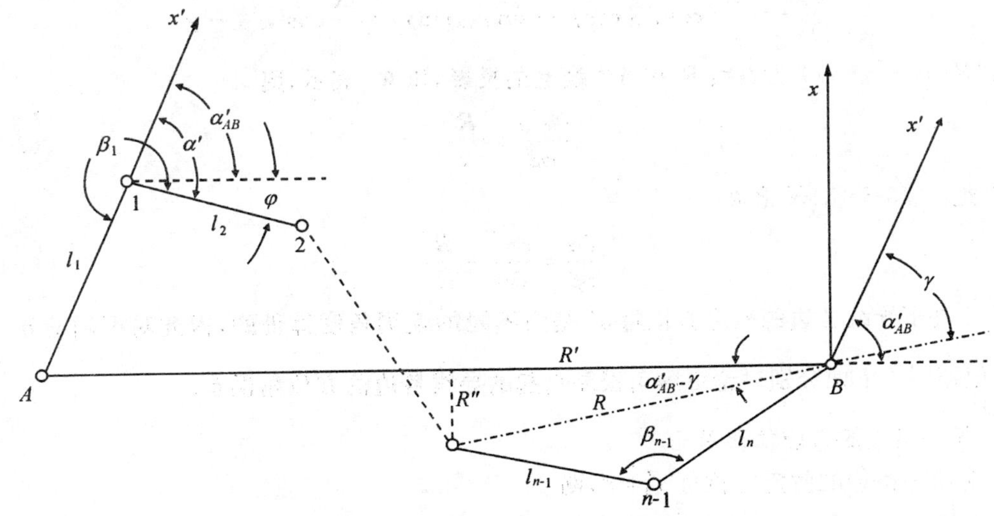

图 3-23　两井定向的井下连接导线

1）井下连接导线测角误差引起的连接误差

$$m_{\alpha\beta}^2 = \left(\frac{\partial\alpha}{\partial\beta_1}\right)^2 m_{\beta_1}^2 + \left(\frac{\partial\alpha}{\partial\beta_2}\right)^2 m_{\beta_2}^2 + \cdots + \left(\frac{\partial\alpha}{\partial\beta_{n-1}}\right)^2 m_{\beta_{n-1}} \tag{3-5-16}$$

由 $\alpha_i = \alpha_{AB} - \alpha'_{AB} + \alpha'_i$，对井下连接导线的角度求偏导数，得

$$\frac{\partial \alpha}{\partial \beta} = \frac{\partial \alpha_{AB}}{\partial \beta} - \frac{\partial \alpha'_{AB}}{\partial \beta} + \frac{\partial \alpha'}{\partial \beta} \tag{3-5-17}$$

由于 α_{AB} 是由地面连接所求得的，与井下测角无关，故

$$\frac{\partial \alpha_{AB}}{\partial \beta} = 0$$

因此

$$\frac{\partial \alpha}{\partial \beta} = \frac{\partial \alpha'}{\partial \beta} - \frac{\partial \alpha'_{AB}}{\partial \beta} \tag{3-5-18}$$

为了分析方便，先求$\frac{\partial \alpha'_{AB}}{\partial \beta}$的值，因 $\tan\alpha'_{AB} = \frac{y'_B}{x'_B}$，对上式取观测角度的偏导数得

$$\frac{\partial \alpha'_{AB}}{\partial \beta} = \frac{x'_B \frac{\partial y'_B}{\partial \beta} - y'_B \frac{\partial x'_B}{\partial \beta}}{(x'_B)^2 + (y'_B)^2} \tag{3-5-19}$$

而 $(x'_B)^2 + (y'_B)^2 = c^2$，$x'_B = c \cdot \cos\alpha'_{AB}$，$y'_B = c \cdot \sin\alpha'_{AB}$，$c$ 为两垂球线间的距离。

将以上各式代入式(3-5-19)得

$$\frac{\partial \alpha'_{AB}}{\partial \beta} = \frac{1}{c}\left(\cos\alpha'_{AB} \frac{\partial y'_B}{\partial \beta} - \sin\alpha'_{AB} \frac{\partial x'_B}{\partial \beta}\right) \tag{3-5-20}$$

而

$$\frac{\partial y'_B}{\partial \beta} = R\cos\gamma, \quad \frac{\partial x'_B}{\partial \beta} = -R\sin\gamma$$

式中，R 为各导线点到垂球线 B 点的直线距离；γ 为该直线在假定坐标系统中的方位角。

将上式偏导数代入式(3-5-19)中，得

$$\frac{\partial \alpha'_{AB}}{\partial \beta} = \frac{R}{c}(\cos\alpha'_{AB}\cos\gamma + \sin\alpha'_{AB}\sin\gamma) = \frac{R}{c}\cos(\alpha'_{AB} - \gamma) \tag{3-5-21}$$

上式中 $R\cos(\alpha'_{AB} - \gamma)$ 为直线 R 在 AB 线上的投影，用 R' 表示，则

$$\frac{\partial \alpha'_{AB}}{\partial \beta} = \frac{R'}{c} \tag{3-5-22}$$

由此，式(3-5-18)转化为

$$\frac{\partial \alpha}{\partial \beta} = \frac{\partial \alpha'}{\partial \beta} - \frac{R'}{c} \tag{3-5-23}$$

由于井下导线各边的假定方位角 α' 是由不同的观测角度算得的，因此对不同的导线边，其$\frac{\partial \alpha'}{\partial \beta}$值不同。下面分别讨论由测角误差引起的导线各边的方位角误差。

a. 第一条边的方位角误差

因为第一条边的假定方位角 $\alpha'_1 = 0$，则

$$\frac{\partial \alpha'_1}{\partial \beta_1} = \frac{\partial \alpha'_1}{\partial \beta_2} = \frac{\partial \alpha'_1}{\partial \beta_3} = \cdots = \frac{\partial \alpha'_1}{\partial \beta_{n-1}} = 0$$

由式(3-5-22)知

$$\frac{\partial \alpha'_{AB}}{\partial \beta_1} = \frac{R'_1}{c}, \quad \frac{\partial \alpha'_{AB}}{\partial \beta_2} = \frac{R'_2}{c}, \quad \cdots, \quad \frac{\partial \alpha'_{AB}}{\partial \beta_{n-1}} = \frac{R'_{n-1}}{c}$$

将上列各式代入式(3-5-23)后，再代入式(3-5-16)得

$$m_{\alpha 1_\beta}^2=\left(-\frac{R'_1}{c}\right)^2 m_{\beta_1}^2+\left(-\frac{R'_2}{c}\right)m_{\beta_2}^2+\cdots+\left(-\frac{R'_{n-1}}{c}\right)^2 m_{\beta_{n-1}}^2$$

$$=\frac{1}{c^2}\sum_1^{n-1}(R'_i)^2 m_{\beta_i}^2 \tag{3-5-24}$$

当角度为等精度观测时，则

$$m_{\alpha 1_\beta}^2=\frac{m_\beta^2}{c^2}\sum_1^{n-1}(R'_i)^2 \tag{3-5-25}$$

b. 第二条边的方位角误差

第二条边的假定方位角为

$$\alpha'_2=\alpha'_1+\beta_1\pm 180°$$

所以

$$\frac{\partial\alpha'_2}{\partial\beta_1}=1,\ \frac{\partial\alpha'_2}{\partial\beta_2}=\frac{\partial\alpha'_2}{\partial\beta_3}=\cdots=\frac{\partial\alpha'_2}{\partial\beta_{n-1}}=0$$

由式(3-5-23)可得

$$\frac{\partial\alpha_2}{\partial\beta_1}=1-\frac{R'_1}{c},\ \frac{\partial\alpha_2}{\partial\beta_2}=-\frac{R'_2}{c},\ \frac{\partial\alpha_2}{\partial\beta_3}=-\frac{R'_3}{c},\ \cdots,\ \frac{\partial\alpha_2}{\partial\beta_{n-1}}=-\frac{R'_{n-1}}{c}$$

因此

$$m_{\alpha 2_\beta}^2=\left(1-\frac{R'_1}{c}\right)^2 m_{\beta_1}^2+\left(-\frac{R'_2}{c}\right)^2 m_{\beta_2}^2+\cdots+\left(\frac{-R'_{n-1}}{c}\right)^2 m_{\beta_{n-1}}^2$$

$$=\frac{1}{c^2}\sum_1^{n-1}(R'_i)^2 m_{\beta_i}^2+\left(1-\frac{2R'_1}{c}\right)m_{\beta_1}^2$$

当测角精度相等时，则

$$m_{\alpha 2_\beta}^2=\frac{m_\beta^2}{c^2}\sum_1^{n-1}(R'_i)^2+\left(1-\frac{2R'_1}{c}\right)m_\beta^2 \tag{3-5-26}$$

将式(3-5-25)代入得

$$m_{\alpha 2_\beta}^2=m_{\alpha 1_\beta}^2+\left(1-\frac{2R'_1}{c}\right)m_\beta^2 \tag{3-5-27}$$

在一般情况下，$\frac{2R'_1}{c}>1$，故上式右端第二项为负，因此第二条边的方位角误差小于第一条边的方位角误差。

c. 第三条边的方位角误差

第三条边的方位角为

$$\alpha'_3=\alpha'_1+\beta_1+\beta_2\pm 2\times 180°$$

$$\frac{\partial\alpha'_3}{\partial\beta_1}=\frac{\partial\alpha'_3}{\partial\beta_2}=1,\ \frac{\partial\alpha'_3}{\partial\beta_3}=\frac{\partial\alpha'_3}{\partial\beta_4}=\cdots=\frac{\partial\alpha'_3}{\partial\beta_{n-1}}=0$$

所以

$$\frac{\partial\alpha_3}{\partial\beta_1}=1-\frac{R'_1}{c},\ \frac{\partial\alpha_3}{\partial\beta_2}=1-\frac{R'_2}{c}$$

$$\frac{\partial\alpha_3}{\partial\beta_3}=-\frac{R'_3}{c},\ \cdots,\ \frac{\partial\alpha_3}{\partial\beta_{n-1}}=-\frac{R'_{n-1}}{c}$$

由前面推导可知

$$m_{\alpha 3_\beta}^2=m_{\alpha 1_\beta}^2+\left(1-\frac{2R'_1}{c}\right)m_{\beta_1}^2+\left(1-\frac{2R'_2}{c}\right)m_{\beta_2}^2 \tag{3-5-28}$$

当测角精度相等时，则

$$m_{\alpha 3_\beta}^2 = m_{\alpha 1_\beta}^2 + \left(2 - 2 \times \frac{R'_1 + R'_2}{c}\right) m_{\beta_2}^2 \tag{3-5-29}$$

d. 第 i 条边的方位角误差

由上述各边的方位角误差可以类似地推导出第 i 边的方位角误差为

$$m_{\alpha i_\beta}^2 = m_{\alpha 1_\beta}^2 + \left(1 - \frac{2R'_1}{c}\right) m_{\beta_1}^2 + \left(1 - \frac{2R'_2}{c}\right) m_{\beta_2}^2 + \cdots + \left(1 - \frac{2R'_{i-1}}{c}\right) m_{\beta_{i-1}}^2 \tag{3-5-30}$$

当角度为等精度观测时，则

$$m_{\alpha i_\beta}^2 = m_{\alpha 1_\beta}^2 + \left[(i-1) - 2 \times \frac{R'_1 + R'_2 + R'_3 + \cdots + R'_{i-1}}{c}\right] m_\beta^2 \tag{3-5-31}$$

利用上式时，应注意 R' 的正负号。当 R' 投影在 B 点右边(或投影在 AB 连线的延长线上)时为负，左边时为正。

为了便于计算，将上面推导的各边坐标方位角误差公式加以简化，简化第二条边的方位角误差公式为

$$m_{\alpha 2_\beta}^2 = \frac{m_\beta^2}{c^2}(R'^2_1 + R'^2_2 + R'^2_3 + \cdots + R'^2_{n-1} + c^2 - 2R'_1 c)$$

若将 $c^2 - 2R'_1 c + R'^2_1 = (c - R'_1)^2$ 代入上式得

$$m_{\alpha 2_\beta}^2 = \frac{m_\beta^2}{c^2}[(c - R'_1)^2 + R'^2_2 + \cdots + R'^2_{n-1}]$$

或

$$m_{\alpha 2_\beta}^2 = \frac{m_\beta^2}{c^2}\left(R'^2_{1A} + \sum_2^{n-1} R'^2_{iB}\right) \tag{3-5-32}$$

同理

$$m_{\alpha 3_\beta}^2 = \frac{m_\beta^2}{c^2}\left(\sum_1^2 R'^2_{iA} + \sum_3^{n-1} R'^2_{iB}\right) \tag{3-5-33}$$

$$m_{\alpha i_\beta}^2 = \frac{m_\beta^2}{c^2}\left(\sum_1^{i-1} R'^2_{iA} + \sum_i^{n-1} R'^2_{iB}\right) \tag{3-5-34}$$

式中，R'_{iA} 为导线各点与 A 连线在 AB 上的投影；R'_{iB} 为导线各点与 B 连线在 AB 上的投影。

2) 井下量边误差所引起的连接误差

a. 一般导线的连接误差

$$m_{\alpha l}^2 = \left(\frac{\partial \alpha}{\partial l_1}\right)^2 m_{l_1}^2 + \left(\frac{\partial \alpha}{\partial l_2}\right)^2 m_{l_2}^2 + \cdots + \left(\frac{\partial \alpha}{\partial l_n}\right)^2 m_{l_n}^2 \tag{3-5-35}$$

因

$$\alpha = \alpha_{AB} - \alpha'_{AB} + \alpha'$$

所以

$$\frac{\partial \alpha}{\partial l} = \frac{\partial \alpha_{AB}}{\partial l} - \frac{\partial \alpha'_{AB}}{\partial l} + \frac{\partial \alpha'}{\partial l}$$

由于 α_{AB} 和 α' 与井下量边无关，故 $\frac{\partial \alpha_{AB}}{\partial l} = \frac{\partial \alpha'}{\partial l} = 0$

所以

$$\frac{\partial \alpha}{\partial l} = -\frac{\partial \alpha'_{AB}}{\partial l}$$

将式(3-5-20)写成对边长的偏导数，有

$$\frac{\partial \alpha'_{AB}}{\partial l} = \frac{1}{c}\left(\frac{\partial y'_B}{\partial l}\cos\alpha'_{AB} - \frac{\partial x'_B}{\partial l}\sin\alpha'_{AB}\right) \tag{3-5-36}$$

因
$$y'_B=\sum_1^n l_i\sin\alpha'_i,\quad x'_B=\sum_1^n l_i\cos\alpha'_i$$

故
$$\frac{\partial y'_B}{\partial l}=\sin\alpha'_i,\quad \frac{\partial x'_B}{\partial l}=\cos\alpha'_i$$

代入式(3-5-36)得

$$\frac{\partial\alpha'_{AB}}{\partial l}=\frac{1}{c}(\sin\alpha'_i\cos\alpha'_{AB}-\cos\alpha'_i\sin\alpha'_{AB})=\frac{1}{c}\sin(\alpha'_i-\alpha'_{AB}) \tag{3-5-37}$$

令 $\alpha'_i-\alpha'_{AB}=\varphi$,$\varphi$ 为井下导线各边与 AB 连线的夹角,则

$$\frac{\partial\alpha'_{AB}}{\partial l}=\frac{\sin\varphi}{c}$$

即
$$\frac{\partial\alpha'_{AB}}{\partial l_1}=\frac{\sin\varphi_1}{c},\ \frac{\partial\alpha'_{AB}}{\partial l_2}=\frac{\sin\varphi_2}{c},\ \cdots,\ \frac{\partial\alpha'_{AB}}{\partial l_n}=\frac{\sin\varphi_n}{c}$$

将上列各式代入式(3-5-35)得

$$m^2_{\alpha l}=\frac{\rho^2}{c^2}(\sin^2\varphi_1\cdot m^2_{l_1}+\sin^2\varphi_2\cdot m^2_{l_2}+\cdots+\sin^2\varphi_n\cdot m^2_{l_n})$$

$$=\frac{\rho^2}{c^2}\sum_1^n\sin^2\varphi_i\cdot m^2_{l_i} \tag{3-5-38}$$

考虑到量边误差 m_{l_i} 中包括偶然误差和系统误差,而实际上量边系统误差对方位角没有影响。因此,上式可写成

$$m^2_{\alpha l}=\frac{a^2\rho^2}{c^2}\sum_1^n l\cdot\sin^2\varphi_i$$

$$m_{\alpha l}=\pm\frac{a\rho}{c}\sqrt{\sum_1^n l\cdot\sin^2\varphi_i} \tag{3-5-39}$$

上式为井下一般导线量边误差所引起的方位角误差。显然,由量边误差所引起的各边的方位角误差是相同的。同时与导线的形状和长度有关。

由前面的推导可得井下导线测角量边误差引起各边的连接总误差。

井下导线第一条边的连接误差为

$$m_{\alpha1}=\pm\sqrt{m^2_{\alpha i_\beta}+m^2_{\alpha l}} \tag{3-5-40}$$

井下导线第 i 条边的连接误差为

$$m_{\alpha i}=\pm\sqrt{m^2_{\alpha i_\beta}+m^2_{\alpha l}} \tag{3-5-41}$$

b. 井下用等边直伸形导线的连接的误差

以上推导的公式,适合于任何情况的导线,对于等边直伸形导线,其误差公式可简化。设

$$l_1=l_2=l_3=\cdots=l_n$$
$$\beta_1=\beta_2=\beta_3=\cdots=\beta_{n-1}=180°$$

此时各导线边均与垂球线的连线重合,即 $\varphi=0$,故量边误差对井下导线各边方位角没有影响,即 $m_l=0$。因此,只剩下测角误差对各边方位角的影响。由上面假设可得

$$L=nl,\ R'_1=(n-1)l,\ R'_2=(n-2)l,\ \cdots,\ R'_{n-2}=2l,R'_{n-1}=l$$

将上列各式代入式(3-5-25)得

$$m^2_{\alpha1_\beta}=\frac{m^2_\beta}{n^2l^2}[(n-1)^2l^2+(n-2)^2l^2+\cdots+2^2l^2+l^2]$$

$$=\frac{(n-1)(2n-1)}{6n}m_{\beta}^{2} \tag{3-5-42}$$

将上列各式分别代入式(3-5-25)、式(3-5-27)、式(3-5-29)、式(3-5-31)得

$$m_{\alpha2_{\beta}}^{2}=m_{\alpha1_{\beta}}^{2}-\frac{n-2}{n}m_{\beta}^{2} \tag{3-5-43}$$

$$m_{\alpha3_{\beta}}=m_{\alpha1_{\beta}}^{2}-\frac{2(n-3)}{n}m_{\beta}^{2} \tag{3-5-44}$$

$$m_{\alpha i_{\beta}}^{2}=m_{\alpha1_{\beta}}^{2}+\frac{(i-1)(i-n)}{n}m_{\beta}^{2} \tag{3-5-45}$$

由式(3-5-45)可知，当 $i=n$ 时，即最终边的方位角误差为

$$m_{\alpha n_{\beta}}^{2}=m_{\alpha1_{\beta}}^{2} \tag{3-5-46}$$

由此可知，由井下连接导线测角误差所引起的最终边方位角误差与第一条边的相等，且导线边离两端边线越远精度越高。为了说明问题，设有 $n=5$ 个边的井下直伸形连接导线，其各边的方位角误差为

$$m_{\alpha1_{\beta}}^{2}=\frac{(n-1)(2n-1)}{6n}m_{\beta}^{2}=\frac{6}{5}m_{\beta}^{2}$$

$$m_{\alpha2_{\beta}}^{2}=m_{\alpha1_{\beta}}^{2}-\frac{n-2}{n}m_{\beta}^{2}=\frac{3}{5}m_{\beta}^{2}$$

$$m_{\alpha3_{\beta}}^{2}=m_{\alpha1_{\beta}}^{2}-\frac{2(n-3)}{n}m_{\beta}^{2}=\frac{2}{5}m_{\beta}^{2}$$

$$m_{\alpha4_{\beta}}^{2}=m_{\alpha1_{\beta}}^{2}+\frac{(4-1)(4-n)}{n}m_{\beta}^{2}=\frac{3}{5}m_{\beta}^{2}$$

$$m_{\alpha5_{\beta}}^{2}=m_{\alpha1_{\beta}}^{2}=\frac{6}{5}m_{\beta}^{2}$$

由此可见，用等边直伸形导线做井下连接时，各边的连接误差以直接与两垂球连接边的误差最大；从导线两端向中间，各边方位角误差成对称分布依次减少，以中间边为最小。而这种规律与导线边数也有关，见表 3-8。

表 3-8　导线边数与中间边方位角误差

导线边数 n	中间边方位角误差	
	边号	$m_{\alpha i_{\beta}}^{2}$
3	2	$\frac{1}{3}m_{\beta}^{2}$
5	3	$\frac{2}{5}m_{\beta}^{2}$
7	4	$\frac{4}{7}m_{\beta}^{2}$
9	5	$\frac{7}{9}m_{\beta}^{2}$
11	6	$\frac{10}{11}m_{\beta}^{2}$
12	6	$\frac{12}{12}m_{\beta}^{2}$
13	7	$\frac{13}{14}m_{\beta}^{2}$

由表 3-8 可知，随着导线边数的增加，中间边方位角误差逐步增大。当导线边 $n=12$ 时，其中间边方位角误差约等于测角误差。因此，井下连接导线要选择最短的路线，边数尽可能少，而且井下导线要尽可能在连接导线的中间上连测。这种分布规律只符合等边直伸形导线，而井下导线通常都是非等边直伸形，因此，这一结论只可作为参考。

3. 两井定向误差预计实例

为了对某矿两井定向的误差进行预计，先做如下说明：井上下连接方案如图 3-24 所示。地面由定向基点"刘家"开始敷设精密导线到结点Ⅱ，再敷设 ⅡA 及 Ⅱ-Ⅲ-B 导线与两垂球线连接。测角中误差 $m_{\beta上}=\pm5''$，量边偶然误差系数 $a_{上}=0.000\,4$，$b_{上}=0.000\,05$。井下沿下巷道敷设井下导线 A—1—2—3—B 进行连接。测角中误差 $m_{\beta下}=\pm8''$，量边的偶然误差系数

$a_{下}=0.000\,4$，$b_{下}=0.000\,05$，两井距离 $c=62$ m，井深 334 m，投点误差为 $e=2$ mm。

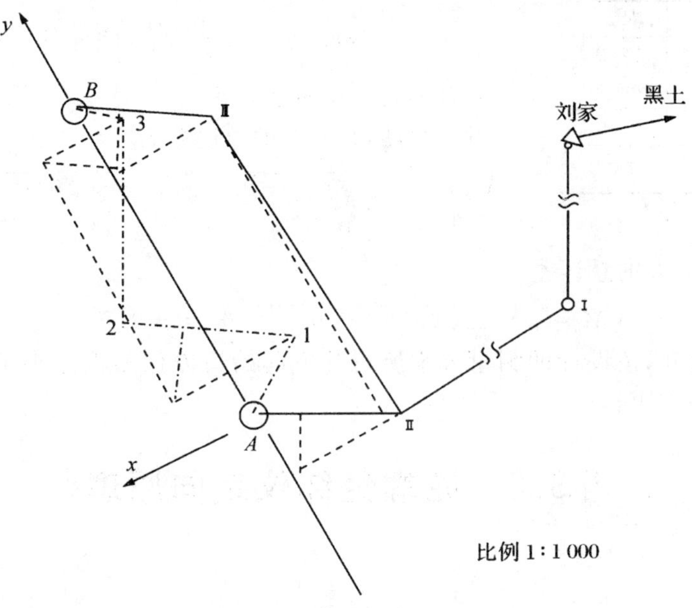

图 3-24 井上下连接方案

1)地面连接误差

$$m_{上}=m_{\alpha_{AB}}=\pm\sqrt{\frac{m_{\beta上}^2}{c^2}\sum R_{yi}^2+\frac{\rho^2 a^2}{c^2}\sum l_i\sin^2\varphi+nm_{\beta上}^2} \tag{3-5-47}$$

式中，R_{yi} 及 $l_i\sin^2\varphi$ 等数值可从大比例尺图上量取，并列于表 3-9。

$$m_{\alpha_{AB}}=\pm\sqrt{\frac{5^2}{62^2}\times 5\,678.9+\frac{206\,265}{62^2}\times(4\times10^{-4})^2\times 33.1+0}=\pm 6.1''$$

2)投向误差

$$\theta=\pm\frac{e}{c}\rho=\pm\frac{0.002}{62}\times 206\,265''=\pm 6.6''$$

3)井下各边的连接误差

井下导线边 1—2 的方位角误差

$$m_{\alpha i_\beta}=\pm\frac{m_{\beta下}^2}{c}\sqrt{\sum_1^{i-1}R_{yiA}^2+\sum_1^{i-1}R_{yiB}^2}$$

上式中的 R_{yi} 值，同样可从图上量得，其数值列于表 3-10。

$$m_{\alpha(1-2)_\beta}=\pm\frac{8}{6^2}\sqrt{1\,423.6}=\pm 4.9''$$

表 3-9 地面导线误差要素计算

标号(R)	R_{yi}	R_{yi}^2	边号	$l_i\sin^2\varphi$
ⅡA	11.4	130.0	A—Ⅱ	17.1
ⅡB	73.4	5 387.6	Ⅱ—Ⅲ	0.2
ⅢB	12.4	161.3	B—Ⅲ	15.8
$\sum$	5 678.9			33.1

表 3-10 井下各边连接误差

标号(R)	R_{yi}	R_{yi}^2	边号	$l\sin^2\varphi$
A1	8.5	72.2	A—1	9.8
B2	36.2	1 310.4	1—2	18.3
B3	6.4	41.0	2—3	10.8
$\sum$		1 423.6		45.7

表 3-11　R_{yi} 值

标号(R)	R_{yi}	R_{yi}^2
A1	8.5	72.2
A2	25.8	665.6
B3	6.4	41.0
$\sum$		778.8

井下导线边 2—3 的方位角误差，其 R_{yi} 值列于表 3-11。

$$m_{\alpha(2-3)} = \pm \frac{8}{62}\sqrt{7\,788} = \pm 3.6''$$

4)计算定向边的总误差

井下导线边 1—2 的总误差为

$$M_{\alpha(1-2)} = \pm\sqrt{m_{上}^2 + \theta^2 + m_{下}^2} = \pm\sqrt{6.1^2 + 6.6^2 + 4.9^2} = \pm 10.2''$$

井下导线边 2—3 的总误差

$$M_{\alpha(2-3)} = \pm\sqrt{6.1^2 + 6.6^2 + 3.6^2} = \pm 9.7''$$

由以上预计可知，按设计的测量方案所得井下起始边方位角误差小于有关《规程》规定的 20″的要求，故方案可行。

§3.6　陀螺经纬仪定向原理

一、概　述

绕自身轴高速旋转的任意刚体(物体)称为陀螺。匀速自转的陀螺在没有任何外力矩作用时，在自身转动惯量的维持下，其自转轴指向惯性高空固定的方向。利用这一特性，陀螺仪能够准确测定地面任意地点(除南北极外)的真子午线的位置。

陀螺经纬仪是将陀螺仪和经纬仪结合一起的仪器。目前陀螺经纬仪应用于建筑、测绘、铁道、森林、军事和地下工程等部门和行业的定向测量。它的使用不受时间、地点和环境的限制，而其操作简单、应用方便而且具有较高的定向精度。

陀螺原理早在 1852 年被人们所发现，随后不少科学家对陀螺理论做了较深入的阐述。1910 年陀螺仪首先在航海上作为导航仪器使用，接着陀螺仪又应用在矿山和荫蔽地区的线路、管道、隧道等工程的定向测量。陀螺的发展大体可分为三个阶段。

第一阶段，20 世纪 50 年代在船舶陀螺罗径的基础上，研制出矿用液浮式陀螺罗盘，这是陀螺经纬仪发展的初级阶段。这个阶段的陀螺罗盘仪的主要缺点是体积大，过于笨重，操作复杂、定向时间长、定向精度低。但与矿山的几何定向相比，具有不占井筒、不影响生产、效率高、精度可靠等优势，尤其在深井定向和检查长距离井下导线误差累积等方面，均显示了它的优越性。

第二阶段从 20 世纪 60 年代开始，在液浮式陀螺罗盘仪的基础上，利用金属悬挂带把陀螺灵敏部于空气中悬挂在经纬仪空心竖轴之下，悬挂带上端与经纬仪的壳体固连，采用导流丝直接供电方式。仪器结构大为简化，取消了电磁线圈，大大降低了电能消耗，并采用了携带式蓄电池组和晶体管变流器，缩小了体积，减轻了重量，提高了仪器的观测精度。这个阶段的陀螺仪，一般一次定向时间可在 1 h 内完成，一次定向中误差可达到±30″～±1′。

第三阶段是在 20 世纪 70 年代，由于陀螺技术不断发展，精密小型陀螺元件的出现，考虑到地下工程定向测量精度要求和作业环境的特点，发展了跨放在经纬仪支架上的陀螺附件，称为上架悬挂式陀螺经纬仪。该仪器体积小、重量轻、观测时间短、便于操作和携带。如瑞士威尔特厂的 GAK-1、匈牙利莫姆厂的 Gi-C_{11} 等。一次定向中误差可达±20″。随着科学的发展，陀螺经纬仪正在向自动化、数字化和直接显示方位角的方向发展。

二、自由陀螺仪的两个基本特性

自由陀螺仪（图 3-25）又称为基本陀螺仪。它具有三个自由度，并可绕三个相互垂直的轴旋转，即陀螺转子轴 x，垂直于 x 轴的水平轴 y、竖轴 z。三轴交于一点，称为支点，且与陀螺仪的重心重合。同时自由陀螺仪还须满足

$$\left.\begin{aligned} w_x \geqslant w_y \\ w_x \geqslant w_z \end{aligned}\right\} \tag{3-6-1}$$

式中，w_x、w_y、w_z 为刚体的角速度沿着动坐标系 $O\text{-}xyz$ 的各轴分量。

自由陀螺仪有两个基本特性：

（1）在不受外力作用时，陀螺旋转轴的空间方位保持不变，即定轴性。

（2）在受外力作用时，陀螺旋转轴产生"进动"，即进动性。

自由陀螺的两个特性可用实验来加以说明。如图 3-26 所示，当衡重 A 使杠杆达到静平衡时，陀螺高速转动后，就能使轴的方向保持不变，这一特性就是陀螺的定轴性。

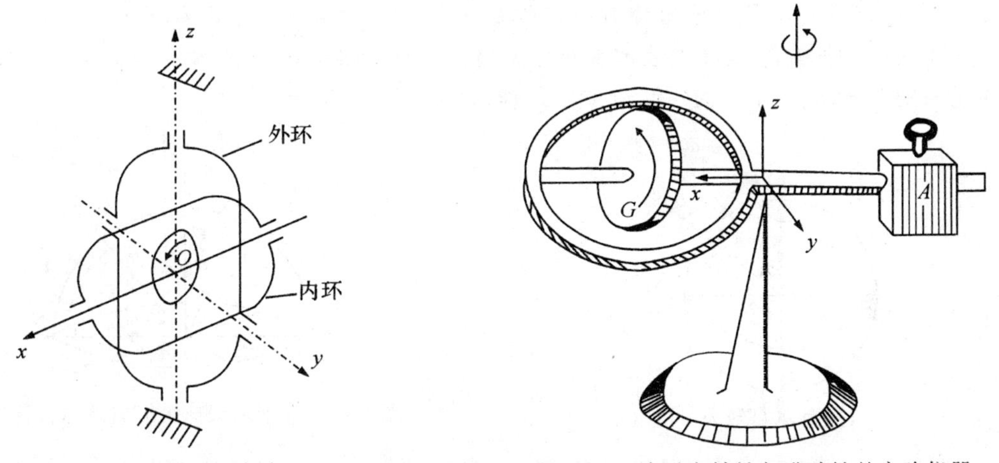

图 3-25　自由陀螺仪　　图 3-26　演示定轴性与进动性的实验仪器

当衡重 A 向左边移动一小段距离后，如果陀螺不转动，杠杆在重力产生的力矩作用下，左端下降，右端上升，在竖直方向上产生逆时针方向转动；但在陀螺高速转动的情况下，杠杆不发生上下倾斜而保持水平，却在水平面内绕竖轴做逆时针方向转动；当将衡重 A 向右移动一小段距离，则产生的进动方向相反，即在水平面内绕竖轴做顺时针方向转动，这一特性就是陀螺仪的进动性。

通过实验可得出，进动角速度 w_P 与陀螺的动量矩 H 成反比，与外力矩 M_B 成正比，即

$$w_P = \frac{M_B}{H}$$

式中，w_P 为陀螺轴的进动角速度（在 z 轴方向）；M_B 为外力矩（在 y 轴方向）；H 为陀螺的动量矩（在 x 轴方向）。

通常用右手定则表示它们之间的方向关系，即伸出右手的拇指、食指、中指，使它们互成直角，将食指指向动量矩的方向，中指指向外力矩矢量的方向，那拇指的方向就是进动速度矢量所代表的方向。

陀螺经纬仪就是利用自由陀螺的两个基本特性设计、制造的一种定向测量仪器。

三、陀螺仪的工作原理

1. 地球自转及其对陀螺仪的作用

由于地球自转,地球上一切东西自然也随着地球转动,地球的自转轴是南北极的连线。地球自转角速度以 w_E 表示($w_E = 1$ 周 / 昼夜 $= 7.25 \times 10^{-5}$ rad/s)。若从宇宙空间来看地轴的北端,地球在做逆时针方向旋转,其旋转角速度 w_E 沿自转轴指向北端(图 3-27),对纬度为 φ 的地面点 P 而言,地球自转角速度 w_E 和当地的水平面成 φ 角,且位于过当地的子午面内。地球自转角速度 w_E 可分解为水平分量 w_1(沿子午线方向) 和垂直分量 w_2(沿铅垂方向),即

$$w_1 = w_E \cos\varphi$$

$$w_2 = w_E \sin\varphi$$

水平分量 w_1 表示地平面绕南北水平轴旋转的角速度,这种旋转使在地球表面的观测者感觉好像太阳和其他星体的高度在改变,实际上是地平面的东半面降落,西半面升起。

垂直分量 w_2 表示子午面绕竖轴旋转的角速度,并且表示子午线的北端向西移动,对地面观测者而言,好像太阳和其他星体方位在改变。

为了说明钟摆式陀螺仪受地球旋转角速度的影响,将地球自转水平分量 w_1 分解成两个互相垂直的分量 w_3(沿 y 轴) 和 w_4(沿 x 轴),如图 3-28 所示。

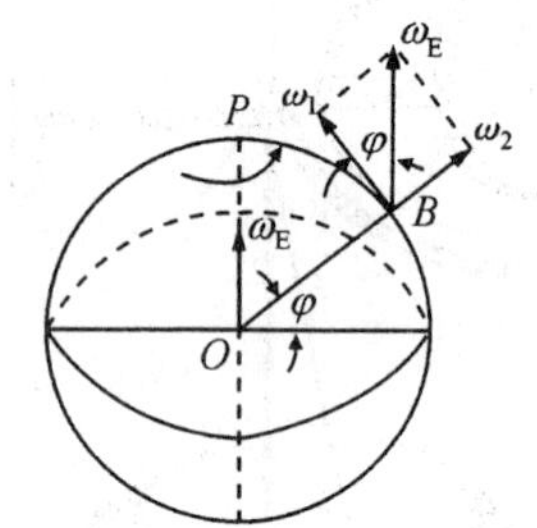

图 3-27 地球自转矢量的分解

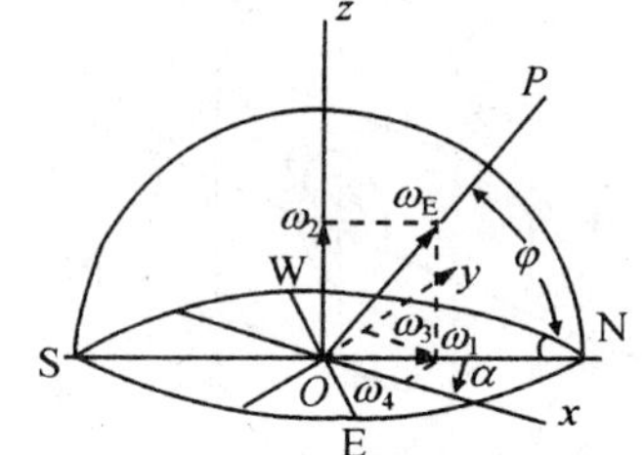

图 3-28 在辅助天球上分解地球自转矢量

分量 w_4 表示地平面绕陀螺轴旋转的角速度,其大小对陀螺轴的空间方位没有影响。通常表示为

$$w_4 = w_E \cos\varphi \cos\alpha$$

分量 w_3 表示地平面绕 y 轴旋转的角速度,其大小表示为

$$w_3 = w_E \cos\varphi \sin\alpha$$

此分量使陀螺轴高度发生变化,向东的一端升起(因地球东半部地平面下降),向西的一端下降。由此可见,当陀螺高速旋转时,陀螺轴就向子午面方向进动,其相互关系如图 3-29 所示。当陀螺轴 x 平行于地平面时,陀螺房的重量 Q 不引起重力矩,所以对 x 轴的方位没有影响。但在下一时刻,地平面依角速度 w_3 绕 y 轴旋转,地平面不再平行于 x 轴,而且与之成某一夹角。

设 x 轴的正端偏离子午面以东,当地平面东半部下降后,观测者感觉到的是 x 轴向上仰起,并与地面形成夹角 β,如图 3-29(b) 所示。此时陀螺房重量 Q 产生的力矩使 x 轴的正端向子午面方向进动。若陀螺房的重量集中作用于重心 O_1,重心 O_1 至悬点的距离为 l,则此时地平面绕 y 轴旋转而引起的外力矩为

$$M_B = Ql\sin\beta = M\sin\beta$$

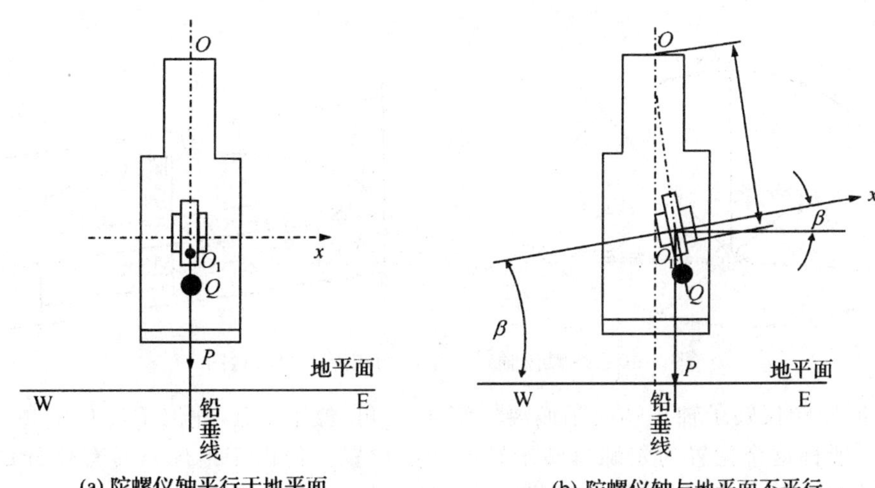

图 3-29　陀螺仪轴与重力矩的关系

x 轴的进动角速度

$$w_P = \frac{M}{H}\sin\beta$$

式中，$H = Iw_K$ 为陀螺的动量矩。

在分量 w_3 的影响下，便产生陀螺力矩 K，即

$$K = Hw_3 = Hw_E\cos\varphi\sin\alpha \tag{3-6-2}$$

陀螺力矩 K 力图使陀螺轴 x 向子午面方向进动，通常又称陀螺力矩 K 为陀螺指向力矩。指向力矩值表示陀螺仪的陀螺轴向子午面进动力矩的大小。由式(3-6-2)可知，在赤道上 $\varphi=0$，K 值最大，在南北极 $\varphi=90°$，$K=0$。因此，在两极或高纬度地区，陀螺仪不能定向。

2. 陀螺仪的转子轴对地球的相对运动

由于地球不断转动，其子午面以角速度 w_2 绕竖轴旋转，位置也随之改变。所以即使某一时刻陀螺仪转子轴与地平面平行且位于子午面内，但下一时刻陀螺仪转子轴便不再位于子午面内。因此，陀螺仪转子轴与子午面之间具有相对运动的形式。当陀螺仪轴的进动角速度 w_P 与角速度分量 w_2 相等时，则

$$\frac{M\sin\beta}{H} = w_E\sin\varphi$$

$$\sin\beta = \frac{Hw_E}{M}\sin\varphi$$

因 β 角较小，则

$$\beta = \rho\,\frac{Hw_E}{M}\sin\varphi$$

当陀螺仪正端自地平面仰起 β 时，陀螺仪转子轴 x 与子午面保持相对静止，此时的 β 角为补偿角，并以 β_k 表示。

陀螺仪轴对子午面所做的相对运动过程表示于图 3-30 中。通过陀螺仪的中心 O 作水平面 ESWN 和子午面 SZ_NP_NN，竖直投影面 H 垂直于子午面，纵轴 M-M 为子午面的投影，横轴为

地平面投影,陀螺仪轴正端偏离子午面的角度 α 用水平线段表示,x 轴对地平面的倾角 β 用垂直线段表示。

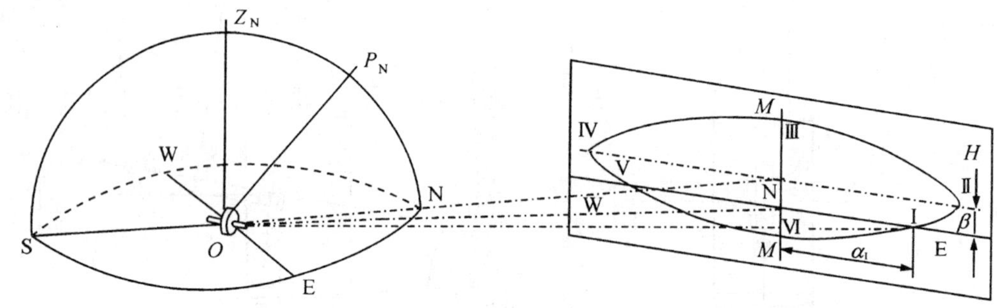

图 3-30 陀螺仪轴对子午面的相对运动示意图

设开始时陀螺仪转子轴正端向东偏离子午面 α_1 角,位于Ⅰ点,并位于过 O 点的水平面内,即 $\beta=\beta_K$,一般称这个位置为陀螺仪转子轴的初始位置。但由于地球自转有效分量 w_3 的作用,过 O 点水平面的东半部将要不断下降,西半部不断上升,陀螺 x 轴正端将相对于水平面抬高而出现仰角,这就产生作用于灵敏部上的重力矩。此重力矩便引起陀螺仪轴向西进动,力图使 x 轴回到子午面内。但此时重力矩很小,$w_P < w_2$,因此 x 轴仍继续相对子午面向东偏离,同时对于水平面的仰角 β 也继续增大,一直到 $\beta=\beta_K$,即达到 Ⅱ 点时,w_P 与 w_2 大小相等、方向相同,此时 x 轴不再向东运动。

由于 w_3 的作用,β 角继续增大,以致 $w_P > w_2$,此时 x 轴向子午面运动,在 x 轴未到达子午面之前,β 角总是增加的,w_P 也越来越大。当 x 轴回到子午面内,即达到 Ⅲ 点时,β 角达到最大值,重力矩和进动角速度也达到最大值,x 轴将继续超前子午面向西进动。此时,由于陀螺轴正端偏向子午面以西,由于 w_3 作用,西边地平面相对陀螺轴正端抬高,即 β 角逐渐减小。当到达 Ⅳ 点时,$\beta=\beta_K$,$w_P=w_2$,且 w_P 与 w_2 方向相反,x 轴与子午面保持相对静止,x 轴位于子午面以西,且偏离子午面最远。

由于 x 轴处于 Ⅳ 点,位于子午面的西半部,地平面以最大速度仰起,即 x 轴以最大的速度下降,此时 $\beta<\beta_K$。由悬重而引起的 x 轴进动角速度 w_P 开始小于地转自转垂直分量 w_2,x 轴的进动落后于子午面的运动,所以 x 轴向东逐渐向子午面靠近。当达到 Ⅴ 点时,x 轴平行于地平面,且 $\beta=0$,没有引起进动。但由于地平面的西半部不断上升,β 角逐渐减小,此时 x 轴正端低于水平面,重力矩出现负值,x 轴继续向东进动。由于负 β 角的绝对值越来越大,x 轴又回到子午面内,即到达 Ⅵ 点,此时 x 轴正端处于最低点。由于最大负重力矩的作用,x 轴又向东偏离子午面方向进动,到达 Ⅰ 点。往后,陀螺转子轴就按上述规律继续运动。

由陀螺转子轴的运动规律可见,陀螺转子轴绕子午面做简谐运动。如把陀螺转子轴的东、西逆转点记录下来,取其平均值,便可得出子午面的方向,这就是陀螺仪定向的工作原理。

四、陀螺经纬仪的基本结构

陀螺经纬仪是陀螺仪和经纬仪相组合而进行定向的仪器。它是由陀螺仪、经纬仪、便携式陀螺电源箱及三脚架四个部分组成。由于经纬仪和三脚架已在其他许多地方均有介绍,这里主要介绍陀螺仪和便携式陀螺电源箱。

1. 陀螺仪

陀螺仪主要由灵敏部、光学观测系统、锁紧装置及机体外壳等部分构成。

(1)灵敏部。它是陀螺仪的核心,包括陀螺马达和陀螺房、悬挂带、导流丝、反光镜或光学给向元件。

(2)光学观测系统。这部分主要用来观测灵敏部的摆动或用以跟踪灵敏部,进行定向测量。

(3)锁紧装置。这部分主要用来固定灵敏部,当陀螺不用时可使悬挂带不受力,以便于陀螺仪的运输和搬移,有时也附有阻尼装置和限幅装置。

(4)机体外壳。机体外壳的内壁和底部是防磁材料制成的,主要是防止外界磁场的干扰,外壳上有导线插头、粗略观测孔以及附属于机体的其他元件等。

2. 陀螺电源箱

陀螺的高速运动是由三相交流电驱动陀螺马达实现的。陀螺电源箱是为陀螺提供能源的。此箱分上、下两部分,下部为一组蓄电池,一般由 20 节镍、镉或密封蓄电池串联而成,输出 24 V 直流电,通过专用导线输送给逆变器;上部分为逆变器和充电器,可将直流电逆变成交流电。

3. 瑞士威尔特厂 GAK-1 陀螺经纬仪的基本结构

GAK-1 型陀螺经纬仪是上架悬挂陀螺仪,由陀螺仪、经纬仪、电源箱(逆变器)和三脚架组成。图 3-31 是 GAK-1 型陀螺仪剖面图。陀螺仪的灵敏部主要包括悬挂带、悬挂柱、陀螺、限幅盘、带有陀螺指标线和物镜的光学指示系统。悬挂柱上附有绝缘板和电线接头,悬挂柱和陀螺固定在一起。悬挂带的截面为 0.4 mm×0.02 mm,抗拉强度约 550 g。悬挂带上端用钳形夹头与支架相连,上端钳形夹头带有螺纹,可以转动,并用两个螺丝固紧。悬挂带下端也用钳形夹头与悬挂柱相连,并用固定螺丝栓紧。悬挂带上端另有两个校正螺丝用以调整悬带零位。

支架系统包括一块底板、三个支承柱和一个外伸圆筒。底板下面有三个 V 形槽和桥形支架上的三个球形顶针相配合,可使陀螺仪在经纬仪上定位并强制归心,使得经纬仪照准部和陀螺仪能一起旋转。但不定向时,陀螺可从经纬仪上取下。桥形支架固连在经纬仪上。绝缘板、光学棱镜和反射镜均固定在支架上。支架上有插座,可用于电线与逆变器连接。

陀螺仪外壳下方有一个圆形突口,内部嵌有一块带刻度的目镜分划板,陀螺指标线能投射在分划板上。目镜为可卸式,通过目镜可观察到分划板和陀螺指标线的位置与摆动。陀螺仪外壳内衬有一层防止外磁场干扰的防磁层。

锁紧装置包括锁紧环、带螺纹的导柱和锁紧盘。锁紧盘的作用是在锁紧时使陀螺托起。锁紧盘上有三个安在板式弹簧上的触头,当锁紧盘处于半脱阻尼位置时,这三个触头与限幅盘摩擦而减小陀螺的摆幅。螺纹导柱上有一个红圈,当下放陀螺时可以见到,这表明陀螺没有锁紧的警告信号。只有见不到红圈才说明陀螺已锁紧。

GAK-1 型蓄电池采用 10 个 1.2 V 的镍镉电池,利用逆变器将直流变为电压为 115 V,频率为 400 Hz 的三相交流电,用专用导线在逆变器输出端的插座与支架系统上的插座相连接供电。

GAK-1 型陀螺经纬仪主要构件的技术数据:

1)陀螺仪

高	340 mm
直径	85 mm

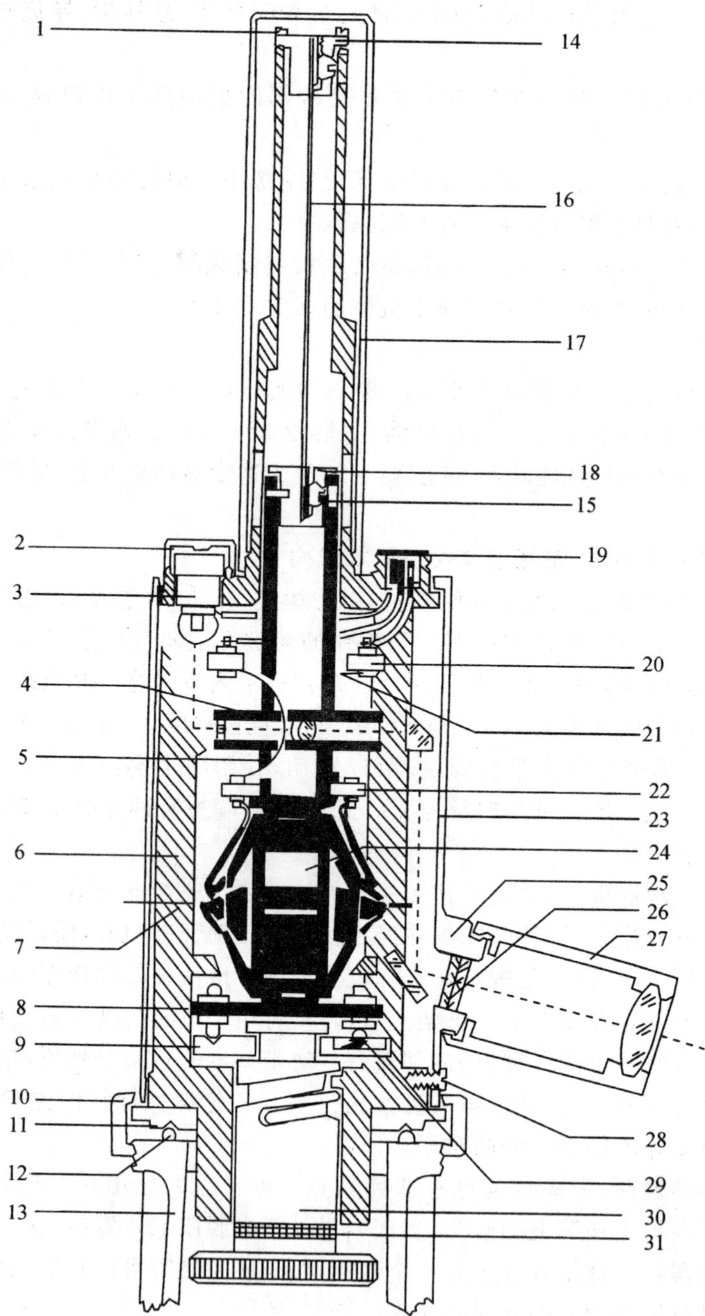

1—上钳形夹头的固定螺丝;2—灯头帽;3—灯泡座;4—光学指示系统;5—悬挂柱;6—框架柱;7—陀螺轴;8—限幅盘;9—锁紧盘;10—陀螺仪与桥式支架的连接螺母;11—“V”形槽;12—桥式支架的球形头顶针;13—桥式支架;14—悬挂带上固定钳形夹头;15—悬挂带固定螺丝;16—悬挂带;17—上部保护管;18—悬挂带下固定钳形夹头;19—连接逆变器的电缆插座;20、22—绝缘板;21—导流丝;23—外壳;24—陀螺;25—短柱凸块;26—分划板;27—目镜筒;28—外壳固定螺丝;29—锁紧盘的触点;30—锁紧装置;31—警告红带

图 3-31 GAK-1 陀螺仪结构示意图

悬挂带	0.4 mm×0.02 mm
转速	22 000 转/分
角动量	1.86×106 g·cm²/s
启动时间	约 90 s
制动时间	约 50 s
中纬度地区摆动半周期	约 4 min
适应范围	纬度 75°以内
方位角测定标准偏差	±20″
2)GKK_3 逆变器	
金属盒子总尺寸	260 mm×170 mm×225 mm
输入电压	12 V(DC)
输出电压	115 V(AC),400 Hz
3)GKB_1 蓄电池	
金属盒总尺寸	260 mm×170 mm×90 mm
可充电的镍镉电池	10 节 1.2 V 电池
电压	12 V
容量	7 A
电池充足电可用	4 h 左右
4)GKL_{11} 充电器	
输入电压	115 V 或 220 V
空电池充足	14 h

§3.7　陀螺经纬仪的定向方法

陀螺经纬仪定向就是测定地下或地面待定边的坐标方位角。其主要内容包括:在地面已知边上测定仪器常数;在待定边上测定该边的陀螺方位角;计算待定点子午线收敛角以及计算待定边的坐标方位角,进行定向精度评定等。

设在已知边长上测定的仪器常数为Δ,在待定边上测定的陀螺方位角为 α_T,γ 为子午线收敛角,则待测边的坐标方位角 α 为

$$\alpha = \alpha_T + \Delta - \gamma \qquad (3\text{-}7\text{-}1)$$

一、仪器的常数测定

在理想情况下,测线的陀螺方位角与其天文方位角一致。但由于陀螺轴与经纬仪望远镜光轴以及陀螺仪目镜光轴不完全在同一竖直面内,因此陀螺经纬仪测定的陀螺方位角与天文方位角存在一个差值。这个差值是由仪器结构造成的,所以称为仪器常数,一般用Δ表示。

$$\Delta = \alpha - \alpha_T + \gamma \qquad (3\text{-}7\text{-}2)$$

或

$$\Delta = \alpha_A - \alpha_T$$

式中,α_A 为天文方位角,$\alpha_A = \alpha + \gamma$。

仪器常数通常是在已知天文方位角或已知坐标方位角的边上测定的。即在已知边上安置陀螺经纬仪,测定其陀螺方位角,便可求出仪器常数。在每次进行待定边陀螺定向测定之前和测量后,都要分别在已知边上安置陀螺经纬仪测定陀螺方位角,按式(3-7-2)计算仪器常数。

二、陀螺仪悬挂带零位观测

悬挂带零位是指陀螺马达不转动时,陀螺灵敏部受悬挂带和导流丝扭力作用而引起扭摆的平衡位置,就是扭力矩为零的位置。这个位置应在目镜分划板的零刻划线上。

陀螺仪在待定边上定向开始之前和结束后,都要作悬挂带零位观测,相应称为测前零位和测后零位观测。测定悬挂带零位时,先将经纬仪整平并固定照准部,然后下放陀螺灵敏部,从读数目镜中观测灵敏部的摆动,在分划板上连续读三个逆转点读数,估读到 0.1 格,如图 3-32 所示。

按下式计算零位:

$$L = \frac{1}{2}\left(\frac{a_1 + a_3}{2} + a_2\right) \tag{3-7-3}$$

式中,a_1、a_2、a_3 为逆转点读数,以格为单位。

同时还需用秒表测定周期,即光标像穿过分划板零刻划线的瞬间启动秒表,待光标像摆动一周又穿过零刻划线的瞬间制动秒表,其读数称为自由摆动周期 T_3。零位观测完毕,锁紧灵敏部。如悬挂带零位变化在 0.5 格以内,且自由摆动周期不变,则不必进行零位校正和加入改正。

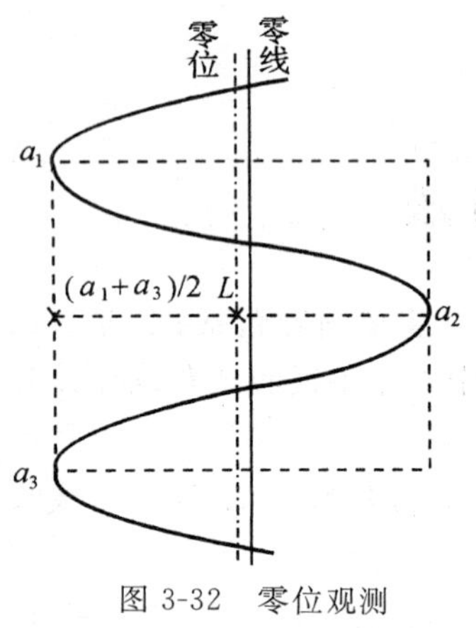

图 3-32 零位观测

如零位变化超过 0.5 格就要进行校正或加改正数。因为观测时是用"零"线来跟踪灵敏部,使悬挂带上的扭矩不完全等于零,会使灵敏部的摆动中心发生偏移。如陀螺定向时,井上下所测得的零位变化大于 0.5 格时,也应加入改正数,并用下式计算,即

$$A = \lambda \cdot \Delta\alpha \tag{3-7-4}$$

式中,$\Delta\alpha$ 为零位变动,$\Delta\alpha = m \cdot h$,m 为目镜分划板分划值,h 为零位格值;λ 为零位改正系数,$\lambda = \dfrac{T_1^2 - T_2^2}{T_2^2}$,$T_1$ 为跟踪摆动周期,T_2 为不跟踪摆动周期。

在使用陀螺定向时,应尽量调整好仪器悬挂带零位,最好不采用加零位改正的方法。

三、粗略定向

在陀螺仪精确定向之前,必须把经纬仪望远镜视准轴置于近似北方向,这就是所谓的粗略定向。粗略定向可以借助罗盘来实现,如在已知边上测定常数时,可利用已知边的坐标方位角及仪器站子午线收敛角直接寻找北方。当在未知边上定向,仪器本身又无罗盘附件时,必须用仪器进行粗略定向。最常用的粗略定向有逆转点法和四分之一周期法两种。

1. 逆转点法

将经纬仪视准轴大致摆在北方向后,启动陀螺马达,达到额定的转速时,下放陀螺灵敏部,

松开经纬仪水平制动螺旋，用手转动照准部跟踪灵敏部的摆动，使陀螺仪目镜视场中移动着的光标像与分划板零刻划线随时重合。当接近摆动逆转点时，光标像移动慢下来，此时制动照准部，改用水平微动螺旋继续跟踪，达到逆转点时，读取水平度盘的读数 a_1；松开水平制动螺旋，按上述方法向相反的方向跟踪，达到另一个逆转点时，再读取水平度盘的读数 a_2。锁紧灵敏部，制动陀螺马达，按下式计算近似北方向在水平度盘上的读数。

$$N' = \frac{1}{2}(a_1 + a_2) \tag{3-7-5}$$

转动照准部，将望远镜摆在 N' 读数的位置，这时视准轴就指向了近似北方，指北精度可达 $\pm 3'$，观测时间约 10 min。

2. 四分之一周期法

启动陀螺马达，达到额定的转速后，下放陀螺灵敏部。用手转动照准部进行跟踪，让陀螺仪目镜分划板零刻划线走在光标像的前面，当光标像移动速度逐渐慢下来时(此时已接近逆转点)，固定照准部，停止跟踪；待光标像与分划板零刻划线重合时(图 3-33)，启动秒表，光标像继续向前移动，到达逆转点后又反向移动，当光标像再次与分划板零刻划线重合时，在秒表上读取时间 t，此时不停秒表，用下式计算 T'，即

$$T' = \frac{t}{2} + \frac{T_1}{4} \tag{3-7-6}$$

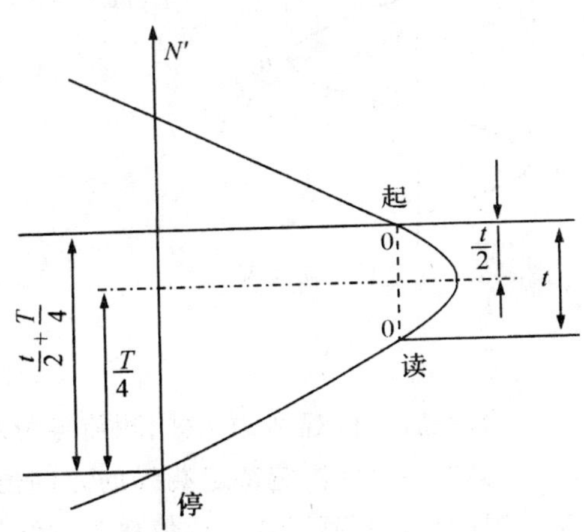

图 3-33　四分之一周期法

式中，T_1 为跟踪摆动周期。

松开水平制动螺旋继续跟踪，使光标像与分划板零刻划线始终重合，同时观测秒表读数。当跟踪到 T' 时刻，立即固定照准部，停止跟踪，这时望远镜视准轴就指向了近似北方。这种方法指北精度可在 $\pm 10'$ 之内，观测时间约 6 min。

四、精密定向

粗略定向后，便开始进行精密定向，也就是测定待测边的陀螺方位角。精密定向方法可分为两大类：一类是仪器照准部处于跟踪状态，多年来国内外都采用逆转点法；另一类是仪器照准部固定不动，国内外已提出许多方法，如中天法、时差法、摆幅法及计时摆幅法等。目前普遍采用的还是中天法。

1. 逆转点法

逆转点法是在粗略定向后，仪器视准轴已近似指向北方的情况下进行的，其在一测站上的操作程序大概如下：

(1)严格设置经纬仪，架上陀螺仪，进行粗略定向，然后制动陀螺并托起锁紧，将望远镜视准轴转到近似北方的位置，固定照准部。

(2)打开陀螺照明，下放陀螺灵敏部，进行测前悬挂带零位观测，同时用秒表记录自摆周期。零位观测完毕，托起并锁紧灵敏部。

(3)启动陀螺马达，达到额定转速后，缓慢地下放灵敏部到半脱离位置，稍停数秒钟，再全

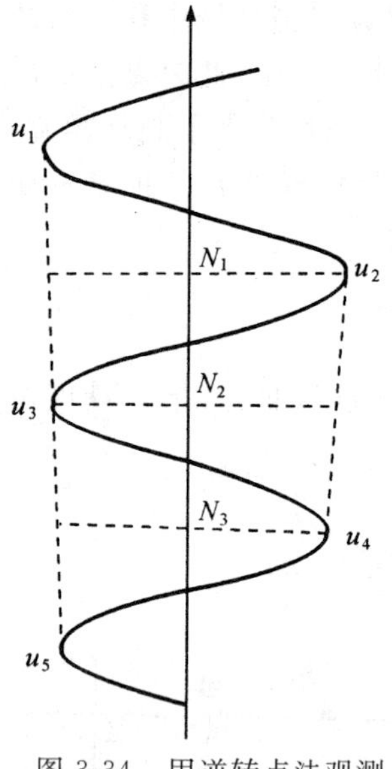

图 3-34　用逆转点法观测

部下放。如光标像移动过快，再使用半脱离阻尼限幅，使摆幅在1°～3°范围为宜。用水平微动螺旋微动照准部，让光标像与分划板零刻划线随时重合，即跟踪。跟踪时要做到平稳、连续，切忌跟踪不及时，否则会影响定向结果的精度。在摆动到达逆转点时，连续读取5个逆转点的读数 u_1、u_2、…、u_5，如图3-34所示。然后锁紧灵敏部，制动陀螺马达。

跟踪时，还需用秒表测定连续两次同一方向经过逆转点的时间，称为跟踪摆动周期 T_1。摆动平衡位置在水平度盘上的读数 N_T，称为陀螺北方向值，其计算公式为

$$\left.\begin{aligned} N_1 &= \frac{1}{2}\left(\frac{u_1+u_3}{2}+u_2\right) \\ N_2 &= \frac{1}{2}\left(\frac{u_2+u_4}{2}+u_3\right) \\ N_3 &= \frac{1}{2}\left(\frac{u_3+u_5}{2}+u_4\right) \end{aligned}\right\} \tag{3-7-7}$$

$$N_T = \frac{1}{3}(N_1+N_2+N_3) \tag{3-7-8}$$

(4)测后零位观测，方法同测前零位观测。

(5)以一测回测定待定测线的方向值，若用 J_2 经纬仪两次观测结果的之差不大于±10″，并取测前测后两测回的平均值作为测线的方向值，则

$$B = \frac{1}{2}(B_1+B_2) \tag{3-7-9}$$

(6)待定测线陀螺方位角为

$$\alpha_T = B - N_T + A \tag{3-7-10}$$

式中，B 为测线方向值；N_T 为陀螺北方向值；A 为零位改正数，见式(3-7-4)。

2. 中天法

中天法观测时将照准部固定在近似北方，整个过程不再转动照准部，陀螺光标和摆动幅度在目镜的视场范围之内。因此要求起始定向精度在±20′以内。中天法陀螺定向时一个测站的操作程序按如下步骤进行：

(1)严格安置好仪器后，以一测回测定待定测线的方向值 B_1。

(2)进行粗略定向。将经纬仪照准部固定在近似北方向 N' 上，并记录 N' 值。在整个定向过程中，照准部不允许转动。

(3)进行测前零位观测。

(4)启动陀螺马达，待达到额定转速后下放灵敏部，经限幅，使光标像摆不超过目镜视场，但摆幅不宜过小。对于像GAK-1型±20″精度的仪器，摆幅限在+10格和−10格为好。接着按以下顺序观测：

① 当灵敏部指标线经过分划板零刻划线瞬间，立即启动专用秒表，读取中天时间 t_1；

② 当灵敏部指标线到达逆转点时，在分划板上读取摆幅读数 a_w；

③ 当灵敏部指标线返回零刻划线时，读出秒表上的读数 t_2；

④ 当灵敏部指标线到达另一逆转点时读取摆幅的读数 a_E；

⑤ 当灵敏部指标线返回零刻划线时，再读取秒表上的中天时间 t_3。

重复进行上述操作，一次定向需连续测定 5 次中天时间，记录不跟踪摆动周期 T_2，观测完毕，托起并锁紧灵敏部，关闭陀螺马达。

(5)测后零位观测。

(6)以一测回测定待定测线的方向值，当前后两测回方向值之差满足要求时，取其平均值作为测线方向值。

(7)测线陀螺方位角的计算。

摆动半周期：

$$\left.\begin{aligned} t_w &= t_2 - t_1 \\ t_E &= t_3 - t_2 \end{aligned}\right\} \tag{3-7-11}$$

时间差：

$$\Delta t = t_w - t_E \tag{3-7-12}$$

摆幅值：

$$a = \frac{|a_w| + |a_E|}{2} \tag{3-7-13}$$

近似北方向偏离平衡位置的改正数为

$$\Delta N = c \cdot a \cdot \Delta t \tag{3-7-14}$$

陀螺摆动平衡位置在水平度盘上的读数为

$$N = N' + \Delta N = N' + c \cdot a \cdot \Delta t \tag{3-7-15}$$

按下式计算测线的陀螺方位角

$$\alpha_T = B - N + \lambda \cdot \Delta\alpha = B - (N' + c \cdot a \cdot \Delta t) + \lambda \cdot \Delta\alpha \tag{3-7-16}$$

式中，$\lambda \cdot \Delta\alpha$ 为零位改正数；c 为比例系数。以下分述 c 值的测定和计算：

① 利用实测数据求比例系数 c。

把经纬仪照准部摆在偏东 10′和偏西 10′左右，分别用中天法观测，求出时间差 Δt_1 和 Δt_2，以及摆幅 a_1 和 a_2，可列出以下方程式，求解 c 值。

$$\begin{cases} N_T = N'_1 + c \cdot a_1 \cdot \Delta t_1 \\ N_T = N'_2 + c \cdot a_2 \cdot \Delta t_2 \end{cases}$$

解得

$$c = \frac{N'_2 - N'_1}{\Delta t_1 \cdot a_1 - \Delta t_2 \cdot a_2} \tag{3-7-17}$$

c 值与地理纬度有关，在同一地区南北不超过 500 km 范围以内可使用同一的 c 值，超过这个范围需重测。

②利用摆动周期计算比例系数 c。

$$c = m \cdot \frac{\pi}{2} \frac{T_1^2}{T_2^2} \tag{3-7-18}$$

式中，m 为分划板分划值；T_1 为跟踪摆动周期；T_2 为不跟踪摆动周期。

(8)测线坐标方位角 α 的计算。

$$\alpha = \alpha_T + \Delta - \gamma \tag{3-7-19}$$

式中，Δ 为仪器常数；γ 为子午线收敛角。

(9)子午线收敛角的计算。

子午线收敛角可按测站点高斯平面坐标或测站点经纬度计算。目前常用高斯平面坐标计算。计算公式为

$$\gamma = k \cdot y \tag{3-7-20}$$

式中，y 为测站点的横坐标；γ 的符号取决于 y 值在中央子午线的位置，即在中央子午线的东为正，以西为负；k 为子午线收敛角系数，以纵坐标 x(以千米计) 为引数，在表 3-12 中查取。

算例：

已知　x =4 145 km，y =165 km，求 γ。

由表中查得 k =0.406 2+0.013 4×0.45=0.412 23

故 γ =0.412 23×165=68′02=1°08′01″

表 3-12　子午线收敛角系数 k 值

x/km	k	Δ	x/km	k	Δ	x/km	k	Δ	x/km	k	Δ
100	0.008 5	85	16 00	0.139 0	91	3 100	0.286 5	110	4 600	0.476 8	153
200	0.017 0	85	17 00	0.148 1	92	3 200	0.297 5	111	4 700	0.492 1	157
300	0.025 5	86	18 00	0.157 3	93	3 300	0.308 6	114	4 800	0.507 8	162
400	0.034 1	85	19 00	0.166 6	93	3 400	0.320 0	116	4 900	0.524 0	167
500	0.042 6	86	20 00	0.175 9	95	3 500	0.331 6	118	5 000	0.540 7	172
600	0.051 2	86	21 00	0.185 4	95	3 600	0.343 4	120	5 100	0.557 9	178
700	0.059 8	86	22 00	0.194 9	97	3 700	0.355 4	123	5 200	0.575 7	181
800	0.068 4	87	23 00	0.204 6	97	3 800	0.367 7	125	5 300	0.594 1	190
900	0.077 1	87	24 00	0.214 3	99	3 900	0.380 2	129	5 400	0.613 1	197
1 000	0.085 8	87	25 00	0.224 2	100	4 000	0.393 1	131	5 500	0.632 8	205
1 100	0.094 5	88	26 00	0.231 2	102	4 100	0.406 2	131	5 600	0.653 3	212
1 200	0.103 3	88	27 00	0.244 4	103	4 200	0.419 6	138	5 700	0.674 5	222
1 300	0.112 1	89	28 00	0.254 7	104	4 300	0.433 4	141	5 800	0.696 7	230
1 400	0.121 0	90	29 00	0.265 1	107	4 400	0.447 5	144	5 900	0.719 7	240
1 500	0.130 0	90	30 00	0.275 3	107	4 500	0.461 9	149	6 000	0.743 7	218

五、陀螺经纬仪定向精度的评定

陀螺经纬仪定向精度是一项重要参数，它涉及所采用的仪器的精度，测量方案及测量技术。陀螺经纬仪定向主要是确定待定测线的坐标方位角，因此定向边的坐标方位角的中误差 m_α 便可反映陀螺经纬仪的定向精度，即

$$m_\alpha = \pm\sqrt{m_{\mathrm{I}}^2 + m_{\mathrm{II}}^2} \tag{3-7-21}$$

式中，m_{I} 为一次定向边坐标陀螺方位角中误差；m_{II} 为仪器常数中误差。

仪器常数与定向边陀螺方位角至少测两次。设定向边的陀螺方位角独立观测 n_{I} 次，仪器常数独立观测 n_{II} 次，分别取平均值作为观测结果，则

$$m_{\mathrm{I}} = \frac{M_{\mathrm{I}}}{\sqrt{n_{\mathrm{I}}}},\quad m_{\mathrm{II}} = \frac{M_{\mathrm{II}}}{\sqrt{n_{\mathrm{II}}}}$$

式中，M_{I} 为一次测定定向边陀螺方位角中误差；M_{II} 为一次测定仪器常数中误差；n_{I}、n_{II} 为仪器常数与定向边的陀螺方位角测定次数。

经过代换，式(3-7-21)有

$$m_{\alpha}=M_{\mathrm{I}}\sqrt{\frac{1}{n_{\mathrm{I}}}+\left(\frac{M_{\mathrm{II}}}{M_{\mathrm{I}}}\right)^{2}\frac{1}{n_{\mathrm{II}}}}$$

因为，通常都是在已知边与定向边上用相同的仪器和方法测定陀螺方位角，所以可认为

$$M_{\mathrm{I}}=M_{\mathrm{II}}=m$$

因此上式可得

$$m_{\alpha}=m\sqrt{\frac{1}{n_{\mathrm{I}}}+\frac{1}{n_{\mathrm{II}}}} \tag{3-7-22}$$

式中，m 为一次定向中误差，可用陀螺的标称精度。

六、陀螺经纬仪定向时的注意事项

陀螺经纬仪是以动力学理论为基础的光、机、电集于一体的精密仪器。定向时，陀螺灵敏部具有较大的惯性，必须注意合理使用，妥善保管，才能保持仪器的精度和寿命。在使用时必须注意以下事项：

(1)必须在熟悉陀螺经纬仪性能的基础上，由具有一定操作经验的人员使用仪器。

(2)在启动陀螺马达达到额定转速之前和制动陀螺马达过程中，陀螺灵敏部必须处于锁紧状态，防止导流丝悬挂带损伤。

(3)在陀螺灵敏部处于锁紧状态，马达又在高速旋转时，严禁搬动和水平旋转仪器，否则将产生很大的力，压迫轴承，以致毁坏仪器。

(4)在使用陀螺电源逆变器时，要注意接线的正确，使用外接电源时，应注意电压、极性是否正确，没有负载时，不得开启逆变器。

(5)陀螺仪存放时，要装入仪器箱内，放入干燥剂，仪器要正确放置，不要倒置或躺卧。

(6)仪器应存放在干燥、清洁、通风良好处，切忌置于热源附近，环境温度以 10～30℃为宜。

(7)仪器运输时，要使用专用防震包装箱。

(8)在野外观测时，仪器要避免太阳光直接照射。

(9)目镜或其他光学零件受污时，先用软毛刷轻轻拭去灰尘，然后用软绒布揩拭，以免损伤光洁度和表面涂层。

§3.8　井下高程的传递

井下高程的传递是把地面高程系统，经过平峒、斜井或竖井传递到井下高程测量的起始点上，又称为导入标高。

通过平峒传递高程一般采用井下几何水准测量来完成。其测量方法和精度要求一般与井下Ⅰ级水准相同。

通过斜井传递高程，一般用测距三角高程测量来完成。其测量方法与精度要求与井下基本控制测距三角高程相同。故本节重点讨论通过竖井传递高程。

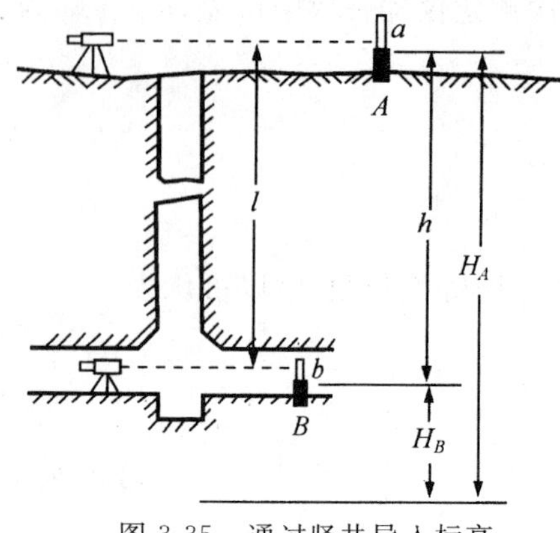

图 3-35 通过竖井导入标高

在讨论具体的方法之前，先来看一看这些方法的共同基础。如图 3-35 所示，A 点为地面近井水准点，B 为井下高程起算点，其标高为

$$H_B = H_A - h \tag{3-8-1}$$

$$h = l - a + b \tag{3-8-2}$$

式中，a、b 为井上、下两台水准仪对 A、B 两点所定水准尺的读数；l 为两水准仪视线间的距离；

显然，a、b 可用水准仪测得，若能求得 l，就能确定 B 点的标高。根据测量 l 的工具和方法不同，井下高程又分为钢丝导入标高、钢尺导入标高和光电测距仪传递高程等。

一、钢丝导入标高

钢丝导入标高的方法就是设法丈量悬挂钢丝的长度，以求得 l。为此，须在地面井口附近先设置临时比长台，其构造和形状类似长板凳，长度为 20～30 m，宽 0.3 m、高 1.0 m 左右。台上安置 20 或 30 m 钢尺，钢尺左端固定，右端用金属丝通过滑轮系一重锤，锤重等于钢尺比长时的拉力，钢尺带毫米刻划的一端放在靠近手摇绞车的一端，如图 3-36 所示。

为了在钢丝上标记所需的点位，还需准备五个标记夹。下放钢丝时，钢丝先沿着与钢尺平行并尽可能靠近钢尺的方向过比长台，然后经井架上的导向滑轮挂上一个 5 kg 的重锤，缓慢地放到井下，经检查确认钢丝在井筒中自由悬挂后，便可开始测量。测量过程大体可分三个阶段。

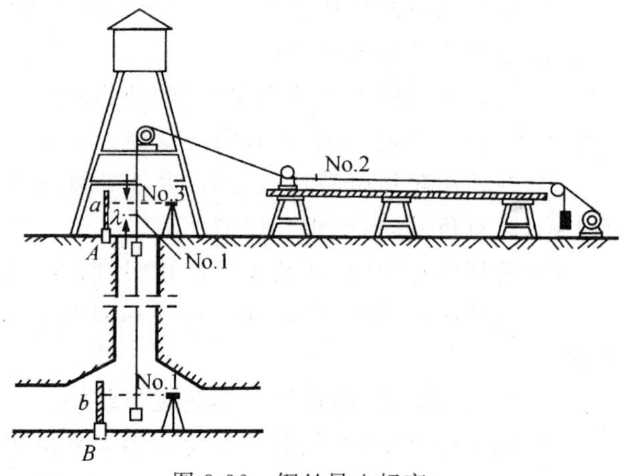

图 3-36 钢丝导入标高

1. 观测前期阶段

为了检查钢尺和比长台的位置在测量过程中是否改变，先在垂直于比长台的方向的 5～7 m 处安置一台经纬仪，用望远镜瞄准钢尺上的某一分划，然后固定望远镜位置。为了丈量钢丝的长度，需在钢丝上标记参考点位，具体进行下列工作：

(1)在钢丝上固定标线夹 No. 2，对准钢尺左端某一整数分划线 m_1，并记录其读数。

(2)在井下依照水准仪视线，在钢丝上固定标线夹 No. 1，并在其下方再固定两个标线夹，丈量记录各标线夹间的距离，以便标线夹 No. 1 提到井口时进行检查丈量。在钢丝上夹标线夹应在钢丝下方，挂上重锤并稳定一段时间才进行，并要求井上下标线夹同一时刻固定在钢丝上。

此外，井下水准仪在 B 点的水准尺上读取 b。

2. 观测阶段

观测阶段就是提升钢丝并在比长台上逐段丈量，求得钢丝在井筒中的垂直距离 l。随着钢丝的提升，井下标线夹 No. 1 沿井筒上升，其上升的高度就是比长台上标线夹 No. 2 的运行的距离。在比长台上分段丈量这个距离，也就是间接丈量标线夹 No. 1 沿井筒上升的高度。提升钢丝待标线夹 No. 2 到达钢尺右端的毫米分划以内，暂停提升，按标线夹 No. 2 标线在钢尺上读取读数 n_1，(m_1-n_1) 就是标线夹上升的第一段垂直距离。将标线夹 No. 2 取下，另一人同时在钢尺左端整数分划 m_2 处在钢丝上固定一标线夹，再提升钢丝，当此标线夹到达钢尺右端毫米刻分内时，停止提升，在钢尺上读取 n_2，(m_2-n_2) 是标线夹 No. 1 上升的第二段垂直距离。按以上程序继续进行，直至标线夹 No. 1 露出井口。

3. 观测后期阶段

(1)用经纬仪望远镜检查比长台上钢尺位置是否有变化，如有变位，应将钢尺恢复到原来的位置。

(2)按标线夹的最终位置在钢尺上读数。

(3)地面水准仪对 A 点标尺上读数 a，并按其水平视线在钢丝上固定标线夹 No. 3，用小钢尺丈量 No. 1 与 No. 3 之间的距离 λ。同时丈量 No. 1 与下方两个标线夹的距离，检查 No. 1 是否移动。

(4)先后记录井上、下温度 t_1、t_2。

(5)计算 A、B 两点间的高差 h。

$$h=\sum(m-n)\pm\lambda+(b-a)+\sum\Delta l \tag{3-8-3}$$

式中，$\sum(m-n)$ 为标线夹 No. 1 沿井筒上升的高度；λ 为标线夹 No. 1 与 No. 3 间的距离，No. 1 居上时取负号，居下时取正号；$\sum\Delta l$ 为改正数的总和。

改正数总和包括三项内容：

①钢尺的温度改正数。

$$\Delta l'_t=\alpha l(t_1-t_0) \tag{3-8-4}$$

式中，α 为钢尺的线胀系数；t_0 为钢尺比长时的温度。

②钢丝的温度改正数。

$$\Delta l''_t=\alpha' l(t-t_1) \tag{3-8-5}$$

式中，α' 为钢丝的线胀系数；$t=\dfrac{t_1+t_2}{2}$。

③钢尺的比长改正数。

$$\Delta l_k=\alpha_1 l \tag{3-8-6}$$

式中，α_1 为钢尺的每米改正数。

有关规程规定，钢丝导入标高须独立进行两次，两次所得标高的差值 Δh 不应超过

$$\Delta h=(0.01+0.000\,2H)\ \mathrm{m}$$

式中，H 为井筒深度，以米为单位。

二、钢尺导入标高

1. 用长钢尺导入标高

用长钢尺导入标高就是一次将地面高程传递到定向水平。钢尺的长度根据井深而定，有 100 m、200 m、…、1 000 m 不等。尺上最好有厘米、毫米刻划。如没有，需另附有厘米、毫米刻划的小钢尺。另外还应获取钢尺的比长改正数及相应的拉力、温度等参数。我国这种长钢

尺不多,可将 n 根短钢尺牢固地连接起来,并精确测定各接头间的长度,并在用后再丈量其长度进行检查。如图 3-37 所示,钢尺通过井盖放入井下,到达指定地点后,挂上一个重量超过 10 kg 的重锤,并使钢尺处自由悬挂状态。

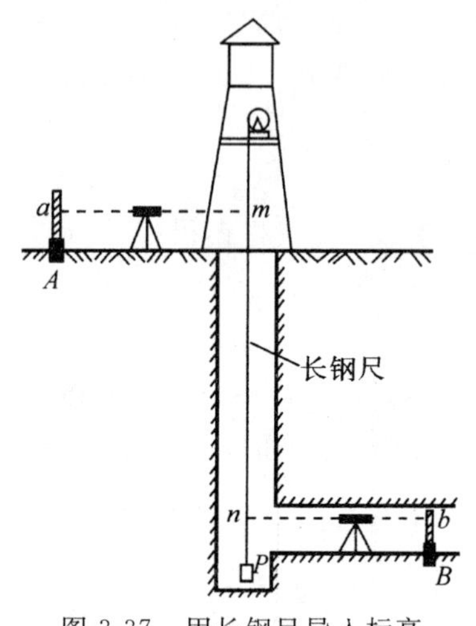

图 3-37 用长钢尺导入标高

1)观测工作

(1)在地面与井下分别安置水准仪,在 A、B 两点所立标尺上读数 a 与 b。

(2)井上、下水准仪同时在钢尺上读数为 m 和 n,此外还需测定井上下温度 t_1 和 t_2,取其平均值作为测量时的温度。

2)成果计算

A、B 两点的高差为

$$h=(m-n)+(b-a)+\sum\Delta l \tag{3-8-7}$$

式中,$\sum\Delta l$ 为钢尺改正数总和,包括比长改正 Δl_k、温度改正 Δl_t、拉力改正 Δl_P、钢尺自重伸长改正 Δl_c。前两项在钢丝导入标高中已叙述。拉力改正 Δl_P 的计算公式为

$$\Delta l_P=\frac{l(P-P_0)}{E\times S} \tag{3-8-8}$$

式中,E 为钢尺的弹性系数,$E=2\times10^6$ kg/cm^2;S 为钢尺的横断面积,cm^2;P 为测量时的拉力,kg;P_0 为检定时的拉力,kg。

当所用的拉力和检定时的拉力相同,可不加拉力改正。

钢尺自重伸长改正数 Δl_c 的计算公式为

$$\Delta l_c=\frac{\gamma l^2}{2E} \tag{3-8-9}$$

式中,l 为井上下两水准仪视线间钢尺的长度,即 $m-n$。

用长钢尺导入标高应独立进行两次,第二次测量时应改变井上下两水准仪的仪器高,或将钢尺稍微升高或降低,两次导入标高的限差与钢丝导入标高一样。

2. 用短钢尺导入标高

短钢尺导入标高与长钢尺的方法基本相同,只是在井筒内用临时点把井深分为许多不超过整钢尺长度的分段,然后用钢尺丈量各分段的长度。在竖井中这样的操作非常不方便而不安全,一般情况下不采用此法。

三、光电测距仪导入标高

随着光电测距仪的广泛应用,采用光电测距仪测量井深,从而达到导入标高的目的。如井筒中滴水比较多,而产生较浓的雾,由于水对红外光吸收比较厉害,当井筒较深时,不宜采用红外测距仪,应采用激光测距仪。

用光电测距仪导入标高的原理如图 3-38 所示。测距仪 G 安置在井口附近,在井架上安置反射镜 E(与水平成 45° 角),反射镜 F 水平置于井底,反射面向上。显然仪器测得的光程长 $S=GE+EF$,设仪器 G 至反射镜 E 的距离为 l,由此得井深 H 为

$$H = S - l + \Delta l \tag{3-8-10}$$

式中，Δl 为测距仪的气象、常数等改正的代数和。

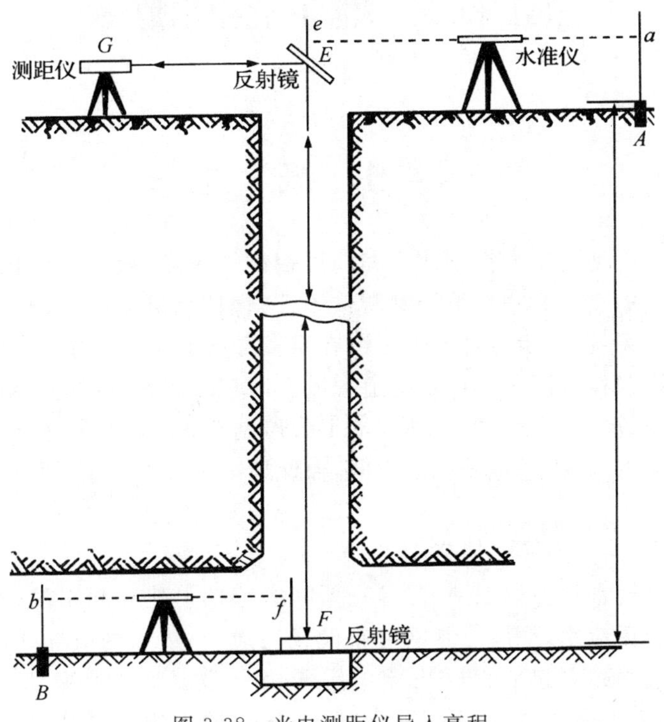

图 3-38　光电测距仪导入高程

在井上下分别安置水准仪，读取立于 E、A 及 F、B 处水准尺的读数 e、a 和 f、b。则水准基点 A、B 两点高差为

$$\Delta h = H - (a - e) + b - f \tag{3-8-11}$$

则 B 点的高程为

$$H_B = H_A - \Delta h \tag{3-8-12}$$

用光电测距导入标高，也应独立进行两次。

第四章　地下控制测量

§4.1　概　述

地下控制测量包括地下平面控制测量和高程控制测量，其最主要的任务在于保证地下工程在预定误差范围内的贯通。在地下控制测量中，高程控制测量的目的是为了在地下建立一个与地面统一的高程系统，确定各种地下工程在竖直方向的位置及相互关系，保证隧道在竖直方向的正确贯通。平面控制测量是标定隧道掘进方向和测图的基础，其目的是以必要的精度，按照与地面控制测量统一的坐标系统，建立地下的控制系统。根据地下控制点的坐标，就可以放样出隧道中线的位置，指出隧道开挖的方向，保证地下工程在所要求的精度范围内贯通。

一、地下平面控制测量的特点

地面平面控制网通常是在国家一、二等三角网的基础上建立起来的，一般布设成三角网。随着激光测距仪的广泛应用，地面控制网可布设成三边网、边角网或导线网。目前，随着现代科学技术的迅速发展而建立起来的GPS定位系统，由于其具有经典测量方法所无法比拟的优越性，如观测站之间无需通视，可全天候作业，受气候条件影响小、精度高、速度快、效率高等，因而地面控制可布设成星形网、导线网等，从而大大提高工作效率，也使布网和选点变得灵活方便。地下控制测量与地面控制测量相比，尽管测设方法上有很多共同之处，但地下控制测量仍有其特殊性。由于是在地下隧道中测量，施工面狭窄，可供利用的空间有限，施工干扰也很大，故不可能像地面那样布设成三角或三边网、边角网，更不能布设GPS控制网，只能设立导线或导线网作为地下平面测量控制。由此可知，地下平面控制测量实际上是导线测量。

作为地下控制的导线，与通常地面测量的导线相比较，具有如下特点：

(1)地下导线必须与地面控制网的坐标系统一致，也就是地下导线起始边长、起始方位角和起始点坐标都必须由地面控制网传递。因此，设在洞口的地面控制点同时是地下导线的起始点，在导线进洞之前，必须对洞口控制点的坐标与进洞联系方向作检核测量，没有粗差和变动，方可开始地下导线测量。

(2)地下控制的导线只能按隧道开挖的形状布设，基本上没有选择的余地。此外，这种导线在施工期间，只能布置成支导线的形式，这是因为地下导线是随着隧道的不断开挖才逐渐向前伸展，当隧道尚未贯通时，不可能在洞内将两端布设的导线联系起来。

(3)当平行掘进两个隧道时，隔一段距离须有横向隧道相连。这时，对于布设在两平行隧道中的支导线，宜利用横向隧道进行连测，经平差求出精确坐标和方位角之后，再向前开挖并传递坐标和方位角。

(4)地下导线是先布设精度较低、边长较短的施工导线，当隧道开挖到一定的距离后才布置洞内的主要控制导线。

(5)布设地下控制的导线时，既要考虑到贯通面处的横向贯通误差不能超过允许的限值，又必须考虑到能满足施工开挖时的放样精度及测设方便的要求。

鉴于地下导线具有上述特点，对较长的隧道，仅用重复测量方法进行检核和防止横向贯通误差增大是不行的。因为支导线端点横向误差是由角度观测误差而引起的，计算公式为

$$n_Q = \sum_{i=1}^{n} S_i \frac{m_\beta}{\rho} \sqrt{\frac{n+1.5}{3}} \tag{4-1-1}$$

式中，S_i 为导线边长；n 为测角数；m_β 为测角中误差。

显然，在总长一定的情况下，每条边的长短对 $\sum S_i$ 无影响，但导线边越短，n 越大。如果测角精度 m_β 不变，支导线总长 $\sum S_i$ 也不变，但采用较长的导线边，就可以减少测角数 n，从而减少端点的横向误差。为了充分利用这一性质，保证正确的横向贯通，便于隧道的开挖放样，可以根据隧道的长度、形状和使用的仪器等情况，把地下导线分为边长较短的施工导线和边长较长的基本导线或边长更长的主要导线数种，以满足地下施工测量中的不同要求。

施工导线是隧道施工中为了方便地进行放样和指导开挖而布设的一种导线，其精度较低。施工导线点是边开挖边设置，通常沿中线布设，边长一般为 25～50 m。这种导线由基本导线或主要导线控制，以准确地指导开挖方向，因此，它的一部分点将作为以后布设的基本导线点。

基本导线是为准确地指导开挖，保证隧道正确贯通而布设的边长为 100～200 m 且精度要求较高的导线。当隧道开挖总长不超过 2 km 时，这种基本导线可作为地下的首级控制。基本导线的主要任务是检查和发现施工导线的粗差，纠正开挖的方向偏差，保证隧道按预计精度正确贯通。基本导线点通常利用施工导线点，并与之重合，这样同一点独立测定出两套坐标，达到检核和纠正的目的。当基本导线施测后，发现开挖面处的施工导线点坐标有问题，则再向前推进时，施工导线点不再用原来的坐标，而应用经过基本导线校正后的新坐标推算。

主要导线，如果隧道开挖较长，基本导线就很难保证隧道贯通处应达到的贯通精度，此时就必须布设边长更长的主要导线作为地下开挖的首级控制。主要导线的边长一般为 150～800 m，导线的点由合适的基本导线点组成。此外，为提高主要导线的测定精度，减少外界条件的不利影响，主要导线应力求靠近隧道的中心线布设。

施工导线、基本导线及主要导线的布设情况如图 4-1 所示。

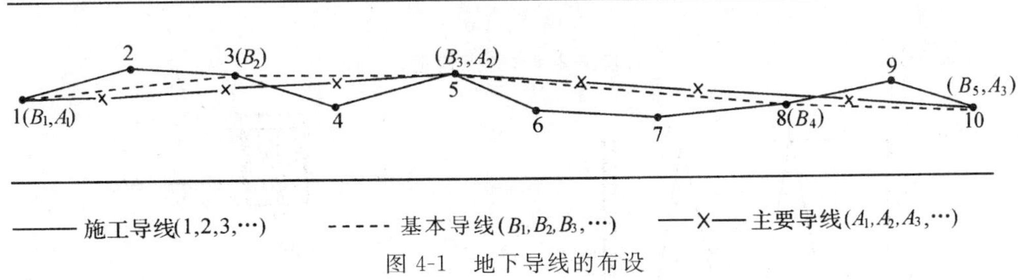

图 4-1　地下导线的布设

二、地下导线点的布设

地下平面测量的控制点按其使用和保存时间的长短可分为永久点和临时点两种。施工导线点多数为临时点，基本导线和主要导线点应为永久点。临时点埋设临时性标志，永久点则埋设永久性标志。导线点的位置选择要顾及前后通视、工作安全、测设方便和便于保存。地下导线的起始点通常设在隧道的洞口、平坑口、斜井口，而这些点的坐标是由地面控制测量测定的。

地下与地面不同的是,测点大多设在隧道顶板上。这是因为测点在顶板上具有容易寻找,不易被行人或车辆破坏等优点。同时,当用垂球对中时,仪器在点下对中比较方便、精确,只有当顶板岩层松软有可能移动或在某些特殊情况下,才将测点设在隧道底板上。

根据设置地点不同,永久点的结构也不同,图 4-2(a)为设在隧道顶板上的永久点,图 4-2(b)为设在底板上的永久点。永久点的结构应以坚固耐用和使用方便为原则,因此,作为顶板点标志的铁芯最好接上一段铜头,这样既耐久又便于使用。

临时点可根据具体条件采用图 4-3 所示的形式。图 4-3(a)为在隧道棚梁上设点,图 4-3(b)为在打入钻孔内的木楔上设点,图 4-3(c)为将点用水泥或水玻璃粘在顶板上。

地下导线布设的一般技术规则和注意事项如下:

(1)地下导线应尽量沿线路中线布设或与线路中线平移一适当距离,边长要接近等边。导线点应尽量布设在施工干扰小、通视良好且稳固安全地段,两点间视线与建筑物的距离应大于 0.2 m。对于大断面的长阳关道,可布设成多边形闭合导线或主副导线环。有平行导坑时,平行导坑的单导线应与正洞导线连测,以资检核。

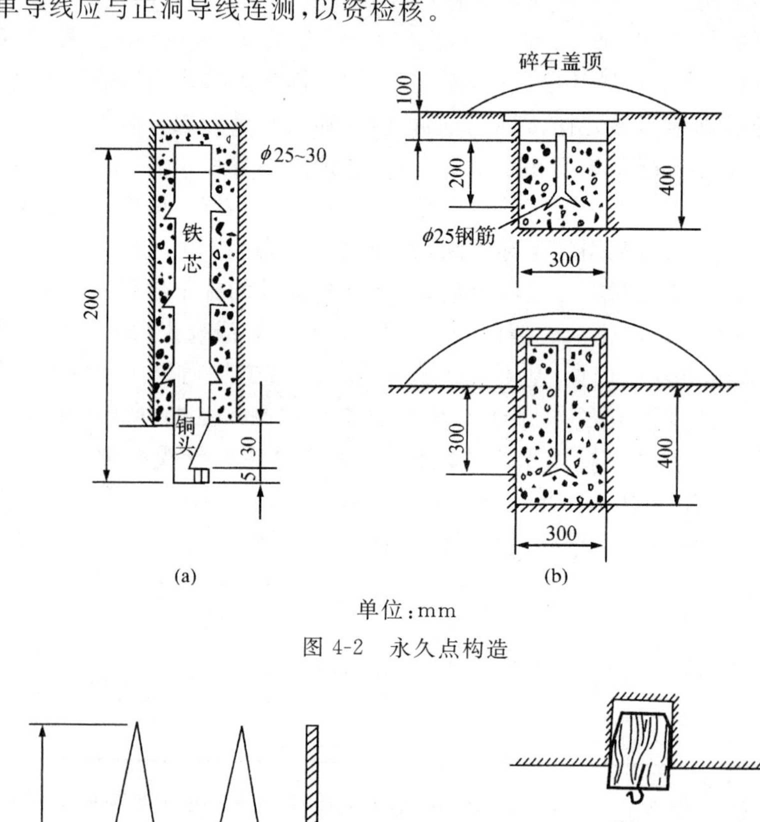

单位:mm

图 4-2 永久点构造

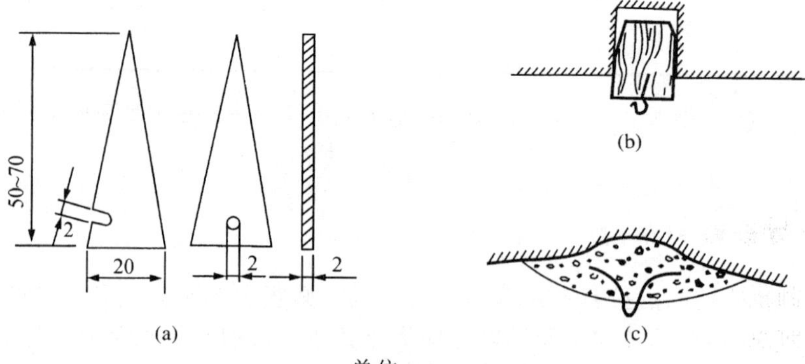

单位:mm

图 4-3 临时点构造

(2)长边导线(主要导线或基本导线)的边长应按贯通要求设计,当导坑延伸至两倍导线设计边长时,应进行一次导线引伸测量。每测定一个新导线点时,都需对以前的导线点作检核测量,在直线地段,只作角度检测,在曲线地段,还要同时作边长检核测量。

(3)进行角度观测时,应尽可能减小仪器对中和目标偏心误差的影响。一般在测回间采用仪器和觇标重新对中,在观测时采用两次照准两次读数的方法。若照准的目标是垂球线,应在其后设置明亮的背景,边长较长时,可采用觇牌,但也应用较强的光源照准标志,以提高照准精度。

(4)边长测量中,若采用钢尺丈量边长,每尺段宜两端等高悬空丈量,并加入尺长、温度改正。若为平链丈量或使用零尺段时,则应考虑下垂改正。当采用电磁波测距仪时,应防强灯光直接射入照准头,应经常拭净镜头及反射棱镜上的水雾。洞内有瓦斯,应带防爆装置。斜井导线边长用钢尺沿斜井坡度悬空丈量时,应按弹簧秤,往测时在上端(或下端),返测时在下端(或上端)的方法进行。

(5)凡是构成闭合图形的导线网(环),都应进行平差计算,以便求出导线点的新坐标值。当隧道全部贯通后,应对地下长边导线进行重新观测和进行平差,用以最后确定隧道中线。

(6)对于螺旋形隧道,不能形成长边导线,每次向前引伸时,都应从洞外复测。复测精度应一致,在证明导线点无明显位移时,取点位的均值。

(7)对于大断面的长隧道的地下导线,由于采用电磁波测距仪测距,地下导线在布设上有较大的改变,例如不再是支导线而呈环状,导线点不再严格地布设在隧道中线上,而是布置在便于观测、干扰小、通视好且坚固稳定的地方。例如某隧道为长 14.3 km 的双线隧道,洞内导线由 15 个多边形闭合环构成网形,正洞和辅助坑道间同样以导线环构成闭合网。为减小传递误差,在成洞部分,当具备通视条件时,就组成长边导线。整个导线(含斜井和竖井部分)共敷设了 96 条导线边,其中最长边达 1 368 m,最短边仅 33 m,平均边长 414 m。对于短于 200 m 的导线边,均采用强制对中的三联法测角测边,以提高精度。电磁波测距都安排在施工停止时进行,除洞口附近外,洞内的气象变化较小,测距较稳定,往返测较差不大。从贯通成果看,横向精度良好,纵向存在随距离变化的系统误差。

§4.2　地下平面控制测量

地下平面控制测量实际上是地下导线测量。地下导线通常是支导线,而且它不可能一次测完,因为只有掘进一段距离后才可布设一个新点。在地下工程测量中,为了发现可能存在的粗差和提高精度,每埋设一个新点后,通常要从支导线的起点开始进行全面复测,同时测定新点的坐标。重测还可以发现隧道建成后是否有变形,点位是否被碰动。对于直伸型隧道,只需复测角度。

为了放样的需要,一般每掘进 20～50 m 就要增设一个新点。但导线边太短会增加横向误差。因此,在复测时不是每一点设站测角,而争取通过尽可能少的测站把方位角向前传,组成长边支导线。这时长边不必重新丈量,而是把许多短边投影在长边上,求得长边的长度。如图 4-4 所示。

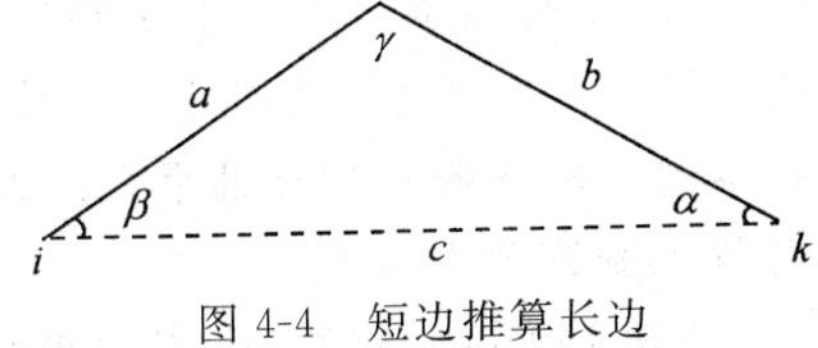

图 4-4　短边推算长边

若已知两条短边 a、b 及两个小角 α、β，则可按式(4-2-1) 计算 c，即

$$c = a \cdot \cos\beta + b \cdot \cos\alpha \tag{4-2-1}$$

如果已知 a、b 及 γ，但是 γ 角接近 180°，则可以先根据 a、b 与 γ 算得 α、β，即

$$\alpha = \frac{a}{a+b}(180° - \gamma) \tag{4-2-2}$$

$$\beta = \frac{b}{a+b}(180° - \gamma) \tag{4-2-3}$$

然后再按式(4-2-1) 计算 c 的长度。

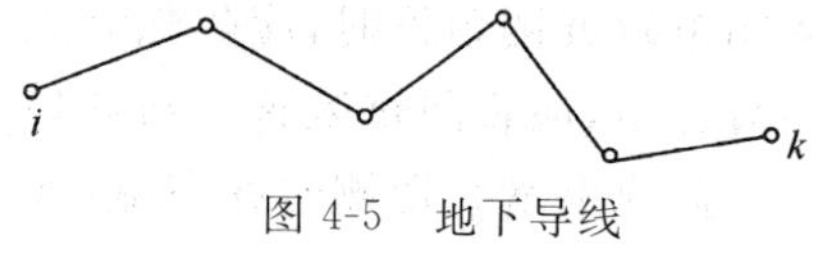

图 4-5　地下导线

如果在 i、k 两点之间有多于两条短边(图 4-5)，已知这些短边的长度及两边间的夹角，求 ik 这条长边的长度，这时可以先假定 i 点坐标和 i、$i+1$ 这两点连线的方位角，然后按支导线方法计算 k 点坐标，再用 i、k 两点坐标反求这两点间的距离。对于地下导线，可以根据上一次测量结果算得的坐标，反算有关长边的长度。

一、地下经纬仪导线的角度测量

1. 用于地下测量的经纬仪及其检校

1)地下测量的经纬仪

由于地下测量条件与地面不同，所以使用的经纬仪也应具有某些特殊的结构以适应地下测量的需要。

(1)地下测点大多设在隧道顶板上，因此仪器要安置在导线点下进行对中，这就要求经纬仪望远镜上刻有仪器中心，即镜上中心。同时，最好在镜上中心上安装光学对中器，这样既便于点下对中，又提高了对中精度。

(2)望远镜尽可能有较短的明视距离(1.0～2.0)m。

(3)为了在急倾斜隧道中能测仰角和俯角，要求望远镜筒要短并具有目镜棱镜或弯管目镜或物镜棱镜，最好是具有偏心望远镜。即在中心望远镜水平轴的一端再安装一个偏心望远镜，而在另一端配上平衡重。

(4)为了适应精度要求不高而工作条件又比较困难的地下次要隧道测量，最好能将经纬仪悬挂在吊架上，而不是安装在三脚架上。

(5)仪器稳定性、密封性要好，同时，读数设备、十字丝等应配有照明设备。

此外，由于地下导线的导线边一般较短，所以最好有供三架法测量的设备。

2)经纬仪的检核

关于地下测量使用仪器的检校与一般经纬仪有相同之处，如：照准部水准管轴与竖轴垂直的检校；圆水准器轴应平行于仪器竖轴的检校；望远镜十字丝板应处于正确位置的检校；望远镜视准轴应垂直于水平轴的检校；横轴应垂直于竖轴的检校；竖直度盘位置应正确的检校；光学对点器的视准轴应与竖轴重合的检校。这些内容在“地形测量”课程中都有详细的叙述，不同之处的检验方法如下：

(1)镜上中心的检校，在无风处挂一垂球，在其下面安置整平经纬仪，望远镜固定于水平位置，并仔细使镜上中心对准垂球尖，然后松开照准部并转动 180°，若镜上中心仍对准垂球尖，

则表示镜上中心位置正确。若偏离了，则需校正，如图 4-6 所示。

当照准部转动 180°时，镜上中心偏离垂球尖 A 位置而移到 A' 处，则在 AA' 连线的中点 C 作一记号并使 C 点对准垂球尖，再反复检校，直至旋转仪器时，C 点不偏离垂球尖为止，此时 C 点即为正确的镜上中心。允许偏离值不大于 0.5 mm。

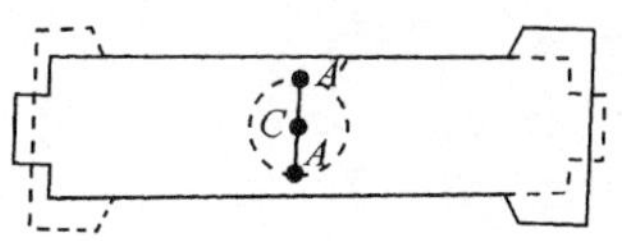

图 4-6 镜上中心的检校

(2)仪器连接螺丝的垂球线挂线点必须与仪器竖轴在同一轴线上。检查时，被检查仪器的镜上中心应已校正，仪器整平后使望远镜水平，再用两台置于相互垂直方向上的经纬仪，分别以望远镜瞄准被检查仪器的镜上中心，然后向下微动望远镜，检查该悬挂垂球线是否偏离两经纬仪望远镜的视准轴，若偏离，则说明该垂球线挂钩不符合要求，需修理。进行此项检查时，应注意在安置被检查仪器的三脚架时，使三脚架架头平面尽可能水平。

(3)望远镜调焦镜运行是否正确。检查时，将望远镜正倒镜观测同一视线方向的远、近两目标，近目标距仪器 2 m，远目标离仪器尽可能远(100 m 以上)，观测远、近两目标的 2 倍视准差(2C)的变化，若 2C 值变化超过 30″，则望远镜应修理。

(4)复测机构能否正确可靠地工作。

当复测机构锁紧或放开度盘时，度盘是否产生移动。检查时先安置整平仪器，使照准部在水平度盘零刻划附近固定，当复测机构松开时取读数，锁紧复测机构再读数，如此重复 5 次，每次使度盘读数变更 30°，其读数变化若不超过 6″，则复测机构良好，否则要进行修理，或不能用复测法测角。

当松开复测机构旋转照准部时，不应带动度盘。检查时安置整平仪器，松开复测机构，瞄准一清晰目标，取水平度盘读数，旋转照准部数圈再瞄准该目标，看读数是否有变化，若没有变化，则表明旋转照准部时不带动度盘，若有变化，则仪器应修理。

当复测机构锁紧度盘时旋转照准部，度盘应一起旋转，没有滞后现象。当复测机构锁紧度盘后，若照准部旋转前和旋转后的读数没有变化，说明没有滞后现象，复测机构良好。若读数变化超过 6″，说明复测机构锁紧度盘的力量不够，需修理，或不能用复测法测角。

(5)自动补偿器应保证仪器竖轴在允许范围内倾斜时瞄准同一目标的竖盘读数不变化。检查时选一目标，将仪器的一个脚螺旋置于目标方向，使圆水准器气泡居中，望远镜瞄准目标，读取竖盘读数，然后旋动该脚螺旋，使气泡向前或向后偏移到刻划圈边缘(即移动±4′)，微动望远镜使其仍瞄准原目标，再取竖盘读数，两次读数之差不应超过竖盘读数精度(±6″)。

2. 地下测角方法

1)安置仪器

为了测量导线点上的角度，首先要将经纬仪安置在测点上。导线点设在隧道底板时，安置仪器的方法与地面相同。这里只着重介绍测点设在顶板上时仪器的安置方法。

在点下安置仪器的方法，仍然包括对中和整平两方面。地下对中有三种方法：垂球对中、光学对中和自动对中(又称三架法测量)。垂球对中是地下最常用的方法，使用的垂球有两种，即简单垂球(图 4-7)和可调节垂球尖高低的活动垂球(图 4-8)，后者使用较方便。

先讨论用垂球对中、整平仪器的方法。如图 4-9 所示，在测点上挂下垂球，将三脚架安在下面，调节架腿使架头大致水平和大致对中后，踩固脚架，然后把垂球线缩短或挂在一旁。取出仪器安在三脚架上，调节脚螺旋使竖轴铅直，并使望远镜水平。放下垂球线，移动仪器使垂球尖对准仪器镜上中心。再整平仪器，重新对中。由于整平和对中是相互影响的，因此需要反

复进行,直到竖轴竖直而垂球尖又精确地对准镜上中心为止。操作中应注意以下两点:

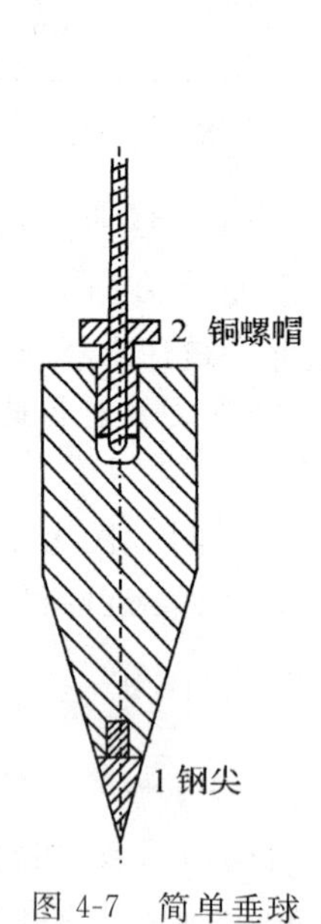

图 4-7 简单垂球

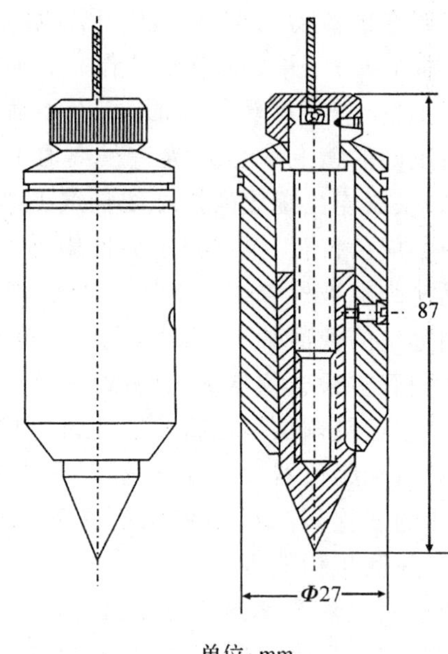

图 4-8 可调节垂球尖高低的垂球

(1)在对中时应沿前后左右方向移动而不应旋转仪器。因为架头只大致水平,若转动仪器,则脚螺旋在架头上的位置便被破坏,又需大动仪器才能整平。

(2)在点下对中整平时,应特别注意不要让垂球碰坏仪器,特别是望远镜片和水准管。因此,在仪器安好后应取下垂球。

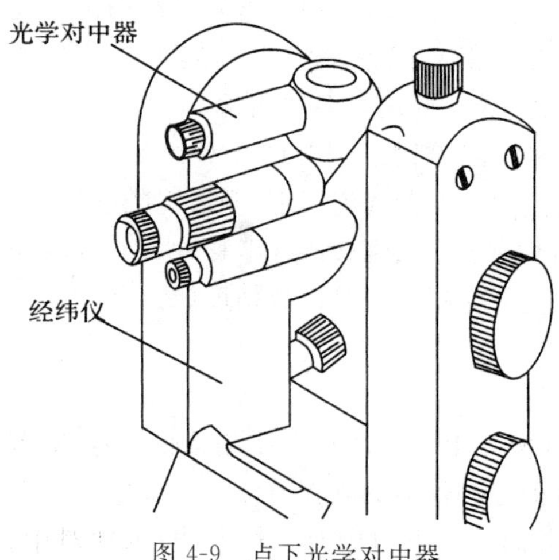

图 4-9 点下光学对中器

通常地下隧道内的风流较大,影响垂球对中的速度和精度,而地下导线边往往又较短,因此对中不精确会引起较大的测角误差,因此地下对中非常重要。正因为这样,现场多采取挡风布和挡风筒等办法来提高垂球对中的速度和精度,特别在比较精密的地下导线测量中更是如此。

光学对中更适用于地下条件,它比垂球对中要迅速而且精确。为了能在点下利用光学对中器进行对中,要在经纬仪望远镜筒上安装一光学顶点对中器,如图 4-9 所示。这种光学对中器可作为一个附件安装在任何经纬仪的望远镜上。利用装上这种对中器的经纬仪进行对中,既提高了效率,又提高了精度。实践表明,对中距离在 0.3~1.5 m 时,其对中线量误差小于 0.5 mm。

所谓自动对中,实际上只不过是利用多个脚架和基座,在每个测站上对中一次,迁站时不再对中而采用强制归心的方法插上仪器和觇标。

2)测量角度

地下导线水平角观测方法也和地面一样,有复测法和测回法。

复测法也称倍角法，它是利用复测经纬仪观测水平角的一种方法。复测经纬仪有两种结构类型，第Ⅰ类型的仪器有两套制动微动螺旋，一套是照准部的制动微动螺旋，另一套是水平度盘的制动、微动螺旋；第Ⅱ类型的仪器只有照准部一套制动微动螺旋，但有一复测机构用来扣紧度盘，使其与照准部固定在一起旋转，当不需要度盘转动时，松开复测机构即可。

复测法测量的步骤如下：

(1)设欲测角度 $\beta=\angle ACB$，如图 4-10 所示，则在测站 C 上安平对中经纬仪后将度盘对在 0° 附近。

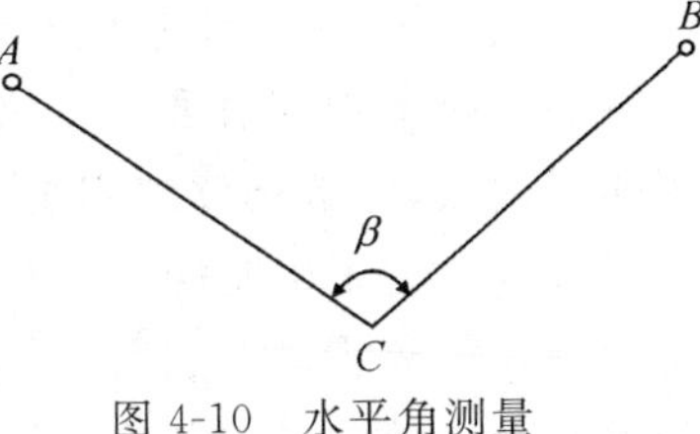

图 4-10　水平角测量

(2)用复测钮将度盘和照准部锁紧，旋转照准部瞄准后视点 A，读起始读数 a。

(3)松开复测钮(即放开了度盘)，顺时针方向旋转照准部，瞄准前视点 B，并取检验读数 b_1。

(4)算出检验角 $\beta_1=b_1-a$，并倒转望远镜。

(5)扣紧复测钮，照准后视点 A，但不读数。

(6)松开复测钮，顺时针方向旋转照准部瞄准前视点 B，取最终读数 b。

以上称一个复测测角，所测角值为

$$\beta=\frac{b-a}{2} \tag{4-2-4}$$

当用 n 个复测测水平角时，与一个复测的原理基本相同，只是在取检验读数 b_1 后不倒转望远镜，重复(2)、(3)两步($n-1$)次，但不读数。然后倒转望远镜重复(5)、(6)两步 n 次，仍然只最后取一次最终读数 b。这样，水平角的最终值为

$$\beta=\frac{k\times360^\circ+b-a}{2n} \tag{4-2-5}$$

式中，k 为照准部指标经过度盘 0° 刻划的次数，即 $k=\dfrac{2n\beta_1}{360}$(只取整数)。

测回法是常用的测量水平角的一种方法，这里不再赘述。

由上述可知，复测法测角较简单，不管几次复测，只需读三次数，且参加最终角值计算的只有始末两次读数，因而观测较快，读数误差影响小，测角精度高。这是对中、低精度的经纬仪(J_6、J_{15} 等)而言的，对高精度的仪器(J_2、J_1)就不同了。因仪器读数精度高，读数误差对测角精度的影响很小，相反，由于测回法能在整个度盘上均匀地多次读数，可以消除一些精密仪器中影响较大的度盘刻划和测微尺刻划系统误差，从而提高测角精度。因此，J_2 级精度以上的仪器都不能复测，中、低精度的经纬仪才有复测轴系和复测机构。

地下测角究竟采用哪一种方法较好，这要根据仪器和观测条件来决定。复测法和测回法的瞄准次数相同，但复测法的读数次数都比测回法少，在地下狭窄的隧道内测量是有利的。

地下导线测量倾角的方法和地面一样，采用测回法，即正倒镜位测量，不过要在垂球线绳上做一个记号(如插一根大头针)作为瞄准的标志。通常测倾角是与测水平角一起进行的，并同时丈量仪器至瞄准标志的倾斜距离。

二、地下经纬仪导线的边长测量

1. 量边工具和方法

地下用钢尺量边的工具包括钢尺、拉力计和温度计。钢尺是最基本的量边工具，钢尺的长

度有 20 m、30 m 及 50 m 等几种。钢尺的分划也有几种,有的以厘米为基本分划;有的也以厘米为基本分划,但尺端第一分米内有毫米分划;更有的以毫米为基本分划。在地下宜用 50 m 和 30 m 且整尺都有毫米分划的钢尺为好。

地下量边方法一般是用钢尺悬空丈量导线的边长。在水平隧道内通常是丈量水平距离。具体做法是利用经纬仪的水平视线瞄准在前后视点所挂垂球线上,用大头针在绳上标出十字丝交点,然后用钢尺丈量仪器镜上中心或横轴右端中心与大头针之间的距离。丈量时,用钢尺末端的整厘米刻划对准经纬仪镜上或横轴中心,另一端加钢尺检定时的拉力并对准大头针,两端同时读数,零端估读到毫米。每读一次数后,移动钢尺 2～3 cm。每条边要读数三次,同时测记温度。为了检验起见,每条边必须往返丈量。在倾斜隧道中则丈量倾斜距离,同时测其倾角。倾斜距离丈量方法与丈量平距基本相同。如果两导线点间的距离大于钢尺的长度,则须分段丈量。被丈量的各段距离必须在同一直线上,为此,要进行定线。如图 4-11 所示,首先在 B 点的垂球线上插一根大头针(B'),在测水平角的同时测出其倾角。定线时用线绳拴石块作为中间加点 C、D,并使它处在望远镜视线上,在线绳与视准线交点处插上大头针(C',D'),然后用钢尺悬空丈量经纬仪横轴右端中心或镜上中心至 C' 及 $C'D'$、$D'B'$ 等各段距离。

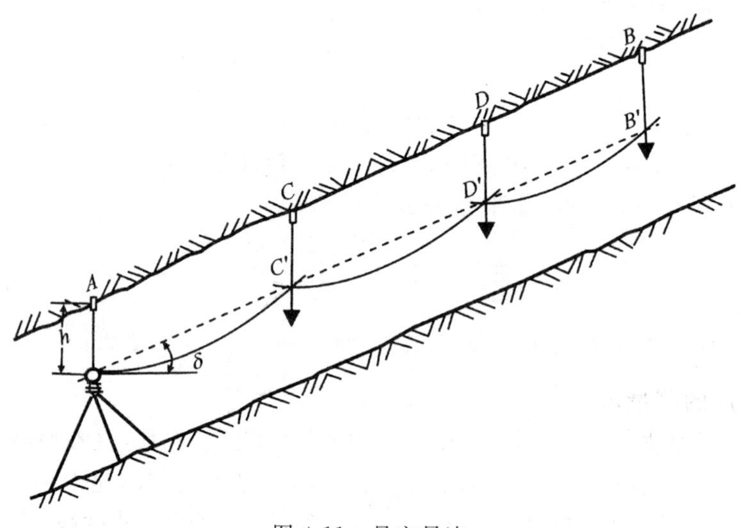

图 4-11 悬空量边

2. 钢尺量边的改正

用钢尺量得的边长,还要根据具体情况加入尺长、温度、拉力、垂曲及倾斜等改正。

1)尺长改正

对于每一米都做过检定的钢尺,可直接求得用该尺量得的任一边长的尺长改正数。但对于只做了整尺检定的钢尺,还要按比例求算出该尺每米的改正数后再求得任一长度的改正数。设钢尺在标准拉力和标准温度时的真实长度为 L_O,尺面长为 L_M,则整尺的尺长改正为 $\Delta_K = L_O - L_M$。若用此尺丈量 L,则整尺的尺长改正为

$$\Delta L_K = \Delta_K \frac{L}{L_M} \tag{4-2-6}$$

2)温度改正

所量边长 L 的温度改正为

$$\Delta L_t = L \cdot a(t - t_0) \tag{4-2-7}$$

式中，a 为钢尺的线膨胀系数，一般取 $a = 12 \times 10^{-6}$；t 为量边时的温度；t_0 为钢尺检定时的温度。

3)拉力改正

若量边时所用的拉力与钢尺检定时用的拉力不同，则须改正，其改正数为

$$\Delta L_P = \frac{L(P - P_0)}{E \cdot S} \tag{4-2-8}$$

式中，E 为钢尺的弹性系数，通常取 $E = 2 \times 10^6 \mathrm{kg/cm^2}$；$S$ 为钢尺的横断面积，单位为 $\mathrm{cm^2}$；P 为测量时的拉力，kg；P_0 为检定时的拉力，kg。

当所用拉力与检定钢尺拉力相同时，则不必改正。

4)垂曲改正

悬空丈量时，由于钢尺自重而弯曲，使所量边长非直线长度而为曲线长度，因此要加入垂曲改正。如图 4-12 所示，钢尺因自重下垂而弯曲成曲线 $\widehat{ACB}$，故所量得的不是水平直线 $\overline{ADB}$ 的长度 l 而是弧 $\widehat{ACB}$ 的长度 s。垂曲改正值为

$$\Delta L_f = s - l = 2R(\alpha - \sin\alpha)$$

由于圆弧的曲率很小，故 α 也很小，因而 $\sin\alpha$ 可按级数展开并取前两项代入上式得

$$\Delta L_f = 2R\left(\alpha - \alpha + \frac{\alpha^3}{6}\right) = \frac{1}{3}R\alpha^3 \tag{4-2-9}$$

图 4-12 中的 f 称为松垂距，由图可知

$$f = OC - OD = R - R\cos\alpha = 2R\sin^2\frac{\alpha}{2} \approx 2R \cdot \left(\frac{\alpha}{2}\right)^2 = \frac{1}{2}R\alpha^2$$

而

$$R \cdot \alpha = \frac{1}{2}s$$

将上式代入式(4-2-9)得

$$\Delta L_f = \frac{8f^2}{3s} \tag{4-2-10}$$

松垂距 f 可用实地测定和理论推算两种方法确定。

实地测定法，是先在地面打下两个同高的木桩 A 和 B，其间距离约为钢尺全长，如图 4-13 所示。将水准仪安设在 AB 的一侧，使 A、B 顶端同高。将钢尺置于 A、B 顶端并加拉力 P 拉紧。然后在 A 和中间点 C 上立水准尺，用水准仪在尺上读取 a、c 两读数，并目估钢尺在 C 点之水准尺上的读数 d，则 $f = c - (a + d)$。

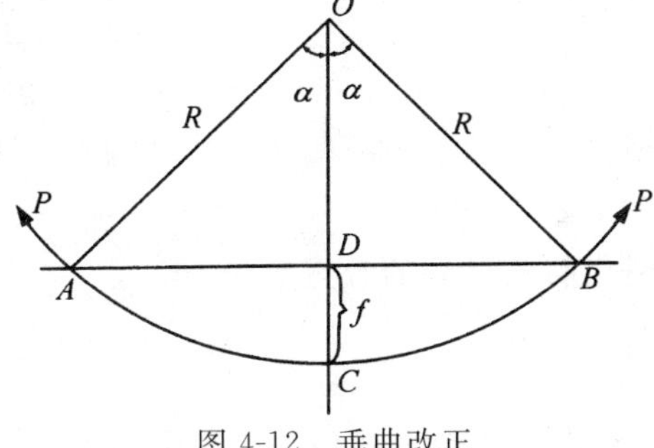

图 4-12　垂曲改正

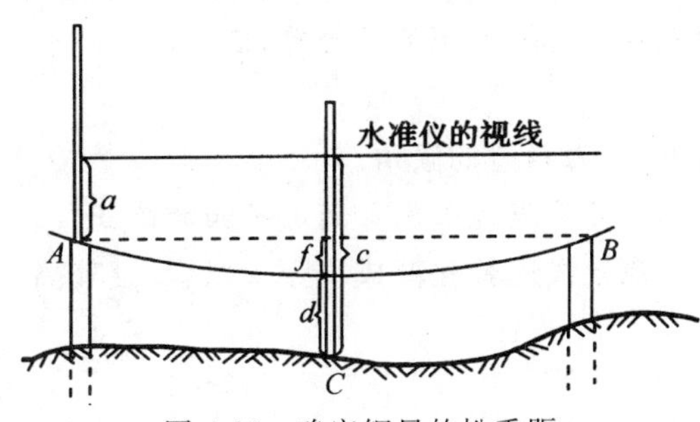

图 4-13　确定钢尺的松垂距

理论推算 f 值的方法是根据钢尺水平悬空时,因自重而形成的对称悬链线为基础,最后推得

$$f=\frac{qs^2}{8P} \tag{4-2-11}$$

式中,q 为钢尺单位长度的重量,将钢尺从尺架上取下,称其重量,除以尺长即得。

将式(4-2-11)代入式(4-2-10)得

$$\Delta L_f=\frac{q^2s^3}{24P^2} \tag{4-2-12}$$

当边长 s_1 小于整尺长时,设拉力仍为 P,则 s_1 的垂曲改正为

$$\Delta L'_f=\frac{q^2s_1^3}{24P^2}$$

则

$$\Delta L'_f:\Delta L_f=\frac{q^2s_1^3}{24P^2}:\frac{q^2s^3}{24P^2}$$

即

$$\Delta L'_f=\Delta L_f\cdot\frac{s_1^3}{s^3} \tag{4-2-13}$$

按式(4-2-10)或式(4-2-12)求得整尺的 ΔL_f 之后,便可按上式求得小于该尺的任意长度的垂曲改正数 $\Delta L'_f$。

悬空丈量倾斜边长时,钢尺因自重而形成的悬链线和水平时的不一样,即呈非对称的形状。此时的垂曲改正为

$$\Delta L_{f\sigma}=\Delta L_f\cos^2\sigma$$

或

$$\Delta L_{f\sigma}=\Delta L_f(1-\sin^2\sigma)=\Delta L_f-\Delta L'_{f\sigma} \tag{4-2-14}$$

$$\Delta L'_{f\sigma}=\Delta L_f\sin^2\sigma$$

式中,ΔL_f 为水平时的垂曲改正;σ 为所测边的倾角;$\Delta L_{f\sigma}$ 为非对称悬链线的补充改正。

显然,悬空丈量倾斜边长时的垂曲改正比水平边长的垂曲改正要小。

最后还应指出,当水平或倾斜边长大于尺长而分段丈量时,必须分别计算各分段的垂曲改正数,其总和才是该边的垂曲改正。

5)倾斜改正

如果所量边长不是水平长度 l,而是斜长 L,则应将倾斜边长转换为水平边长,以便计算平面坐标。一般可用下式计算,即

$$l=L\cos\sigma \tag{4-2-15}$$

式中,σ 为斜边的倾角。

6)将导线边长化算到海平面的改正

当导线边长化算成平距 l 以后,设其高程为 H,则化归海平面的改正数为

$$\Delta L_M=-\frac{H}{R}\cdot l \tag{4-2-16}$$

式中,R 为地球的平均半径($R=6\ 371$ km);H 为所测导线边两端高程的平均值。

如图 4-14 所示，确定海平面改正数的公式推导如下：

$$\Delta L_M = ab - AB \tag{4-2-17}$$

而 $ab=\frac{\theta}{\rho}R$，$AB=\frac{\theta}{\rho}(R+H)$，$\theta=\frac{AB}{(R+H)}\rho \approx \frac{l}{R}\cdot\rho$

将上列各式代入式(4-2-17)中便得式(4-2-16)。

归算到海平面的边长为

$$L = l + \Delta L_M \tag{4-2-18}$$

7)将导线边长化归高斯投影面的改正

按高斯投影理论推导出计算这种投影改正的公式为

$$\Delta L_G = L \cdot \frac{y_m^2}{2R^2} \tag{4-2-19}$$

式中，y_m 为导线边中点到投影带中央子午线的距离，即导线边中点的横坐标；R 为地球的平均半径。

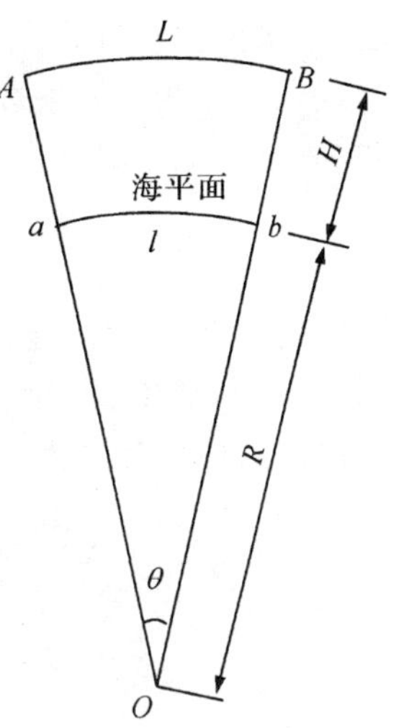

图 4-14　导线化算到海平面

最后还应指出，用于丈量导线边长的钢尺必须定期进行检定，以保证丈量精度。

3. 用电磁波测距仪测量地下导线边长

随着近代光学、电子学的发展和各种新颖光源(激光、红外光等)相继出现，电磁波测距技术得到了迅速的发展，出现了以激光、红外光和其他光源为载波的光电测距仪和以微波为载波的微波测距仪，并已在地下导线测量中广泛应用。电磁波测距仪在地下主要用于直线距离较长的倾斜隧道和水平隧道的导线边长测量，大大减轻了用钢尺量边的劳动强度，提高了工作效率，测量精度也能满足要求。

有关测距仪的结构、工作原理、检验和测距方法在《光电测距》教材中有详细叙述。

三、陀螺定向——电磁波测距导线

在地下导线测量中，把陀螺仪和电磁波测距仪进行联合，用来测设地下导线，以限制测角误差的累积，提高横向精度，保证地下工程贯通有重要作用。这种导线叫作陀螺定向——电磁波测距导线。这种导线的测设方式有两种：一种是将陀螺仪和测距仪跳站安设，用陀螺仪和测距仪测定每条边的方向和长度，例如往测时，将仪器安设在单号测点上，用陀螺仪测量前后视边的方向后，再用测距仪测前后视边长；返测时则将仪器安设在双号测点上，同样测量前后视边的方向和边长。另一种是往测时，与前一种方式相同，而返测时只跳站安设测距经纬仪测前后视边长，但不安设陀螺仪测方向，而是按一般导线测量水平角。

陀螺仪往返所测得的同一边的方位角之差的容许值按式(4-2-20)确定，即

$$\Delta\alpha_{容} = \alpha_{往} - \alpha_{返} \leqslant 2m_{\alpha T}\cdot\sqrt{2} \tag{4-2-20}$$

式中，$m_{\alpha T}$ 为陀螺仪一次测定的中误差。当该仪器的实际中误差值未经测定时，可取标称精度值。当符合上述要求时，取往返观测方位角的平均值作为最终值。

在测设地下经纬仪控制导线时，若每隔一段距离加测一个导线边的方向，这样便使地下支导线形成了方向附合导线，除了构成测角的客观检查外，还可提高地下导线的精度。此外，在某些受折光影响大的导线边上加测陀螺方位角，还可以消除和减弱系统误差对方位的影响。

关于地下直伸导线上加测陀螺方位角的合理配置，即合理的加测个数和最佳位置的选择

问题，于来法教授就此作了深入研究。

设地下导线有 n 条边，平均边长为 s，不加测陀螺方位角时，支导线终点 n 的横向误差估算公式为

$$m_q^2=\frac{m_\alpha^2}{\rho^2}(ns)^2+\frac{m_\beta^2}{\rho^2}s^2\ \frac{n(n+1)(2n+1)}{6} \tag{4-2-21}$$

式中，m_α 为地下导线起始边方位角的中误差；m_β 为地下导线转折角的测角中误差。

当在地下导线上均匀地加测了 i 个陀螺方位时，则产生 i 条方位角附合导线。导线终点的横向误差的估算公式为

$$\begin{aligned}m_q^2=&\frac{m_\beta^2}{\rho^2}\cdot s^2\cdot i\left[\frac{k(k-1)(2k-1)}{6}+k^2w^2-\frac{k^2(k-1+2w^2)}{4}\right]+\\&\frac{m_\alpha^2}{\rho^2}s^2(n-ik)+\frac{m_\beta^2}{\rho^2}s^2\ \frac{(n-ik)(n-ik+1)[2(n-ik)+1]}{6}\end{aligned} \tag{4-2-22}$$

式中，$w=m_\alpha/m_\beta$；k 为附合导线的边数。

为了比较横向误差的变化规律和精度增益，假定导线总长 $L=n\cdot s=10\times100\ \text{m}=1\,000\ \text{m}$，$m_\alpha=m_\beta=\pm10''$，$w=1$，令 i 分别等于 1、2、3 和 n 时，代入式(4-2-21)和式(4-2-22)，计算出 m_q 及相对于未加测陀螺方位角的精度增益，其结果列于表 4-1 中。

表 4-1　未加测与加测陀螺方位角导线的比较

加测数量 \ 导线方案	未加测陀螺方位角 m_q/mm	加测 1 个		加测 2 个		加测 3 个		加测 n 个	
		m_q/mm	精度增益	m_q/mm	精度增益	m_q/mm	精度增益	m_q/mm	精度增益
Ⅰ	107	48	55%	26	76%	17	84%	15	86%
Ⅱ	137	53	61%	33	76%	25	82%	16	88%

由表中看出，加测 1～2 个陀螺方位角的导线与未加测陀螺方位角的导线比较，其横向精度的增益的幅度较大。当 $i>4$ 时，加测陀螺方位角对提高导线终点的横向精度作用很小。

为了寻找陀螺方位角的最佳布设位置，对式(4-2-22)求 m_q^2 对于 k 的极小值，即应在 $m_q^2=\min$ 条件下解求 k 值，进而求出比值 k/n。

设 $m_\alpha=m_\beta$，即 $w=1$ 时，将式(4-2-22) 化简后得

$$m_q^2=\frac{m_\beta^2s^2}{12\rho^2}[(i-4i^3)k^3+(3i+18i^2+12i^2n)k^2-(12in^2+36in)k+(4n^3+18n^2+2n)] \tag{4-2-23}$$

令

$$\frac{\alpha_{m_q}^2}{\alpha_K}=\frac{m_\beta^2s^2}{12\rho^2}(ak^2+bk+c)=0 \tag{4-2-24}$$

解得

$$k=\frac{-b\pm\sqrt{b^2-4ac}}{2a} \tag{4-2-25}$$

式中，$a=3i-12i^3$；$b=6i+36i^2+24i^2n$；$c=-(12in^2+36in)$。

由式(4-2-22)知，k 是加测陀螺方位角之间的导线边数，它将随着加测陀螺方位角的个数之多少不同而变化，n 为地下导线的总边数。i 为加测方位角个数，若以 i 和 n 为变数，按式

(4-2-25) 计算 k 和 k/n 的比值，列于表 4-2 中，从该表中可以得到加测陀螺方位角的最佳位置。

表 4-2　加测陀螺方位角的最佳位置

i / k / n	1		2			3			
	k	k/n	k	$2k$	k/n	k	$2k$	$3k$	k/n
5	3.7	0.74	2.2	4.4	0.44	1.5	3.0	4.5	0.31
10	7.2	0.72	4.2	8.4	0.42	3.0	6.0	9.0	0.30
13	9.2	0.71	5.5	11.0	0.42	3.9	7.8	11.7	0.30
15	10.6	0.70	6.3	12.6	0.42	4.5	9.0	13.5	0.30
20	13.9	0.69	8.31	16.6	0.41	5.9	11.8	17.7	0.30
25	17.3	0.69	10.3	20.6	0.41	7.4	14.8	22.2	0.29
30	20.6	0.69	12.3	24.6	0.41	8.8	17.6	26.4	0.29

由表 4-2 可知，在直伸地下导线中，加测 1 个陀螺方位角时，加测在导线全长三分之二的边上为最优，若加测 2 个以上陀螺方位角时，以按导线全长均匀分布最好。

§4.3　地下高程控制测量

地下高程控制测量的主要任务是确定隧道内各水准点与永久导线点的高程，以建立地下高程基本控制。其主要内容是通过竖井导入标高，在水平或坡度小于 8°的隧道中进行几何水准测量，在坡度大于 8°的倾斜隧道中进行三角高程测量。

一、地下水准测量

地下水准测量分两级，Ⅰ级水准测量用以建立地下高程测量的首级控制，其精度较高，基本上能满足贯通工程在高程方面的精度要求。Ⅱ级水准测量作为Ⅰ级水准点间的加密控制，精度较低。地下水准路线一般与地下导线测量的路线相同，通常利用地下导线点作为水准点。

地下水准测量的施测方法与地面水准测量基本相同，常采用中间法施测。施测时水准仪置于二尺点之间，若地下通视条件差，前后视距离用目估法使其相等，这样可以消除由于水准管轴与视准轴不平行所产生的误差。视线长度一般宜为 15～40 m，Ⅱ级水准不应超过 50 m。每个测站应在水准尺黑红面上进行读数，若使用单面水准尺，则应用两次仪器高进行观测，两次仪器高之互差应大于 10 cm。由水准尺两个面或两次仪器高所测得的高差互差，Ⅰ级应不大于 4 mm，Ⅱ级应不大于 5 mm，否则应重测。取两面或两次仪器高测得的高差平均值作为一次测量结果。有时由于隧道内施工场地狭小，工种繁多，干扰甚大，水准点可能设在隧道顶板上，所以地下水准测量还常使用倒尺法传递高程。测定相邻两点的高差可能有四种情况，如图 4-15 所示。

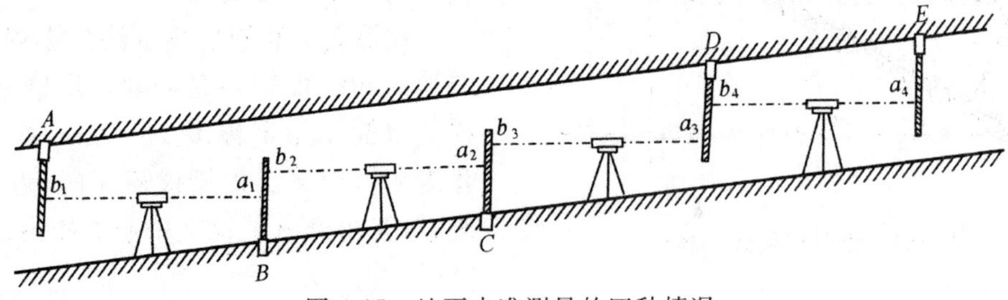

图 4-15　地下水准测量的四种情况

$$h_{AB}=(-b_1)-a_1$$
$$h_{BC}=b_2-a_2$$
$$h_{CD}=b_3-(-a_3)$$
$$h_{DE}=(-b_4)-(-a_4)$$

但不论哪种情况，在计算两点间的高差时，仍与地面水准测量一样，用后视读数 b 减去前视读数 a，即

$$h=b-a \tag{4-3-1}$$

但顶板点(倒尺)的读数为负，底板点的读数为正。

地下水准路线可为支线、附合水准路线或闭合路线。水准测量的高程容许闭合差应不超过表 4-3 的限差要求。表中 R 为单程水准路线长度，L 为闭、附合路线长，均以百米为单位。

表 4-3 地下水准测量限差

水准测量等级	水准支线往返测量的高差不符值	闭、附合路线的高程容许闭合差
Ⅰ	$\pm 15\ \text{mm}\sqrt{R}$	
Ⅱ	$\pm 30\ \text{mm}\sqrt{R}$	$\pm 24\ \text{mm}\sqrt{L}$

当求得各点间的高差及各项限差均符合要求后，则应取往测和返测结果的平均值作为最终值。闭合差可按各测段的长度(或测站数)成比例地以反号分配到各测段中。往测或返测不符值超限时需重测其中不可靠的测段，重测的结果和往测或返测的结果不超限时方可采用，若重测结果介于往返测结果的中间，且与往测或返测之差均未超过限差，则应取三个结果的平均值。

二、地下三角高程测量

三角高程测量通常用于倾角大于 8°的倾斜隧道中，与经纬仪导线测量同时进行，如图 4-16 所示。

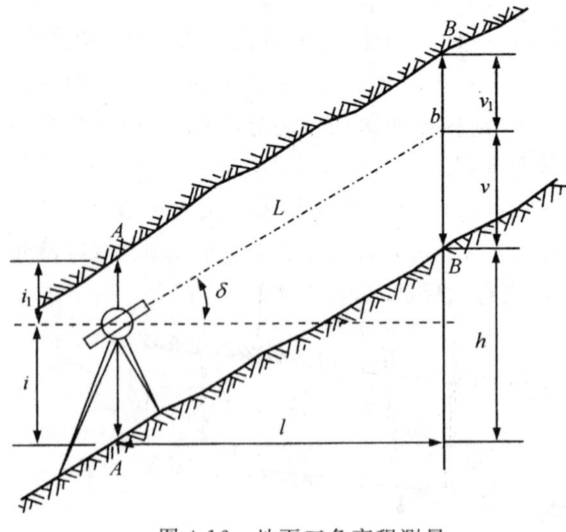

图 4-16 地下三角高程测量

置经纬仪于 A 点，整平对中。在 B 点悬挂垂球。用望远镜瞄准垂球线上的标志 b，测出倾角 δ，丈量仪器中心到标志 b 的距离 L，量取仪器高 i 及觇标高 v。B 点对 A 点的高差为

$$h=L\sin\delta+i-v \tag{4-3-2}$$

用上式计算高差时应注意，当测点在顶板上时，i 和 v 取负号。

仪器高 i 和觇标高 v 均用小钢尺在观测开始前和结束后各量一次，并量至毫米，两次丈量的互差不得大于 4 mm，取其平均值作为丈量结果。丈量仪器高时，可使望远镜竖直，量出测点至镜上中心的距离。

§4.4　地下控制测量精度分析

一、地下测量水平角误差分析

地下测角误差包含仪器误差、测角方法误差、仪器对中误差和觇标对中误差，此外，还存在外界条件影响所引起的误差。由于仪器不完善所引起的测角误差，一般可通过采用适当的观测方法和操作程序加以消除或减小到最低限度，以至可认为不发生影响，这在《控制测量学》教材中有详细的论述。至于外界条件的影响，除采取相应的有效措施外，目前尚难用数学公式加以估算，且采取相应措施之后其影响很小，因此在计算测角误差时不予考虑。故地下测量水平角的总误差是测角方法误差和对中误差。

1. 测角方法误差

1)测回法测角的误差

当用 n 个测回测角时，其最终角值 β 是 n 个测回的平均值，即

$$\beta=\frac{[b_{左}-a_{左}+b_{右}-a_{右}]_1^n}{2n} \tag{4-4-1}$$

式中，$a_{左}$、$a_{右}$ 为瞄准后视点时盘左和盘右的读数；$b_{左}$、$b_{右}$ 为瞄准前视点时盘左和盘右的读数。

每次瞄准和读数的误差均对最终角值有影响。设每次瞄准的中误差为 m_v，每次读数中误差为 m_0，则一个镜位观测一个方向的中误差为

$$m_H^2=m_v^2+m_0^2 \tag{4-4-2}$$

在 n 测回中要观测 $4n$ 个方向，因而其测角中误差为

$$m_i^2=\frac{4nm_H^2}{4n^2}=\frac{m_H^2}{n}$$

故

$$m_i=\pm\sqrt{\frac{m_v^2}{n}+\frac{m_0^2}{n}} \tag{4-4-3}$$

2)复测法测角的误差

用 n 个复测测角的最终角值为

$$\beta=\frac{a_3-a_1+k\cdot 360^\circ}{2n}$$

式中，a_1 为第一次瞄准后视点的读数；a_3 为最后一次瞄准前视点的读数；k 为照准部游标指标线相对于水平度盘旋转的总周数。

因为复测法不论多少个复测次数，其读数只需 2 次，而其瞄准次数为 $4n$ 次，故由瞄准和读数所引起的测量方法误差为

$$m_i^2=\frac{1}{4n^2}(4n\cdot m_v^2+2m_0^2)$$

$$m_i=\pm\sqrt{\frac{m_v^2}{n}+\frac{m_0^2}{2n^2}} \tag{4-4-4}$$

对比式(4-4-3)和式(4-4-4)可见，复测法读数误差的影响较测回法小$\sqrt{2n}$ 倍，当 n 越大

时,复测法的优点越显著。但是,如果用读数精度越高,即读数误差越小的仪器测角时,复测法的读数误差对测角方法误差影响较小的优点就没有意义了。因而可得出结论:在地下用 J_6 级或低于 J_6 级仪器测角时,宜用复测法;高于 J_6 级的仪器测角则应采用测回法。

瞄准误差 m_v 和读数误差 m_0 值的计算参见"大地测量仪器学",下面仅列出计算公式。

(1)瞄准误差 m_v 的计算。确定瞄准误差的方法有两种,一种是以人眼确定纵丝与垂球线平行或重合的精度来确定,计算公式为

$$m_v = \pm \frac{d}{12} \tag{4-4-5}$$

式中,d 为望远镜十字丝纵丝间的角值,其大小可用下法确定。在距经纬仪 l 处,水平安放一带毫米刻划的尺子,用望远镜读取双丝在该尺上的刻划数,设为 n 格,则

$$d = \frac{n}{l} \cdot \rho$$

如果望远镜的十字丝为单丝,且丝宽大于目标宽度时,则

$$m_v = \pm \frac{b}{2f}\rho \tag{4-4-6}$$

式中,b 为十字丝单纵丝的宽度;f 为望远镜物镜的焦距。

另一种确定 m_v 的方法是以人眼的最小视角(临界视角)为依据来确定,其计算公式为

$$m_v = \pm \frac{\alpha_{\min}}{v} \tag{4-4-7}$$

式中,$\alpha_{\min}$ 为人眼的最小视角;v 为望远镜放大率。

对于点状目标,最小视角可在 $50''$~$124''$变化。由于地下采用的瞄准目标是垂球线。用双丝瞄准目标的误差较小,$\alpha_{\min}$ 在地下可取 $60''$左右。

(2)读数误差 m_0 的计算。游标和光学游标的读数误差为

$$m_0 = \pm \frac{t}{3.5} \tag{4-4-8}$$

式中,t 为游标最小读数。

显微带尺的读数误差为

$$m_0 = 0.05\,V \tag{4-4-9}$$

式中,V 为显微带尺的最小格值。

光学测微器的读数误差为

$$m_0 = \pm\sqrt{\left(\frac{250P''}{du}\right)^2 + (0.05V)^2} \tag{4-4-10}$$

或

$$m_0 = \pm\sqrt{\left(\frac{125P''D}{L\rho''}\right)^2 + (0.05V)^2} \tag{4-4-11}$$

式中,P'' 为人眼对度盘上下分划线重合或用单分划线平分双线的最小鉴别角,一般取 $P'' \approx 10''$;u 为读数显微镜的放大率;d 为度盘直径;D 为度盘格值;L 为通过读数显微镜观察到度盘一个分格的可见宽度(可用毫米尺实际估计测定);V 为测微分划尺的最小格值。

2. 觇标及仪器对中误差

1)觇标对中误差

觇标对中误差是觇标中心和测点标志中心不在一铅垂线上所引起的测角误差,如图 4-17

所示。

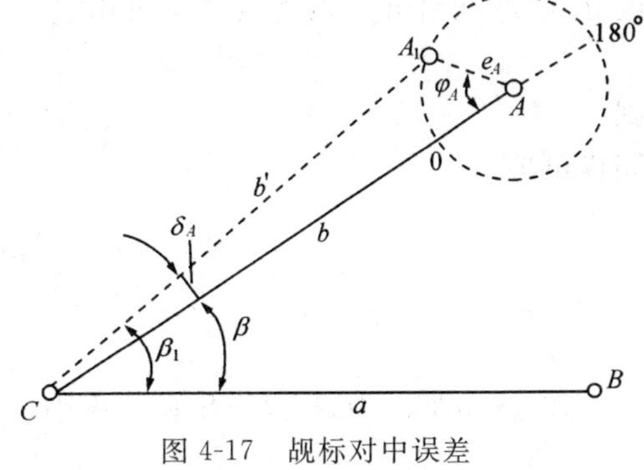

图 4-17　觇标对中误差

令欲测角度 $\angle ACB=\beta$，设仪器和觇标 B 均无对中误差，仅觇标 A 未与测点中心重合而居于 A_1 点上。由于 A_1 点偏离了 A 点一线量 e_A，则在所测角值 β_1 中引起了一个真误差 δ_A，e_A 称为对中线量误差。在 $\triangle ACA_1$ 中，因为 e_A 很小，所以 δ_A 很小，且 $b'\approx b$。由正弦定理得

$$\sin\delta_A=\frac{e_A}{b}\sin\varphi_A$$

由于 δ_A 很小，故上式简化为

$$\delta_A=\frac{e_A\cdot\rho}{b}\sin\varphi_A \tag{4-4-12}$$

由上式可知，δ_A 大小不仅与 e_A 和 b 的大小有关，而且还与 e_A 所处的位置即 φ_A 的大小有关。当 A_1 处于 CA 或其延长线上时，无论 e_A 多大，$\varphi_A=0°$ 或 $180°$，$\sin\varphi_A=0$，e_A 对测角无影响；当 A_1 点处于 CA 之垂直线方向上时，$\varphi_A=90°$ 或 $270°$，则 $\sin\varphi_A=\pm1$，e_A 对测角的影响最大。实际上 A_1 点可以处在以 A 为圆心、以 e_A 为半径所作圆周的任意位置上，也就是 φ_A 可变化于 $0°\sim360°$。因此，可按式(4-4-12)之真误差 δ_A 求得其中误差为

$$m_{e_A}^2=\frac{\sum_{i=1}^{n}\delta_{A_i}^2}{n}=\frac{e_A^2\rho^2}{nb^2}[\sin^2\varphi_A]$$

式中，$n=\dfrac{2\pi}{d\varphi_A}$。

将 n 值代入上式并用积分符号代替求和符号可得

$$m_{e_A}^2=\frac{e_A^2\rho^2}{2\pi b^2}\int_0^{2\pi}\sin^2\varphi_A\,d\rho_A=\frac{e_A^2\rho^2}{2b^2}$$

$$m_{e_A}=\pm\frac{e_A\rho}{\sqrt{2}b} \tag{4-4-13}$$

同理可求得由觇标 B 偏心所引起的测角误差为

$$m_{e_B}=\pm\frac{e_B\rho}{\sqrt{2}a} \tag{4-4-14}$$

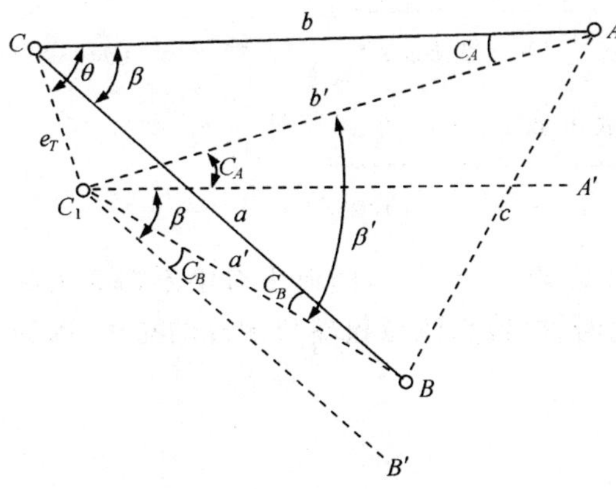

图 4-18　仪器对中误差

由式(4-4-13)和式(4-4-14)可知，觇标对中误差与对中线量误差成正比，与所测角的两边长成反比，与角度本身的大小无关。

2)仪器对中误差

仪器对中误差是由于仪器中心没有精确安置在测点中心上所引起的测角误差，如图 4-18 所示。

设两觇标对中无误差，仅仪器安置在偏离 C 点一段距离 e_T 的 C_1 点上。显然，在 C_1 点所测角

度 β' 不是欲测角 β，两者的关系可由过 C_1 点作 $C_1A'//CA$ 及 $C_1B'//CB$ 得到，即

$$\beta + C_A = \beta' + C_B \tag{4-4-15}$$

则

$$\sigma_{e_T} = \beta - \beta' = C_B - C_A$$

同样可取

$$m_{e_{T_i}}^2 = \frac{\sum_{i=1}^{n} \sigma_{e_{T_i}}^2}{n} = \frac{\sum_{i=1}^{n} (C_{B_i} - C_{A_i})^2}{n} \tag{4-4-16}$$

在 $\triangle ACC_1$ 中，$b' \approx b$，e_T 很小，故有 $C_A = \rho \cdot \frac{e_T}{b}\sin\theta$。同样，在 $\triangle BCC_1$ 中有 $C_B = \rho \frac{e_T}{a}\sin(\theta - \beta)$，则有

$$(C_B - C_A)^2 = \rho^2 e_T^2 \left[\frac{\sin^2(\theta-\beta)}{a^2} + \frac{\sin^2\theta}{b^2} - \frac{2\sin(\theta-\beta)\sin\theta}{ab}\right] \tag{4-4-17}$$

将上式及 $n = \frac{2\pi}{\mathrm{d}\theta}$ 代入式(4-4-16)中，并用积分符号代替求和符号得

$$m_{e_T}^2 = \frac{e_T^2\rho^2}{2\pi}\left[\frac{1}{a^2}\int_0^{2\pi}\sin^2(\theta-\beta)\mathrm{d}\theta + \frac{1}{b^2}\int_0^{2\pi}\sin^2\theta\mathrm{d}\theta - \frac{2}{ab}\int_0^{2\pi}\sin(\theta-\beta)\sin\theta\mathrm{d}\theta\right] \tag{4-4-18}$$

因为 $\int_0^{2\pi}\sin^2(\theta-\beta)\mathrm{d}\theta = \pi$、$\int_0^{2\pi}\sin^2\theta\mathrm{d}\theta = \pi$、$\int_0^{2\pi}\sin(\theta-\beta)\sin\theta\mathrm{d}\theta = \pi\mathrm{cso}\beta$，

故

$$m_{e_T}^2 = \frac{e_T^2\rho^2}{2a^2b^2}(a^2 + b^2 - 2ab\cos\beta) \tag{4-4-19}$$

由上式可知：

(1)仪器对中误差与其线量对中误差 e_T 成正比，与所测角的两边长度成反比。

(2)仪器对中误差与所测角值的大小有关，在所测角为 0°～180°时，随角度增大而增大，当增至 180°时为最大。

3)总对中误差

因为觇标及仪器的对中误差均系独立的偶然误差，故对测角所引起的总对中误差为

$$m_e^2 = m_{e_A}^2 + m_{e_B}^2 + m_{e_T}^2$$

$$m_e = \pm\sqrt{\frac{\rho^2}{2}\left[\frac{e_A^2}{b^2} + \frac{e_B^2}{a^2} + \frac{e_T^2}{a^2b^2}(a^2 + b^2 - 2ab\cos\beta)\right]} \tag{4-4-20}$$

由于地下测角时，前后视的觇标对中方法相同，故可取 $e_A = e_B = e_C$，则

$$m_e = \pm\sqrt{\frac{\rho^2}{2a^2b^2}[e_C^2(a^2 + b^2) + e_T^2(a^2 + b^2 - 2ab\cos\beta)]} \tag{4-4-21}$$

在地下隧道中测量水平角时，一般边长较短而角度均近于 180°，因而由对中不精确引起的测角误差的数值相当大。所以，在地下测量水平角时，应特别注意仪器与觇标的对中，因为它是测角误差中最主要的部分。

3. 地下测量水平角总误差

地下导线水平角测量总误差公式为

$$m_\beta = \pm\sqrt{m_i^2 + m_e^2} \tag{4-4-22}$$

即

$$m_\beta = \pm\sqrt{m_i^2 + \frac{\rho^2}{2a^2b^2}[e_C^2(a^2+b^2) + e_T^2(a^2+b^2-2ab\cos\beta)]} \qquad (4\text{-}4\text{-}23)$$

二、地下钢尺量边的误差分析

1. 地下量边误差来源、性质及其累积规律

1)误差来源

地下钢尺量边误差的主要来源有：

(1)钢尺尺长误差。

(2)测定钢尺温度的误差。

(3)确定钢尺拉力的误差。

(4)确定钢尺松垂距的误差。

(5)定线误差。

(6)测定边长倾角的误差。

(7)测点投到钢尺上的误差。

(8)钢尺的读数误差。

(9)风流的影响。

2)误差性质

上述各种误差按其性质可分为三类：

(1)系统误差。它的符号保持一定,其大小与边长成正比。钢尺的尺长误差对量边的影响是系统性的。钢尺的尺长误差是钢尺检定时产生的,其大小及符号都是偶然性的,但当用此钢尺量边时,它就是一个固定的常数,对边长的影响保持同一符号,其大小与边长成正比,因此,成为系统误差。此外,测定钢尺松垂距的误差虽是偶然性的,但垂曲改正数的误差是系统性的。

(2)偶然误差。在量边中确定钢尺的温度及拉力的误差,测定边长倾角的误差,测点投到钢尺上的误差及钢尺的读数误差等都是偶然误差。

(3)按其大小是偶然误差,按其符号是系统误差。定线误差和风流影响都使所测边长大于实际边长,因此,对量边的影响其符号是系统性的,但其大小却随定线的精度和风流的大小而变化,因而是偶然性的。

由于偶然误差与系统误差在观测中经常是同时产生的,所以要严格划分哪些误差属于哪一类就比较困难,故实际分析量边误差时均应综合考虑其影响。

3)量边误差的累积规律分析

设 L 为所测边长,以长度为 l 的钢尺丈量了 n 段,即

$$L = l + l + \cdots + l = nl \qquad (4\text{-}4\text{-}24)$$

若每尺段丈量的偶然误差为 m_l,则由偶然误差引起的量边中误差为

$$m_{L_{偶}} = \pm\sqrt{m_l^2 + m_l^2 + \cdots + m_l^2} = \pm m_l\sqrt{n} \qquad (4\text{-}4\text{-}25)$$

将 $n = \frac{L}{l}$ 代入上式得

$$m_{L_{偶}} = \pm m_l \sqrt{\frac{L}{l}} = \pm \frac{m_l}{\sqrt{l}} \sqrt{L} \tag{4-4-26}$$

令 $a = \frac{m_l}{\sqrt{l}}$，则

$$m_{L_{偶}} = a\sqrt{L} \tag{4-4-27}$$

$$\frac{m_{L_{偶}}}{L} = \frac{a\sqrt{L}}{L} = \frac{a}{\sqrt{L}} \tag{4-4-28}$$

当 $L = 1\ \mathrm{m}$ 时，则 $m_{L_{偶}} = a$，所以 a 相当于偶然误差所引起的单位长度的量边中误差，通常称为偶然误差影响系数。若 m_l 和 l 的单位以米表示，则 a 的单位为$\sqrt{米}$。

由式(4-4-27)及式(4-4-28)可见：

(1)由偶然误差引起的量边误差与边长的平方根成正比。

(2)量边的偶然误差的相对值，随导线边长的增加而减小。

再研究由系统误差所引起的量边误差。设 a 为每尺段丈量的系统误差，$m_{L_{系}}$ 为所测边长的系统误差，则

$$m_{L_{系}} = a + a + \cdots + a = na \tag{4-4-29}$$

$$m_{L_{系}} = \frac{L}{l}a = \frac{a}{l}L \tag{4-4-30}$$

令 $b = \frac{a}{l}$，b 为单位长度的系统误差，通称为系统误差影响系数，则

$$m_{L_{系}} = bL \tag{4-4-31}$$

$$\frac{m_{L_{系}}}{L} = b \tag{4-4-32}$$

由式(4-4-31)及式(4-4-32)可知，系统误差对量边的影响与边长成正比，而其相对误差在一定的条件下是不变的，而且不决定于边长 L。

由系统误差和偶然误差引起所测边长的总误差为

$$m_L = \pm\sqrt{m_{L_{偶}}^2 + m_{L_{系}}^2}$$

即

$$m_L = \pm\sqrt{a^2L + b^2L^2} \tag{4-4-33}$$

2. 各种误差对量边影响的估算及容许值的确定法

为分析简便起见，当研究某一误差来源对量边的影响时，假定其他来源均不起作用，最后再综合研究其影响。

为了使地下导线的量边误差不超过一定范围以保证导线的必要精度，因此需要对前述各种误差规定一个极限，即容许值。设用 m_{L_i} 表示量边中 9 种误差来源所产生的相应的中误差，并考虑到定线和风流影响有相同的符号，则所量边长的中误差 M_L 应为

$$M_L^2 = m_{L_1}^2 + m_{L_2}^2 + m_{L_3}^2 + m_{L_4}^2 + m_{L_5}^2 + m_{L_6}^2 + m_{L_7}^2 + m_{L_8}^2 + m_{L_9}^2 \tag{4-4-34}$$

设各种误差来源对量边误差的影响相等(等影响原则)，即

$$m_{L_1} = m_{L_2} = \cdots = m_{L_9}^2 = m_l$$

则

$$M_L^2 = 9m_l^2$$

$$M_L = \pm 3m_l \tag{4-4-35}$$

根据式(4-4-33)并取偶然误差影响系数 $a=0.000\,1$，系统误差影响系数 $b=0.000\,05$，导线平均边长 L 为 50 m，则 $m_L=\pm 2.6$ mm 容许误差为中误差的 2 倍，即 $M_{L_{容}}=2M_L=\pm 5.2$ mm，$\frac{M_{L_{容}}}{L}=\frac{0.005\,2}{50}\approx\frac{1}{10\,000}$。因此，9 项误差来源中，每个来源所引起的量边容许相对误差为

$$\frac{m_{L_{容}}}{L}=\frac{m_{L_{容}}}{L}\frac{1}{\sqrt{9}}=\frac{1}{30\,000} \tag{4-4-36}$$

下面分别研究各项误差的容许值。

1)尺长误差及其容许值

设用长度为 l_M 的钢尺丈量边长 L 的尺长改正为

$$\Delta L_K=\frac{\Delta_K}{l_M}\cdot L \tag{4-4-37}$$

式中，Δ_k 为边长丈量真误差。

由尺长误差 m_K 所引起的量边误差 m_{L_K} 为

$$m_{L_K}=\frac{L}{l_M}m_K \tag{4-4-38}$$

$$\frac{m_K}{l_M}=\frac{m_{L_K}}{L} \tag{4-4-39}$$

对照式(4-4-36)可看出，尺长误差所引起的量边误差的相对容许值应为

$$\frac{m_{K_{容}}}{l_M}=\frac{1}{30\,000} \tag{4-4-40}$$

这就是说，钢尺检定的精度不应低于 1/30 000，达到这个精度是不困难的。

2)测定温度的误差及其容许值

量边的温度改正是按式(4-4-41)计算，即

$$\Delta L_t=La(t-t_0) \tag{4-4-41}$$

若以 m_t 表示测定温度 t 的误差，则由它引起的量边误差为

$$m_{L_t}=Lam_t \tag{4-4-42}$$

对照式(4-4-36)可得

$$m_{t_{容}}=\frac{L}{30\,000}\cdot\frac{1}{La}=\frac{1}{30\,000a}=\frac{1}{30\,000\times 12\times 10^{-6}}=\pm 2.8℃$$

由此可知，测量温度的容许误差为±2.8℃。

3)确定拉力的误差及其容许值

由计算拉力改正和垂直改正的公式可知，当所加拉力 P 有误差 m_P 时，将引起这两个改正数产生误差，因而引起量边误差。拉力改正为

$$\Delta L_P=\frac{(P-P_0)L}{ES} \tag{4-4-43}$$

故

$$m_{L_P}^{\mathrm{I}}=\pm\frac{L}{ES}m_1 \tag{4-4-44}$$

垂直改正为

$$\Delta f=\frac{q^2L^3}{24P^2} \tag{4-4-45}$$

则

$$m_{L_P}^{\mathrm{II}}=\pm\frac{q^2L^3}{12P^3}m_P \tag{4-4-46}$$

两项误差具有相同符号,则

$$m_{L_P}=\left(\frac{L}{ES}+\frac{q^2L^3}{12P^3}\right)m_P \tag{4-4-47}$$

按式(4-4-36)得

$$m_{P_{容}}=\frac{L}{20\ 000}\cdot\frac{1}{\left(\frac{L}{E\cdot S}+\frac{q^2L^3}{12P^3}\right)}=\frac{1}{20\ 000\left(\frac{L}{ES}+\frac{q^2L^3}{12P^3}\right)}$$

设 $L=50$ m, $q=0.0165$ kg/m, $S=0.023$ cm^2, $P=98.067$N,代入上式得

$$m_{P_{容}}=\pm 4.2\ \mathrm{N}$$

对照式(4-4-36),容许的拉力误差不得超过 4.2 N,因此丈量时要较准确地施加标准拉力。

4)测定松垂距 f 的误差及其容许值

按实际测定松垂距 f 计算垂曲改正的公式为

$$\Delta f=\frac{8f^2}{3l} \tag{4-4-48}$$

若测定松垂距的误差为 m_f,则垂曲改正的误差为

$$m_{\Delta f}=\frac{16f}{3l}m_f \tag{4-4-49}$$

$$m_{t_{容}}=\frac{L}{20\ 000}\cdot\frac{3l}{16f}=\frac{l^2}{110\ 000f} \tag{4-4-50}$$

设用某一 50 m 钢尺量 50 m 边,其 $f=0.546$ m,代入上式得

$$m_{t_{容}}=\pm 42\ \mathrm{mm}$$

测定 f 的精度是很容易达到的。

5)定线误差及其容许值

在图 4-19 中,AB 为欲测之边长,因大于尺长而被分成三段:A—1 和 1—2 略小于尺长,2—B 为余长。由于定线误差 m_e 使 1、2 两点均偏离了 AB 边,致所量得的边长为折线 $A12B$ 而非直线 AB。显然所量边长总是比实际边长大。

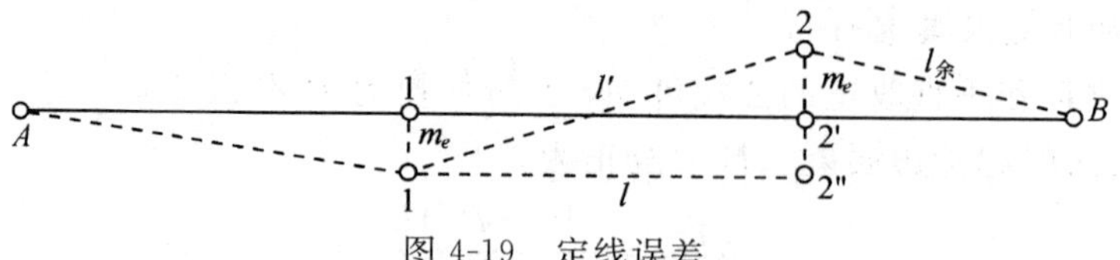

图 4-19 定线误差

先分析两端点均未在测边上的第二段的误差。如果 1、2 点等量地偏在 AB 一侧,则此段长度将无误差。图 4-19 中所示为最不利的情况,即误差最大。为简单起见,令定线误差均相等。由直角 $\triangle 122''$ 可看出

$$l=\sqrt{(l')^2-(2m_e)^2}$$

将上式右边按二项式展开并仅限取前两项得

$$l=l'\left[1-\frac{1}{2}\left(\frac{2m_e}{l'}\right)^2\right]=l'-\frac{2m_e^2}{l'}$$

因此，由定线误差 m_e 所引起的量边误差为

$$m_{l_e}=l'-l=\frac{2m_e^2}{l'} \tag{4-4-51}$$

将上式对照式(4-4-4)得

$$m_{e_{容}}=\pm\sqrt{\frac{1}{20\,000}\cdot\frac{l}{2}}=0.005\,l$$

当 $l=50$ m 时，$m_{e_{容}}=0.25$ m；当 $l=30$ m 时，$m_{e_{容}}=0.15$ m。

然后再研究一个端点未在测边上的第一、三段的情况。以第三段为例，同上法可推得

$$m'_{l_e}=\frac{m_e^2}{2l'},\quad m_{e_{容}}=0.01l'_{余}$$

当余长为 10 m 时，$m_{e_{容}}=0.1$ m；当余长为 20 m 时，$m_{e_{容}}=0.2$ m。

综上分析可知，段长越小，则定线的容许误差也越小，因此应采用较长的钢尺，例如 50 m 的量边，并尽量使余长不小于 10 m。当余长较大时，甚至可用肉眼而不用仪器定线。

6）测倾角的误差及其容许值

由斜长 L 化算平距 l 时是按式(4-4-52) 计算的，即

$$l=L\cos\delta \tag{4-4-52}$$

若测倾角 δ 的误差为 m_δ，则由它所引起的平距误差为

$$m_{l_\delta}=\pm\frac{L\sin\delta}{\rho''}\cdot m_\delta \tag{4-4-53}$$

对照式(4-4-36)得

$$m_{\delta_{容}}=\frac{L}{20\,000}\times\frac{\rho}{L\sin\delta}=\frac{10}{\sin\delta} \tag{4-4-54}$$

不难看出，倾角越大，则要求测量的精度越高。地下三角高程测量对测倾角的要求恰好与它相反，即倾角越小测量的精度应越高。

7）投点的误差及其容许值

利用垂球线将测点中心投到钢尺上的误差来源有：

(1)垂球线和测站标志孔的中心不重合。

(2)由风流引起垂球线偏斜和摆动。

(3)钢尺碰到垂球线而引起偏斜或摆动。

以尺长为 l 的钢尺量边长为 L 的导线边，则 $L=nl$，因钢尺两端均需投点，故由投点误差 m_B 所引起的量边误差为

$$m_{L_E}=\pm m_E\sqrt{2n}=\pm m_E\sqrt{\frac{2L}{l}}$$

由式(4-4-36)可得

$$e_{E_{容}}=\frac{L}{20\,000}\cdot\sqrt{\frac{l}{2L}}\approx\frac{\sqrt{Ll}}{28\,000} \tag{4-4-55}$$

当用 50 m 钢尺量 50 m 边长时,则 $m_{E_容}=\pm 1.8$ mm,这就是说对投点比较精确。为此,在精密丈量边长时,应采用长钢尺和重垂球及挡风措施等。此外,还可采取丈量前后视边长的方法以减小风流对垂球线投点的影响。图 4-20(a)为往量时风流对量边的影响;图 4-20(b)为返量时的影响。由图不难看出,当在丈量中风流和仪器高均不变时,则往量为 $l+\Delta l$,返量为 $l-\Delta l$,故往返平均值可最大限度地消除风流的影响。当然,在这种情况下,往返丈量值之差包含了 $2\Delta l$,因此其限差应适当放宽。

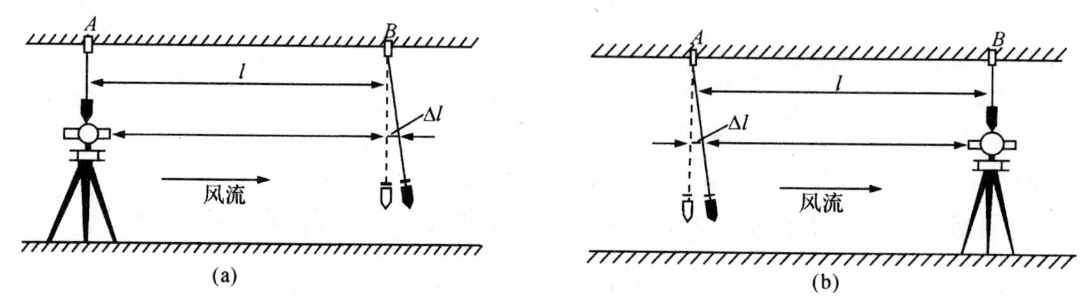

图 4-20 往返量边时的风流影响

8)读数误差及其容许值

读数时一端对准厘米分划线,一端估读小数。这种读数误差 m_0 是偶然性的。它对边长的影响为

$$m_{L_0}=\pm m_0\sqrt{\frac{2L}{Kl}} \tag{4-4-56}$$

式中,K 为读数次数。仍设 $L=l=50$ m,$K=1$,则读数误差的容许值参照投点误差可知,也为 ±1.8 mm。当用 30 m 钢尺量边或边长较短时,其容许值也会减小。因此,除应用长钢尺外,还应采用移动钢尺重复读数三次的方法来提高读数精度和检查读数的正确性。

9)风流影响

风流除使垂球线偏斜而产生很大的投点误差外,还将使钢尺抖动或成波状曲线,因而使量得的边长大于实长,其大小与风流有关,属偶然性的,但对量边的影响却是系统性的。除了采取上述挡风及适当的测量方法以减小垂球线的投点误差外,还可采取适当加大拉力(如 147 N)等方法以减小其影响。

最后应该指出:

(1)上述分析是以边长和尺长都是 50 m 为基础的,而实际上并不完全是这样,因此上述分析的结果只能是近似的。

(2)在确定各误差来源的容许值时采用了等影响原则,这种原则只能帮助我们大致得出一个数值,绝不应该机械地去运用。例如,对有的误差容许值(如测大倾角时的容许误差等)较难达到,而有些项目(如测定温度和松垂距等)则又很容易做到。为此,必须统筹兼顾,使之能想到补偿,以达到量边的总要求。此外,对引起量边系统误差的尺长、定线等误差以及测定松垂距误差的容许值应当严些。

三、地下水准测量的误差

1. 地下水准测量的误差来源及其估算方法

为了评定水准测量的精度,以使测量工作更好地满足地下工程的要求,需要对水准测量的误差进行分析。从地下水测量所使用的仪器、工具及其施测的具体环境看，引起地下水准测量误差的主要因素有：

(1)水准仪望远镜瞄准的误差。

(2)水准管气泡居中的误差。

(3)其他仪器误差，其中包括水准尺分划的误差，水准尺读数的凑整误差。

(4)人为误差及外界条件的影响，如空气的透明度、水准尺的照明度、水准尺的不歪斜、仪器下沉等的影响所产生的误差。

上述各种因素对水准测量精度的影响集中反映在水准尺读数上。如果以 m_0 表示水准尺读数中误差，以 m_1、m_2、m_3、m_4 分别表示上述四种误差对水准尺读数的影响，根据偶然误差积累的规律，则

$$m_0^2 = m_1^2 + m_2^2 + m_3^2 + m_4^2 \tag{4-4-57}$$

上式误差 m_3 和 m_4 对水准尺读数的影响是较难估算的，所以在研究此问题时，可以认为 m_3 和 m_4 的总影响等于误差 m_1 和 m_2 的总影响，这样则得

$$m_0 = \pm\sqrt{2(m_1^2 + m_2^2)} \tag{4-4-58}$$

瞄准误差 m_1 与瞄准的角量误差有关。望远镜瞄准的角量误差可用 $m_v = \frac{60}{V}$ 计算，其中 V 为望远镜的放大倍数。因此，当水准仪至水准尺的距离为 l 时，由于角量误差而引起的读数误差为

$$m_1 = \pm\frac{m_v}{\rho}l = \pm\frac{60}{\rho V}l \tag{4-4-59}$$

水准管气泡居中误差与水准管的分划值及观察气泡中的方法有关。如用 τ 表示水准管的分划值，在直接根据水准管的刻划整置气泡居中时，气泡居中的角量误差为 $m_\tau = \pm 0.15\tau$；当采用符合棱镜系统整置气泡居中时，$m_\tau = 0.04 \sim 0.1\tau$。目前生产的水准仪均采用符合水准器，故由此引起的读数误差(取其最大值)为

$$m_2 = \pm\frac{m_\tau}{\rho}l = \pm\frac{0.1\tau}{\rho}l \tag{4-4-60}$$

根据上述公式，如知道水准仪望远镜的放大倍数 V，水准管的分划值 τ，以及施测时仪器至水准尺的距离 l，就可估算水准尺读数的中误差。

［例 1］　国产 S_3 型工程水准仪的望远镜的放大倍数 $V = 30$，水准管的分划值 $\tau = 20''/2\ \text{mm}$，设水准仪至水准尺的距离 $l = 50\ \text{m}$，则按式(4-4-59)、式(4-4-60)和式(4-4-58)算得

$$m_1 = \pm\frac{60''}{\rho''V}l = \pm\frac{60}{2\times10^5\times30}\times50\times10^3 = \pm0.5\ \text{mm}$$

$$m_2 = \pm\frac{0.1\tau''}{\rho''}l = \pm\frac{0.1\times20}{2\times10^5}\times50\times10^3 = \pm0.5\ \text{mm}$$

$$m_0 = \pm\sqrt{2(m_1^2 + m_2^2)} = \pm\sqrt{2\times(0.5^2 + 0.5^2)} = \pm1\ \text{mm}$$

水准尺读数的中误差 m_0，还可根据每台水准仪的水准管分划值 τ 和望远镜的放大倍数 V 必须相适应的关系来求算，即对每一台水准仪来讲，必须具有

$$0.1\tau \leqslant \frac{60}{V}$$

这样就有

$$\tau \leqslant \frac{600}{V} \text{ 或 } V \leqslant \frac{600}{\tau}$$

取上式中的等式值代入式(4-4-58)可得

$$m_0 = \pm\sqrt{2\left[\left(\frac{60l}{\rho V}\right)^2 + \left(\frac{0.1\tau l}{\rho}\right)^2\right]} = \pm\frac{l}{\rho}\sqrt{2\left(\frac{3\,600}{V^2} + \frac{3\,600}{V^2}\right)} = \pm 6 \times 10^{-4}\frac{l}{V}$$

或

$$m_0 = \pm\frac{l}{\rho}\sqrt{2\left(\frac{\tau^2}{100} + 0.01\tau^2\right)} = \pm 0.2\frac{l\tau}{\rho} = \pm 1 \times 10^{-6} l\tau$$

如上式中 m_0 取毫米单位，l 取米，τ 为秒，则得

$$m_0 = \pm 0.6\frac{l}{V} \tag{4-4-61}$$

或

$$m_0 = \pm 0.001\tau l \tag{4-4-62}$$

仍以[例 1]值为例，将 $l = 50$ m、$V = 30$ 代入式(4-4-61)，解得

$$m_0 = \pm 0.6 \times \frac{50}{30} = \pm 1 \text{ mm}$$

将 $l = 50$ m、$\tau = 20''/2$ mm 代入式(4-4-62)，则得

$$m_0 = \pm 0.001 \times 20 \times 50 = \pm 1 \text{ mm}$$

计算结果与[例 1]完全相同。

2. 水准支线终点高程的误差

若在某巷道中由水准基点 A，测设一条水准支线，则其终点 K 的高程应为

$$H_K = H_A + h_1 + h_2 + \cdots + h_n$$

终点 K 的高程中误差应为

$$m_{H_K}^2 = m_{H_A}^2 + m_{h_1}^2 + m_{h_2}^2 + \cdots + m_{h_n}^2$$

以 a 表示后视水准尺读数，b 表示前视水准尺读数，m_0 为水准尺读数的中误差，两测点间的高差为 $h = a - b$。考虑到每个测站要用红黑面测两次或用两次仪器高测两次，因此该高差的中误差为

$$m_h = \pm\frac{\sqrt{m_0^2 + m_0^2}}{\sqrt{2}} = \pm m_0 \tag{4-4-63}$$

当各个测站的距离大致相等时，则各测站的高差中误差可以认为是相等的，即

$$m_{h_1} = m_{h_2} = \cdots = m_{h_n} = m_h$$

所以

$$m_{H_K}^2 = m_{H_A}^2 + nm_h^2$$

式中，n 为测站的个数。

如果不考虑始点高程中误差 m_{H_A} 的影响，则由于测定该支线上各高差的中误差而引起的终点 K 的高程中误差应为

$$m_{H_K} = \pm m_h\sqrt{n} \tag{4-4-64}$$

将式(4-4-63)代入式(4-4-64)，则得

$$m_{H_K}=m_0\sqrt{n} \tag{4-4-65}$$

按规程规定，井下水准支线应往返各测一次，因此终点 K 的高程算术平均值的中误差应为

$$m_{H_{K(平)}}=\frac{m_{H_K}}{\sqrt{2}}=\frac{\sqrt{n}}{\sqrt{2}}m_0 \tag{4-4-66}$$

按式(4-4-65)或式(4-4-66)即可求得水准支线的终点(或支线上任意一点)的高程中误差或高程算术平均值的中误差。

3．**单位长度的高差中误差**

在实际工作中，常以单位长度的高差中误差的大小，衡量水准测量的精度。假设有一水准线路，其全长为 L(m)，水准仪至水准尺的距离为 l(m)，则该水准线路的测站数为

$$n=\frac{L}{2l}$$

将此式代入式(4-4-65)，则得

$$m_{H_K}=\pm m_0\sqrt{\frac{L}{2l}}=\pm\frac{m_0}{\sqrt{2l}}\sqrt{L}$$

设

$$m_{h_l}=\frac{m_0}{\sqrt{2l}}$$

则

$$m_{H_K}=\pm m_{h_l}\sqrt{L} \tag{4-4-67}$$

若 L 与 l 以百米为单位，当 $L=1$ 百米时，则 $m_{H_K}=m_{h_l}$，即 m_{h_l} 为百米长度的水准线路的高差中误差，称为单位长度的高差中误差。

m_{h_l} 值可以用理论公式计算，比如，根据[例 1]可求得单位长度的高差中误差为

$$m_{h_l}=\frac{m_0}{\sqrt{2l}}=\frac{1}{\sqrt{2\times0.05}}=3.16\ \text{mm}$$

实际工作中，通常是根据许多水准环的闭合差或往返测的闭合差，求出单位长度的高差中误差。

4．**根据多个水准线路的闭合差求单位长度的高差中误差**

设单位长度的高差中误差 m_{k_l} 为单位权的中误差，则

$$m_{k_l}=\pm\sqrt{\frac{[Pf_hf_h]}{N}} \tag{4-4-68}$$

式中，N 为闭合水准路线的个数；f_h 为闭合水准路线高程的闭合差。

如果把 f_h 作为真误差看待，则其权应为水准线路长度 L(以千米为单位)的倒数，这样各水准环的权应为

$$P_1=\frac{1}{L_1},\ P_2=\frac{1}{L_2},\cdots,P_N=\frac{1}{L_N}$$

故

$$[Pf_hf_h]=\frac{f_{h_1}^2}{L_1}+\cdots+\frac{f_{h_N}^2}{L_N}=\left[\frac{f_h^2}{L}\right]$$

因而得

$$m_{h_l}=\pm\sqrt{\frac{\left[\frac{f_h^2}{L}\right]}{N}}\tag{4-4-69}$$

当采用一台水准仪和相同的方法,测设了多个闭合环或往返测之后,便可根据实测资料,按式(4-4-69)求得这种具体条件下的水准测量单位长度的高差中误差。

5. 根据多个水准线路的闭合差求水准尺读数中误差

设 m_0 为单位权中误差,L 为水准线路长度,l 为仪器至水准尺的距离,则 $L/l=2n$。所以水准线路的权为 2 倍测站数的倒数$\frac{1}{2n}$,即

$$P_1=\frac{1}{2n_1},\ P_2=\frac{1}{2n_2},\cdots,P_N=\frac{1}{2n_N}$$

故

$$[Pf_hf_h]=\frac{f_{h_1}^2}{2n_1}+\frac{f_{h_2}^2}{2n_2}+\cdots+\frac{f_{h_N}^2}{2n_N}=\left[\frac{f_h^2}{2n}\right]$$

所以水准尺读数中误差 m_0 为

$$m_0=\pm\sqrt{\frac{[Pf_hf_h]}{N}}=\pm\sqrt{\frac{\left[\frac{f_h^2}{2n}\right]}{N}}\tag{4-4-70}$$

根据实际资料求得的单位长度高差中误差和水准尺读数误差比前面理论公式估算的要大,这是因为理论公式中考虑的因素尚不全面。同时规程对井下水准测量的允许限差则规定较宽,因此实测的误差也要大一些。

据实验研究,地下Ⅰ级水准百米高差的中误差 $m_{h_l}=\pm5$ mm,则往返测高差闭合差的容许值

$$f_{h_容}=2m_{h_l}\sqrt{2L}$$

式中,L 为往测或返测的单程水准路线长度,以百米为单位。

因此规程规定:地下Ⅰ级水准导线 $f_{h_容}<\pm15\sqrt{L}$;Ⅱ级水准导线 $f_{h_容}<\pm30\sqrt{L}$ 是有根据的。

四、地下三角高程测量误差

地下三角高程测量求相邻两点间高差的计算公式为

$$h=L\sin\delta+i-v$$

根据求函数中误差的公式,由上式得

$$m_h^2=\left(\frac{\partial h}{\partial L}\right)^2m_L^2+\left(\frac{\partial h}{\partial \delta}\right)^2m_\delta^2+\left(\frac{\partial h}{\partial i}\right)^2m_i^2+\left(\frac{\partial h}{\partial v}\right)^2m_v^2\tag{4-4-71}$$

式中各观测值的偏导数为

$$\frac{\partial h}{\partial L}=\sin\delta,\ \frac{\partial h}{\partial \delta}=L\cos\delta,\ \frac{\partial h}{\partial i}=1,\ \frac{\partial h}{\partial v}=1$$

将以上各偏导数之值代入式(4-4-71),得

$$m_h^2 = m_L^2 \sin^2\delta + L^2 \cos^2\delta \frac{m_\delta^2}{\rho^2} + m_i^2 + m_v^2 \tag{4-4-72}$$

分析式(4-4-72)可看出，量边误差对高差的影响随着倾角 δ 的增大而变大，而倾角误差的影响则随着倾角 δ 的增大而变小。所以当倾角较大时，应注意提高量边的精度；当倾角较小时，应注意提高测角的精度。对于仪器高 i 和觇标高 v，则应精确丈量，防止出现粗差。

三角高程测量支线终点的高程，可按式(4-4-73)计算，即

$$H_K = H_A + \sum_1^n h \tag{4-4-73}$$

终点 K 相对于始点 A 的高程中误差应为

$$m_{H_K}^2 = \sum_1^n m_h^2 \tag{4-4-74}$$

由量边误差分析中可知 $m_L^2 = a_L^2 + b^2L^2$。量取 v 和 i 的误差可认为是相等的，即 $m_i = m_v$。将式(4-4-72)中的值代入式(4-4-74)，得

$$m_{H_K}^2 = a^2 \sum_1^n L \sin^2\delta + b^2 \left(\sum_1^n L \sin\delta\right)^2 + \frac{m_\delta^2}{\rho^2} \sum_1^n L^2 \cos^2\delta + 2nm_v^2 \tag{4-4-75}$$

由于量边的系统误差对终点高程的影响性质与偶然误差不同，所以式(4-4-75)中的系统误差与偶然误差可分别表示为

$$m_{H_{K(系)}}^2 = \left(\sum_1^n m_{k(系)}\right)^2 = b^2 \left(\sum_1^n L \sin\delta\right)^2 \tag{4-4-76}$$

$$m_{h(偶)}^2 = \sum_1^n m_{H_{K(偶)}}^2 = a^2 \sum_1^n L \sin^2\delta + \frac{m_\delta^2}{\rho^2} \sum_1^n L^2 \cos^2\delta + 2nm_v^2 \tag{4-4-77}$$

三角高程测量线路中每一高差均往返测量，而取算术平均值作为最终值。因此，终点高程算术平均值的中误差应为

$$m_{H_{K(平)}} = \pm\sqrt{\frac{m_{H_{K(偶)}}^2}{2} + m_{H_{K(系)}}^2} \tag{4-4-78}$$

式(4-4-76)中 $\sum_1^n L \sin\delta$ 的数值，在计算时应考虑各边倾角的正负号，实际上就是整一路的高差。

根据上述公式，便可求三角高程支线终点高程的算术平均值的中误差，以评定三角高程测量的精度。

第五章　地下工程的施工测量

§5.1　隧道施工测量

一、洞口点的测量与进洞点的标定

为了保证隧道中线符合设计要求，确保施工不发生任何差错，施工单位在施工前必须把设计单位提交的全线控制点进行复测，只有各控制点在误差允许范围内方可利用。施工单位首先要布设洞口点，因为洞口点是向洞内引伸导线的起算点，又是洞口及其附近地段施工放样的依据，有时可延用到隧道贯通，在建立洞口点时应满足下列要求：

(1)尽可能埋设在便于观测、保存和不受施工影响的地点。

(2)洞口点到洞口不宜太远，连接导线边应不超过 3 个。

(3)洞口点标石深度，在无冻土地区不小于 0.6 m，在冻土地区标石要埋在冻结线以下。

(4)为了使洞口点免受损坏，在点的周围宜设保护桩和栅栏或刺网。

1. 洞口点的布设

1)洞口点直接布设在主网上

洞口点应尽可能纳入为施工区布设的三角网或导线网的主网上，并采用相同精度观测，整体平差，以保证洞口点有足够的精度。

2)支导线联结洞口点

因洞口点所处位置受地形、地物条件限制或受到施工条件的影响，不能与主网组成控制网的图形，这时可在主网与洞口点间设支导线联结。

3)利用全球定位系统(GPS)测设洞口点

当隧道工程较大时，尤其有长距离隧道贯通，最好利用全球定位系统(GPS)测设洞口点，不但精度高，而且稳定可靠。

利用 GPS 卫星定位测量测设洞口点时，点位应选在视野开阔处，点周围视场内不应有地面倾角大于 10°的成片障碍物，以免阻挡来自卫星的信号。同时应避开高压输电线、变电站等设施，其最近距离不得小于 200 m，距强辐射的电台、电视台、微波站等不得小于 400 m。测量时可采用静态定位，静态定位可通过大量重复定位来提高定位精度。

2. 标定进洞点和掘进方向

隧道的进洞点，通常也称隧道的开切点，也就是隧道由此往前掘进。进洞点利用设计坐标和洞口点的坐标，采用全站仪或经纬仪，通过极坐标法标定，在洞口点设仪器；然后，用坐标反算的方位角标定方向，并测量距离，从而确定进洞点。为了保证进洞点的标定精度，一般需要标定两次或换另外一位测量员标定。如果两次标定的误差在允许范围内，方可确定进洞点位置 B。

进洞点标定后，在 B 点架设仪器，后视洞口点 A，并利用洞口点与进洞点的方位角和隧道进洞设计方位角，可计算出两条直线夹角 β，在进洞点 B 标定隧道的掘进方向，为了使用方便，在视线上打 3 个木桩，并用铁钉连成一直线，以备检核时使用，同时可指示隧道的掘进，如图 5-1 所示。

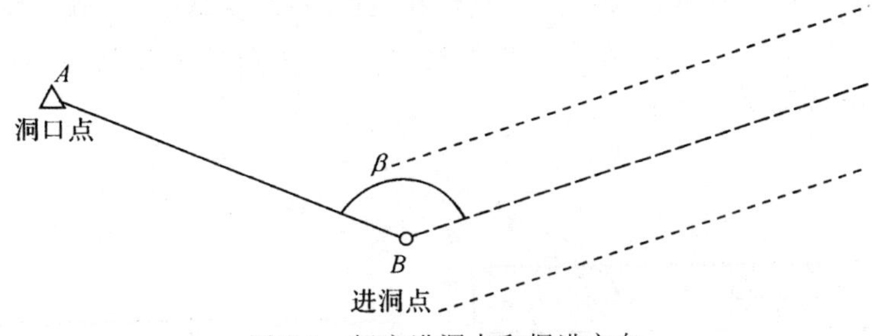

图 5-1　标定进洞点和掘进方向

二、中线测量

中线测量是隧道施工过程中一项经常性的工作，是保障隧道按设计要求施工的重要举措。根据施工方法、断石开挖的宽度以及曲线设计半径大小等不同，中线测设的方法可有不同的选择。由于洞口施工方法的特殊性，中线分临时中线和永久中线。当隧道掘进 20 m 左右，就要对临时中线点进行重新检查标定，检查符合要求后，标定永久中线。

1. 中线测设的内容与要求

1）临时中线

（1）临时中线的功能：在掘进时期临时标定中线的位置；在局部范围临时传递中线方向和里程；衬砌时作为永久建筑物定位（放样）的依据。

（2）测设要求：用经纬仪测设方向和距离，两次测量相符；点间距一般直线 30 m 左右、曲线 20 m 左右为宜。

2）永久中线

永久中线的功能：在有洞内控制导线的隧道内，作为标定中线位置和在局部范围内向前延伸中线的依据；确定衬砌用的临时中线点，同时也是永久性建筑定位（放样）的基础。

3）中线测设的要求

（1）直线上采用经纬仪正倒镜中线，合格时分中定点；曲线上采用正倒镜设角，合格时分中定点；距离独立测量两次。

（2）点间距通常为：直线 90～150 m，曲线 60～100 m。

（3）桩点设置，一般可利用已埋设的临时中线桩按要求测定后使用。

2. 直线隧道的中线测设

隧道中线主要是指导隧道按设计要求施工，保证隧道的质量。直线隧道的中线测设通常采用经纬仪正倒镜法、瞄直法和激光指向仪导向法。

1）经纬仪正倒镜法

隧道在施工过程中，每掘进 30 m 左右，就应延设一组中线点，以保证最前面的一个中线点至掘进工作面的距离不超过 40 m，防止隧道掘偏。在延设新的中线点前应在 B 点处（图 5-2）检查旧的一组中线点是否有移动，如果没有移动，则在 B 点安置仪器。后视 A 点，根据指向角，直线隧道指向角通常为 180°，采用正倒镜法测设一组中线点 C、1、2 三点，如正倒镜测设的两点不重合,取其中点作为中线点。

2)瞄直法

瞄直法测设直线比较简单,操作容易,但精度较低,此法可测设临时中线或用于次要隧道。如图 5-3 所示,在检查中线点 A、B 没有移动后,在 A、B 点挂垂球线,观测者在 A 点后面用 AB 垂球线形成的基准面,标出 C 点。在有条件的情况下,也可在 A 点安置经纬仪,待仪器整平对中后,照准 B 点,用 AB 视线标定 C 点。

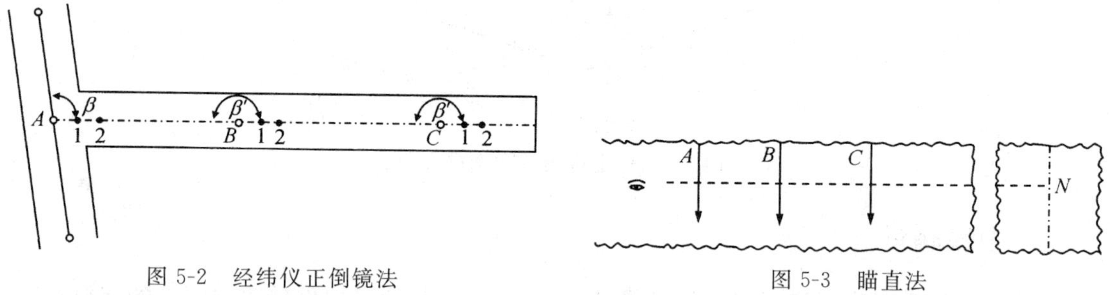

图 5-2 经纬仪正倒镜法

图 5-3 瞄直法

3)激光指向仪导向法

隧道掘进采用激光指向仪导向,既提高了工效,也适应了隧道掘进的机械化的需要。目前我国采用的激光指向仪器基本上都是氦氖激光指向仪,20 世纪 90 年代以后,我国研制开发了半导体激光指向仪。激光指向仪的安置与光束调节,如图 5-4 所示。

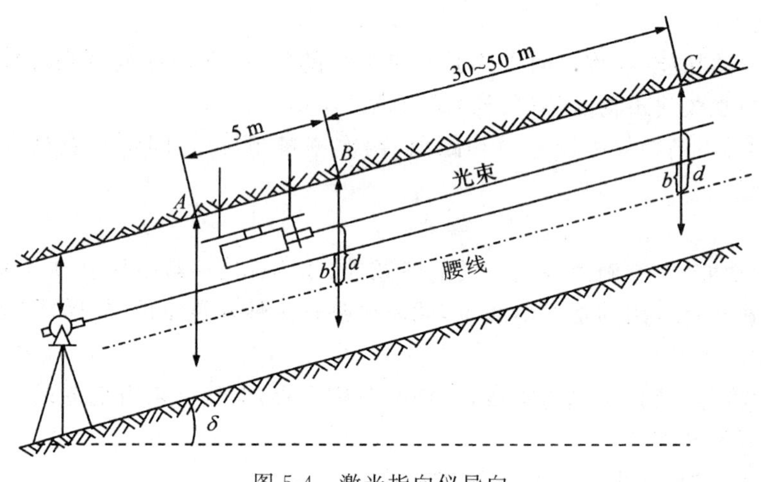

图 5-4 激光指向仪导向

(1)用经纬仪在隧道中标设一组中线点 A、B、C,并在中线的垂球线上标出腰线位置,B、C 两点间距为 30~50 m。

(2)在安置指向仪的中线点处的顶板上,安装一定尺寸的 4 根锚杆,再将带有长孔的两根角钢安在锚杆上。

(3)将激光指向仪的悬挂装置用螺栓与角钢相连,根据仪器前后的中线点 A 和 B 移动仪器,使之处于中线方向上,然后把螺栓固紧。

(4)接通电源,激光束射出,利用水平调节钮使光斑中心对准前方的 B、C 两个中线点,再上下调整光束,使光斑中心到两垂球线的腰线标志的垂距 d 相同为止。这时红色激光束是一条与腰线平行的中线，直接指示隧道的掘进方向。

3．曲线隧道的中线测设

曲线隧道的中线是弯曲的，无法像直线隧道那样直接标出中线，而只能在一定范围内以直代曲，即用分段的弦线来代替分段的圆弧线，用内接折线来代替整个圆曲线，并在实地标设这些圆曲线来指示隧道的掘进方向。曲线隧道中线测设方法很多，这里只介绍经纬仪弦线法、切线支距法、短弦法。

1）经纬仪弦线法

经纬仪弦线法是一种常用的方法。分段弦线的长度可以是相同的，也可以是不相同的。

a．计算标设要素

首先要确定合理的弦线长度 l，使得转折点尽量少，弦两端能通视且便于施工。一般先绘比例尺 1∶100 或 1∶50 的大样图，在图上确定段的划分方案，也可以采用公式 $l < 2\sqrt{2RS - S^2}$ 估算弦线长度。其中 S 为隧道上宽的一半。

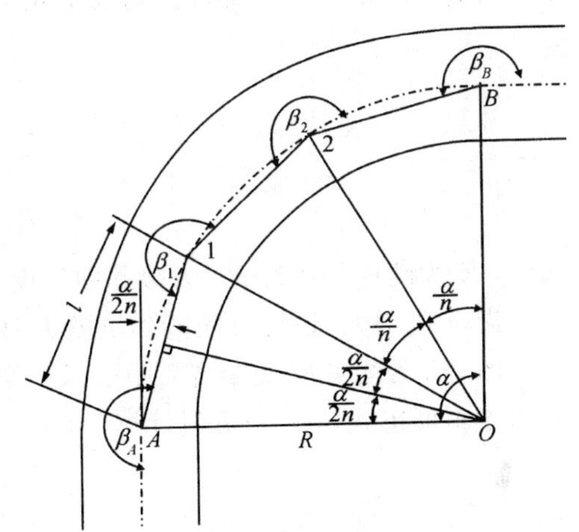

图 5-5　经纬仪弦线法计算标设要素

图 5-5 为一曲线隧道，已知曲线的起始点 A、途经点 B、曲线的半径 R 和中心角 α。现采用等分曲线中心角的弦线法来计算标设要素。将曲线段所对中心角 α 分为 n 等份，则对应的弦长为

$$l = 2R\sin\frac{\alpha}{2n} \tag{5-1-1}$$

由图可知，起点 A 和终点 B 处的转向角为

$$\beta_A = \beta_B = 180° + \frac{\alpha}{2n} \tag{5-1-2}$$

中间各弦交点处的转角为

$$\beta_1 = \beta_2 = 180° + \frac{\alpha}{n} \tag{5-1-3}$$

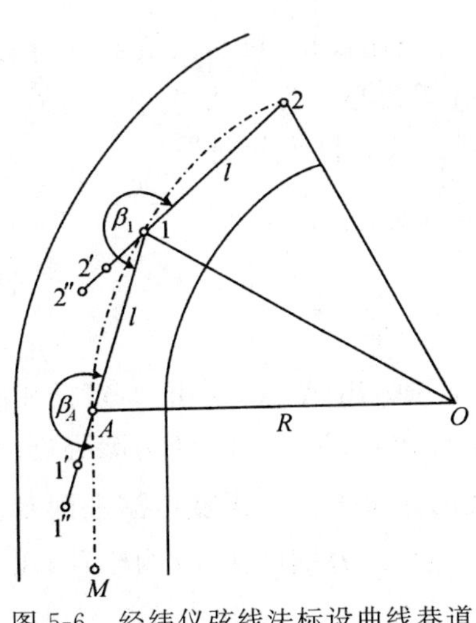

图 5-6　经纬仪弦线法标设曲线巷道

图 5-5 所示为转向角大于 180°的情况。反之，当转向角小于 180°，即由 B 向 A 掘进时，上述各转向角（左角）相应为 $180° - \frac{\alpha}{2n}$ 和 $180° - \frac{\alpha}{n}$。

b．实地标设

如图 5-6 所示，当隧道掘进到曲线起始点位置 A 后，先标出 A 点，然后在 A 点安置经纬仪，后视直线隧道中线点 M，测设转向角 β_A，即可给出弦 $A1$ 的方向。由于曲线隧道尚未掘出，1 号点无法标定，只能倒转望远镜，$A1$ 的反方向线上于隧道顶板标出中线点 1′ 和 1″，则 1′、1″、A 三点组成一组中线点，指示 $A1$ 段隧道的掘进方向。当隧道掘至 1 点位置后，再置经纬仪于 A 点，在 $A1$ 方向上量取弦长

l 标出1点。然后将经纬仪置于1点,后视 A 点,拨转向角 β_1 可标出12段隧道掘进方向。照此方法逐段标设下去,直至弯道的终点 B(图 5-6 为局部,B 点参见图 5-5)为止。

2)切线支距法

切线支距法实质上是直角坐标法,隧道在缓和曲线上正向延伸时,宜采用切线支距法。如图 5-7 所示,切线支距法是以过 ZH 或 HZ 点的切线为 x 轴,过切线 ZH 或 HZ 点的垂线为 y 轴,则曲线上任一点 m 都可由切线上相应点 x_m 及其支距 y_m 定出。曲线各点的坐标计算公式如下

$$\left.\begin{aligned} x &= l - \frac{l^5}{40R^2 l_0^2} \\ y &= \frac{l^3}{6Rl_0} \end{aligned}\right\} \tag{5-1-4}$$

式中,R 为圆曲线半径;l_0 为缓和曲线全长;l 为 $ZH(HZ)$ 至测点之曲线长。

当 y 值增大,切线方向落到坑壁上时,可将切线平移一个距离如图 5-7 所示。

图 5-8 为缓和曲线切线支距法示意图。缓和曲线中间任一点的切线至缓和曲线上其他各点的支距可按式(5-1-5)近似计算

$$\left.\begin{aligned} y_B &= \frac{l_B^2}{6Rl_0}(3l_n - l_B) \\ y_F &= \frac{l_r^2}{6Rl_0}(3l_n + l_F) \end{aligned}\right\} \tag{5-1-5}$$

式中,R、l_0 等字母的含义同式(5-1-4)。

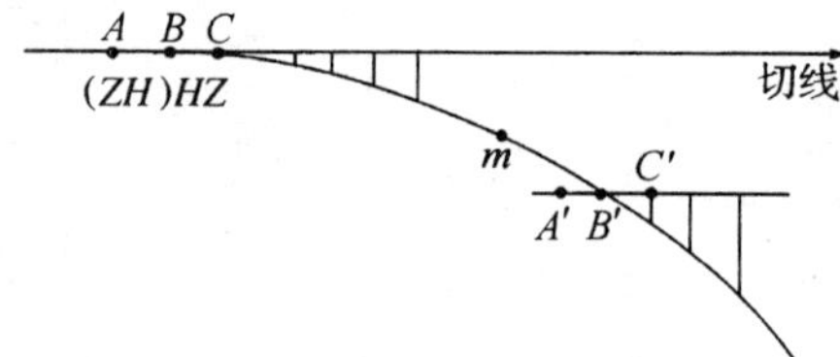

图 5-7 切线支距法

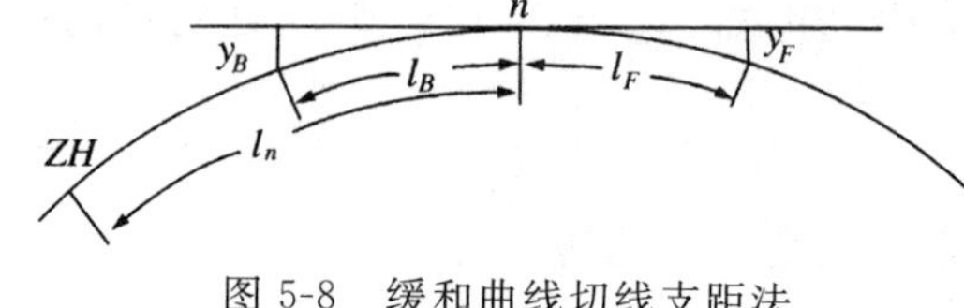

图 5-8 缓和曲线切线支距法

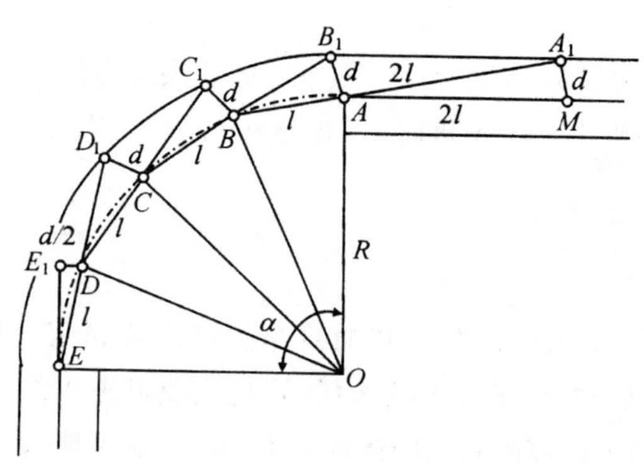

图 5-9 短弦法

3)短弦法

本法的特点是弦比较短,可用线交会法标设,如图 5-9 所示。已知圆心角为 α,曲线半径为 R,设弦的个数为 n,则弦长 l 和 d 分别为

$$\left.\begin{aligned} l &= 2R\sin\frac{\alpha}{2n} \\ d &= \frac{l^2}{R} \end{aligned}\right\} \tag{5-1-6}$$

实地标设时,先标出 A 点,再由 A 点沿中线方向丈量距离 $2l$ 标出 M 点;以 A、M 为圆心,分别以 $2l$ 和 d 为半径,用线交会法定出 A_1 点;点 A_1A 指示第一弦的掘进方向。当隧道掘进到 B 点后,沿 A_1A 方向由 A 点丈量弦长 l 标出 B 点;然后再以 A、B 为圆心,分别以 d 和 l 为半径,用线交会法定出 B_1 点,B_1B 指示第二弦的掘进方向,依此类推。

三、中线侧移计算和测设

施测双轨隧道中部导坑中线、侧壁导坑中线、平行导坑中线，以及线路中线上遇到溶洞、流砂等不良地质条件，都将线段中线平行侧移，以保证隧道的正常施工。

1. 中线侧移后曲线要素的计算

平行侧移后的中线与原线路中线，在直线地段要求严格平行，在圆曲线地段要求按同心圆关系严格平行，在缓和曲线地段要求近似平行。

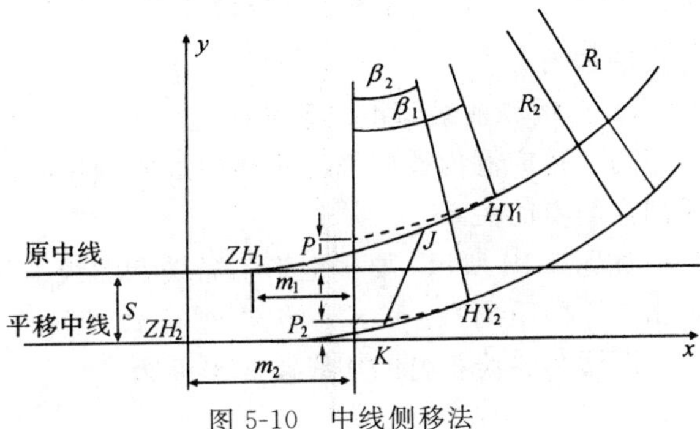

图 5-10　中线侧移法

如图 5-10 所示，侧移后两切线平行且相距 S；两圆曲线为同心圆，半径之差为 S；在缓和曲线地段，因切线切间距和半径之差均为 S，两曲线的内移距也必须相等，即 $P_1=P_2$。按 P 值相等的前提，两缓和曲线各要素间有如下关系：

(1)两缓和曲线长度之比等于各圆曲线半径平方根之比。

$$\frac{l_1}{l_2}=\sqrt{\frac{R_1}{R_2}}=\sqrt{\frac{R_1}{R_1+S}} \tag{5-1-7}$$

(2)缓和曲线角之比与圆曲线半径的平方根成反比。

$$\frac{\beta_1}{\beta_2}=\sqrt{\frac{R_2}{R_1}}=\sqrt{\frac{R_1+S}{R_1}} \tag{5-1-8}$$

(3) 切线增长值 m 之比与圆曲线半径的平方根成正比。

$$\frac{m_1}{m_2}=\sqrt{\frac{R_1}{R_2}}=\sqrt{\frac{R_1}{R_1+S}} \tag{5-1-9}$$

由式(5-1-7)、式(5-1-8)、式(5-1-9)可知，只要已知线路中线的缓和曲线要素、设计半径和要求的平移距离，就可以计算出侧移中线缓和曲线的要素。

2. 侧移中线的测设

1)直线

原中线为直线，侧移间距为 S 时，可在原中线桩上作垂线，测设距离 S 定侧移中线点，按需要和条件，间隔一定距离测设三个点，以便检核。

2)圆曲线

圆曲线侧移后为同心圆，间距离为 S，则同一圆心角所对应的弧长有下列关系：

$$C_2=\frac{R_2C_1}{R_1} \tag{5-1-10}$$

式中，C_1、C_2 和 R_1、R_2 分别为原中线、侧移中线的弧长和相应的半径。$R_2=R_1\pm S$，向外侧移时 S 取"+"，向内侧移时取"−"。显然，设置侧移曲线所用的偏角与原曲线所用的偏角相同。

3)缓和曲线

侧移后缓和曲线的长度和 β 角均有改变。

a. 侧移后缓和曲线起点的定位

如图 5-10 所示，计算出侧移后的缓和曲线要素，在侧移中线上按原 ZH 及纵向移动距离

(m_2-m_1),即定出侧移中线的 ZH_2 点。

b. 侧移后缓和曲线的测设

侧移后的缓和曲线长,一般已不是 10 m 的整倍数,故等弦长 C 不再为 10 m,而是一个零数,大于或小于 10 m。施测时要根据第一等分点的偏角 $i_C=\frac{C^2}{6Rl_0}\rho$ 及缓和曲线偏角,计算各等分点的偏角。

c. 两缓和曲线间点位系的确定

为了适应洞内设置临时侧移中线或利用侧移中线放样的需要,要求明确两条缓和曲线上任何点与点的关系。

如图 5-10 所示,要确定第一条缓和曲线上的 J 点与第二条缓和曲线上 K 点的关系,只要求出 JK 的距离 l_{KJ} 和 KJ 的方位角 α_{KJ},那么有其中一点即可测设另一点。

两缓和曲线各自的切线支距坐标为

$$\left.\begin{aligned} x&=l-\frac{l^5}{40R^2l_0^2}\\ y&=\frac{l^3}{6Rl_0}-\frac{l^7}{336R^3l_0^3}\end{aligned}\right\}\tag{5-1-11}$$

式中,R 为曲线半径;l 为各段曲线长;l_0 为缓和曲线总长。

如果求 l_{KJ} 和 α_{KJ},必须将两条缓和曲线的切线的切线支距坐标统一起来。当统一的坐标是采用第二条缓和曲线的坐标时(即以 ZH_2 为原点)、第二条缓和曲线上任何点的坐标均按式(5-1-11) 计算,而第一条缓和曲线上任何点的统一支距坐标按下式计算。

$$\left.\begin{aligned} x&=(m_2-m_1)+l-\frac{l^5}{40R^2l_0^2}\\ y&=S+\frac{l^3}{6Rl_0}+\frac{l^7}{336R^3l_0^3}\end{aligned}\right\}\tag{5-1-12}$$

式中,S 为侧移距离;m_1、m_2 为切线的纵向移动距离。

使用式(5-1-11)、式(5-1-12)时,属于哪一条缓和曲线就代入各自的 R、l_0、l 加以计算。在两曲线间,有了任何两点的统一坐标,通过坐标反算可求出 l_{KJ} 和 α_{KJ},即可根据其中一点的位置就可测设另一点的位置。必须注意的是,如果坐标不统一,则应进行坐标轴的旋转和平移,换算为同一坐标系。

4)缓和曲线侧移计算范例

设已知曲线的 $R_1=500$ m,$l_1=100$ m,要求侧移曲线内移 $S=25$ m,用偏角法测设侧移缓和曲线。

解:据 $R_1=500$ m,$l_1=100$ m,查曲线表得

$$\beta_1=5°43'46''$$

$$m_1=49.983\ \text{m}$$

算得

$$R_2=R_1-S=500-25=475\ \text{m}$$

$$l_2=\sqrt{\frac{R^2}{R_1}}\times l_1=\sqrt{\frac{475}{500}}\times 100=95\ \text{m}$$

$$m_2=\sqrt{\frac{R_2}{R_1}}\times m_1=\sqrt{\frac{475}{500}}\times 49.983=47.484\ \text{m}$$

$$m_1 - m_2 = 49.983 - 47.484 = 2.499 \text{ m}$$

原曲线按 10 m 等分点的测设，分 10 段，即 $N=10$。侧移的缓和曲线仍按 $N=10$，则每段曲线长为

$$C = \frac{l^2}{N} = \frac{95}{10} = 9.5 \text{ m}$$

第一等分点的偏角

$$\delta_C = \frac{C^2}{6Rl_0} \cdot \rho = \frac{9.5^2 \times 60'}{6 \times 475 \times 95} \times \rho^\circ = 1.1459'$$

侧移缓和曲线的偏角

$$\delta = N^2 \cdot \delta_C = 10^2 \times 1.1459' = 1^\circ 54' 35''$$

施测时，在平移切线上按 ZH_1 点的纵移距（$m_1 - m_2$）定出侧移曲线的 ZH_2（图 5-10）。再在 ZH_2 安置仪器，按偏角 δ 标设可移中线。

四、断面测量及建筑放样

1. 开挖断面测量

通过断面测量，达到开挖断面放样和检查开挖净空尺寸，并绘出断面图。

1）拱部断面

拱部断面采用断面支距法测量，即自拱顶高程起，沿断面中线向下每隔 0.5 m 量出外拱线的横向支距 $x_{左}$、$x_{右}$，所有支距端点的连线为断面开挖的轮廓线。直线隧道两侧支距相等，曲线隧道内侧支距比外侧支距大 $2d$。d 为曲线隧道的线路中线至隧道中线的间距，如图 5-11 所示。

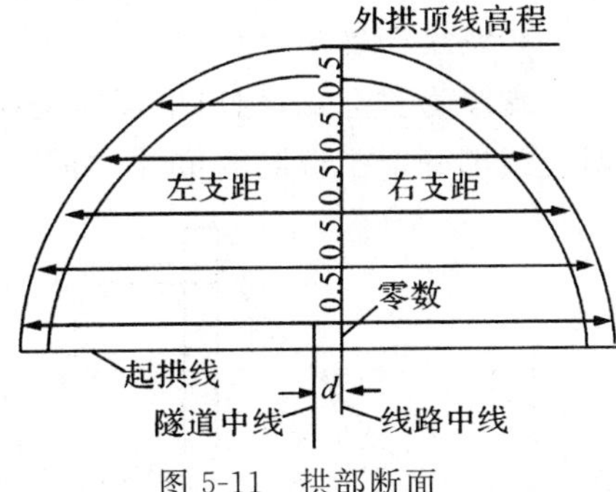

图 5-11　拱部断面

2）墙部及底部断面

放样和净空检查通常采用支距法测量。如图 5-12 所示，曲线墙自起拱线高程起，沿断面中线向下每隔 0.5 m 向左右两侧按设计宽度量支距，直至轨顶高程为止；直墙自起拱线开始，沿中线向下每隔 1 m 向左右两侧量支距，至轨顶高程为止。支距在标准图上查得，同样，曲线隧道内侧支距比外侧支距大 $2d$。

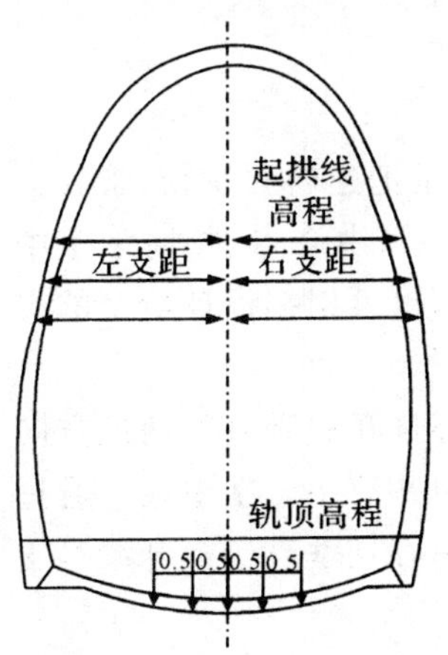

图 5-12　墙部及底部断面

隧道底部设有仰拱时，仰拱断面的放样与检查，由断面中线起向左右每隔 0.5 m 由轨顶高程向下量出设计的开挖深度，量测方法如图 5-12 所示。

2. 衬砌放样

隧道各部位衬砌放样，都是根据中线、起拱线和轨顶高程，按照设计断面的尺寸进行。所以在衬砌施工前，首先要检查复核中线和轨顶高程，确认无误后，才能进行放样。

1）拱部放样

拱部衬砌一般每 5～10 m 分段进行，但地质结构不良地段为 2 m 左右。通常用经纬仪将每段两端点处的中线点在顶板标定，并放出中线的垂直方向；用水准仪测出上述两端点两侧的起拱线和

内拱顶标高,按方向线和高程点立好两端拱架,然后在拱顶和两侧的起拱线绷上麻线,按规定所要求的间距校正好中间各榀拱架(在直线上拱架中线与线路中线重合,曲线上两中线之间距等于 d 值),固定拱结构,铺设模板即可衬砌。

2)边墙及避入洞放样

由检查无误的中线点,按设计各部位高程,测设轨顶高、边墙基底和边墙顶高,并加设标志(先拱后墙施工则检查起拱线)。

直墙地段,从校准的线路中线按规定尺寸放出支距,即可立模板衬砌。在墙线地段,通常先按 1∶1 的大样预制曲面模板,然后从中线按计算好的支距安设曲面模型板。

避入洞的中心位置是按设计的里程,在线路的中线上放垂线(十字线)决定的,衬砌放样和隧道拱、墙放样基本相同,可参照进行。

3)仰拱和辅底放样

仰拱的模板是预先按设计的尺寸制作的,而且是在成墙的地段施工,放样时先检查轨顶高程的标志后,在轨顶高程上绷上麻线,从麻线向下量支距(图 5-12),将模板定位后加以固定即可。

隧道铺底放样,也是以轨顶高程来控制的。分别在左右边墙上,从轨顶高程向下量出设计尺寸并弹出墨线标志,即可按此墨线掌握铺底高程。

4)端墙和翼墙放样

端墙为直立式,洞口里程即是端墙位置。放样时,设站于洞口里程中线桩,放出十字线或斜交线即确定了端墙的位置。如果端墙面有 1∶n 的坡度,则应先求出端墙基底里程。

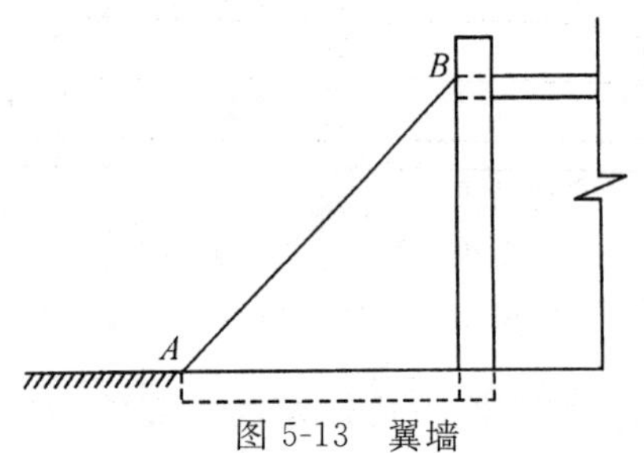

图 5-13 翼墙

端墙基底里程=洞口里程 ± nh(h 为基底至洞门轨顶高的高度)。接着在基底里程的中线桩上,放出十字线或斜交线。然后在洞门两侧按1∶n 的坡度立上方木或绷上麻线即可掌握衬砌。当采用先拱后墙法施工时,须注意拱圈的洞门端面应按端墙的坡率控制,以保证墙拱的坡面一致。

如图 5-13 所示,翼墙面一般都有坡度,放样时,先放出地面上基底位置,再在端墙上画出翼墙和端墙的交线或在此位置立方木,然后在 A、B 间绷紧麻线,这样翼墙的轮廓就出来了,依此轮廓线即可进行衬砌。

§5.2 竖井井筒施工测量

竖井施工测量是竖井施工建设的重要环节,施工测量的主要任务是把建(构)筑物、管、线、设备等的特征点、线按设计要求标定到实地。在实际标定工作中,以井筒中心点、井筒十字中心线为基础进行。标定时所需要的数据,可在技术设计书中直接取得,也可根据设计给定的有关数据用解析法或图解法求得。

竖井井筒中心就是竖井井筒水平断面的几何中心。通过井筒中心且互相垂直的两条方向线称为井筒十字中心线,其中一条与井筒提升中心线平行或重合,称为井筒主十字中线。通过井筒中心的铅垂线称为井筒中心线。竖井提升中线是一条通过提升中心且垂直于提升绞车主轴线的方向线。

井筒十字中线是工业广场总平面设计和各种建筑物位置设计的基础,是工业广场内的各种建筑物和构筑物施工测量的基础控制。在竖井施工前，根据设计的井筒中心坐标和井筒十字中心线方位角进行标定。

在地下工程建设时期，竖井井筒是重要的建设工程，在地下工程生产时期是联系地面和井下的交通要道。因此，竖井井筒的掘进和砌壁必须严格按照设计进行，要求井壁竖直，井筒断面的大小、预留梁窝和与井筒连接巷道洞口的位置均应符合设计的规定。这些工程的质量与地下测量工作有着密切的关系。因此在施工过程中，测量人员应熟悉设计图纸等有关资料，验算与测量有关的数据，明确各要素的几何关系，与施工人员密切配合，按照设计的要求，准确地标定和细致地检查，以确保工程的质量。

井筒掘进和砌壁时的测量工作，是依据井筒十字中线基点和下列设计资料进行的：

(1)井筒平面布置图、井筒水平断面图和沿每条十字中线作的纵剖面图。

(2)井筒凿井设备布置图。

(3)临时锁口框架及吊盘的平面图和断面图。

(4)各水平的马头门、硐室施工图。

一、井筒掘进施工测量

1. 竖井井筒锁口的标定

圆形竖井井筒的施工，是根据标定的井筒中心点和井筒设计毛断面破土的，当下挖 4～6 m 后，就要砌筑临时井壁和设置临时锁口，以固定井位。然后根据标设的井筒中心垂线点下放垂球线指示掘进方向。待掘进到第一砌壁段后，即自下而上砌筑永久井壁，并在封口盘下方 4～6 m 处设置临时固定盘，在固定盘上方 1 m 左右处设置激光梁(图 5-14)用来安置激光投点仪。当施工方案规定不设临时锁口时，则掘进到永久锁口底部高程时，直接砌筑永久锁口，如图 5-15 所示。然后继续掘进，直至全井逐段掘砌完毕以后，再进行井筒装备的安装工作。

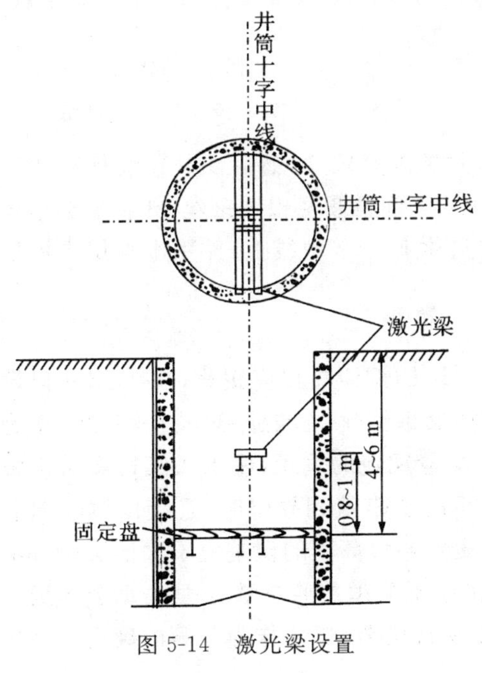

图 5-14　激光梁设置

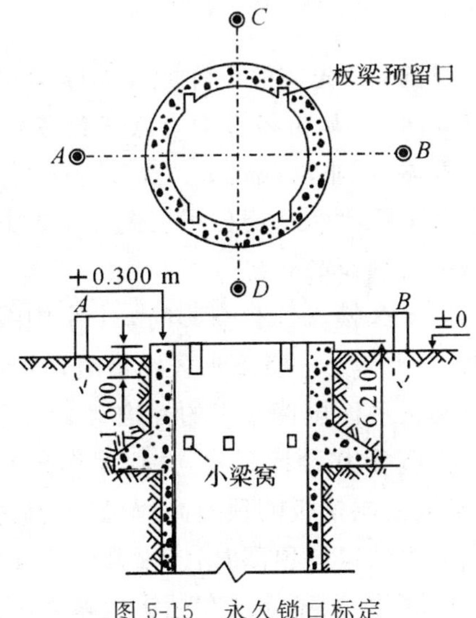

图 5-15　永久锁口标定

设置井筒锁口时的主要测量工作是:根据井筒十字中线基点,在井壁外3～4 m处地面上精确标出十字中线点 A、B、C、D 四点,用大木桩打入地下,钉上小钉作为标志,并在木桩上给出井口设计高程点。

1)临时锁口的标定

圆形井筒的临时锁口,一般采用八角形木质或圆形钢结构,如图5-16、图5-17所示。

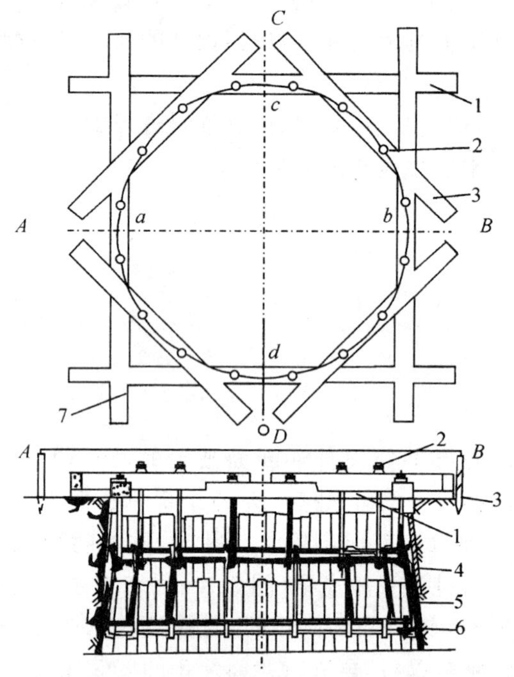

1—断面为250 mm×250 mm、长为14 m的方木;2—生根钩;3—断面为250 mm×250 mm、长为8 m的方木;4—挂钩;5—背板;6—槽钢井圈;7—定型枢

图5-16 木质临时锁口

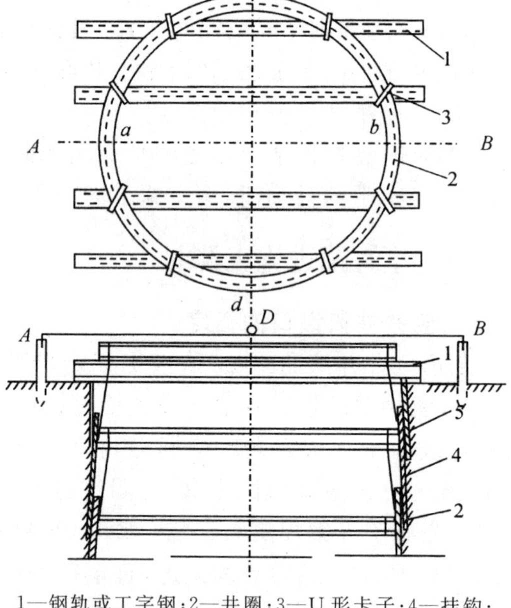

1—钢轨或工字钢;2—井圈;3—U形卡子;4—挂钩;5—背板

图5-17 钢结构临时锁口

安设前,首先按照设计的井筒断面在地面组装,并检查其尺寸,然后在其顶面标出4个十字线点 a、b、c、d,再将这4个点安置在井口。在 AB、CD 间拉紧两根细钢丝,并在每根钢丝的两端挂垂球,用垂球找正 a、b、c、d 点的位置,使其位于井筒十字中线上,并用水准仪操平后固定。其水平程度和平面位置误差不得超过±20 mm。

2)永久锁口的标定

标定永久锁口(图5-15)时,十字中线点 A、B、C、D 的桩顶高程应相等,并高出井口设计高程0.1～0.3 m。浇灌永久锁口时,在 AB、CD 间拉紧细钢丝,在交点处下挂垂球线,作为永久锁口模板平面位置找正的标准。再由两钢丝向下丈量规定的垂距,使永久锁口底层模板底面的高程等于其设计高程,并用半圆仪操平。当由下向上砌筑到井口时,直接由钢丝向下量尺,确定最上层模板的顶面高程位置,并进行操平。确定井口高程的误差应不大于±30 mm。

在浇灌锁口的顶部时,应沿井筒十字中线方向在井颈上和井筒内壁各埋设4个标记。待混凝土凝固后,用经纬仪在标记上精确标出井筒十字中线位置,以此作为井筒内确定十字中线方向的依据。

2. 竖井井筒中心垂线的标定

井筒中心垂线是指示整个井筒施工的依据。井筒掘进时的炮眼布置、井筒断面的检查和临时支护井圈的找正，都是根据井筒中心垂线进行的，当井口封口盘铺好后，应立即在封口盘上标设井筒中心垂线点（或称井中下线点），以便下放井筒中心垂球线。在井筒施工过程中，要定期检查下线点是否移动。点位偏差不得超过±5 mm，否则应立即纠正。依井筒掘进设备布置和施工方法不同，井筒中心垂线点的标设方法可分为以下两种：

(1)井筒中心不被提升孔占用，设置固定的井筒中心垂线点的方法。

①如图 5-18 所示，在封口盘固定梁中间安装一段槽钢或角钢作为定点板，用安置在井筒十字中线基点上的经纬仪，在定点板上标出井筒中心位置，并将锯口（或钻孔）作为标志。

②图 5-19 为把井筒中心下线孔直接标定在封口盘上的定点板上。定点板用螺丝固定在封口盘上。

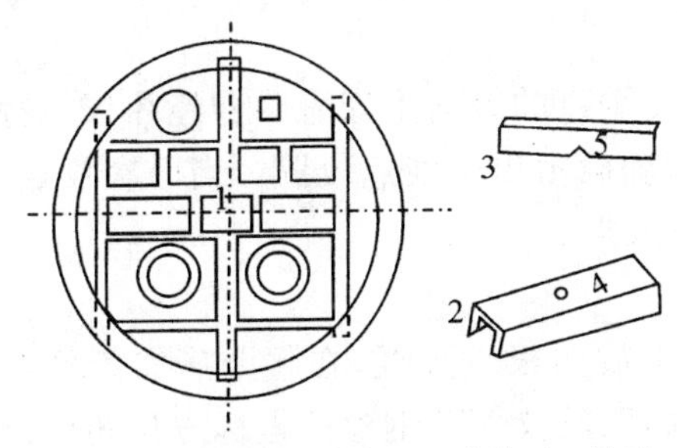

1—定点板；2—槽钢；3—角钢；4—小孔；5—缺口

图 5-18　定点板固定在封口盘梁中间

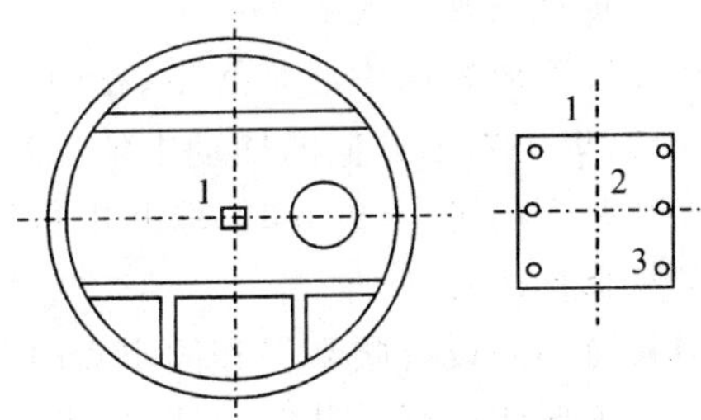

1—定点板；2—下线孔；3—螺丝

图 5-19　定点板固定在封口盘上

(2)井筒中心被提升孔占用，设置井筒中心垂线点的方法。

①采用活动式“定点杆”（或称“中线杆”）设置下线点。中线杆可用角钢（图 5-20）或圆形钢管两端打扁后钻上孔做成。标设中线杆时，首先按设计的要求，在提升孔两端的木梁上设置固定中线杆的销子，为使其安设牢固，销子的直径应与中线杆定位圆孔直径一致，然后把中线杆安设在木梁的销子上并用保险绳固定。用经纬仪将井筒中心标设在中线杆上，并锯一三角形缺口，缺口 A 即为井筒中心垂球线的下线点，在井筒施工过程中，如需要放线，则停止提升，装上中线杆，下放井筒中心垂球线。用完后即收线，去掉中线杆，吊桶继续提升。

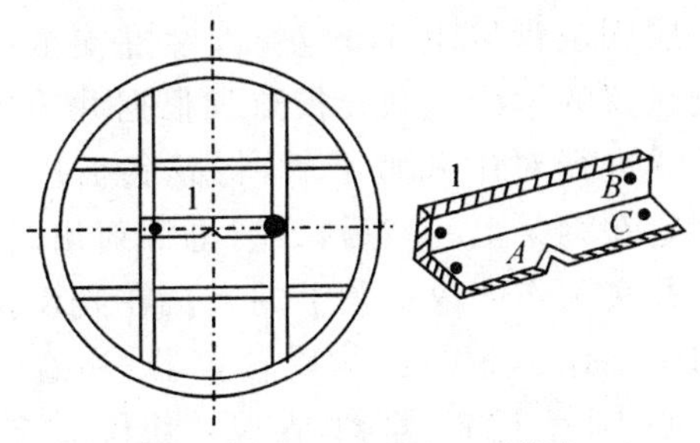

1—活动中线杆；A— 井筒中心下线孔；

B— 保险绳穿孔；C— 螺孔

图 5-20　活动的中线杆下线

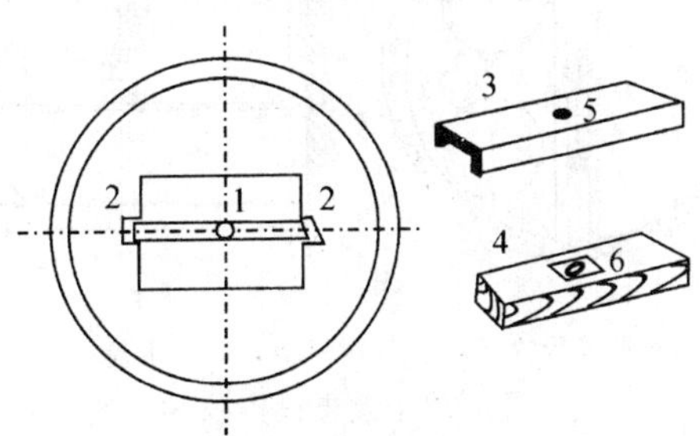

1—中线杆；2—固定槽；3—槽钢；4—木板；

5—下线孔；6—定点板

图 5-21　中线杆固定槽设在封口盘门两边

②采用固定槽固定的中线杆设置下线孔。在封口盘门两边，设计两个固定槽，如图 5-21 所示。使用时将中线杆放在固定槽内，中线杆用槽钢或木板做成，两头设有标记，以防放错。

中线杆的标定方法同前。

在井筒中心附近安置缠有钢丝(井深较深时,可采用 4～6 mm 的细钢丝绳)的小绞车,通过井筒中心垂线点下放井筒中心垂球线。下线时用 1～2 kg 的小垂球或沙袋,到达工作面时再换上工作垂球。钢丝必须有两倍的安全系数,没有弯曲、破折或打结。工作垂球的重量,应视井深、淋水等情况,参照表 5-1 选定。

表 5-1 工作垂球重量

井筒掘进深度/m	10～50	50～200	200～500
工作垂球重量/kg	≥10	≥20	≥30

3. 深井井筒中心下线点的移设

由于竖井井筒较深,井筒中心垂球线摆幅大,不易找中,为此应将井筒中心下线点移设到中间固定盘上。移设的方法有两种。

1)直接观测垂线定点

从井口下放井筒中心垂线后,在中间固定盘上相互垂直的方向上安置两台经纬仪,观测垂球线摆动,求出两个方向的摆动中值,然后用交会法精确确定出下线点位置。当两次投点确定的点位互差不超过 10 mm 时,取其中数作为移设的下线点。

2)极坐标法定点

当井筒中间设有腰泵房和固定盘时,首先从井口下放两根垂球线,在腰泵房安置经纬仪,用连接三角形法进行一井定向测量,求出仪器中心坐标以及仪器到钢丝的坐标方位角(方法同一井定向)后,再根据已知的井中坐标,通过计算出的标定数据,用极坐标法在固定盘上标出井中下线点位置。

4. 用激光投点仪标定井筒中心线

在竖井掘进砌壁的过程中,应用激光投点仪代替中心垂球,在我国已被广泛采用。激光投点仪的工作原理、仪器结构与巷道指向仪基本相同,其区别仅在于安装调整激光光束方向的机构不同。

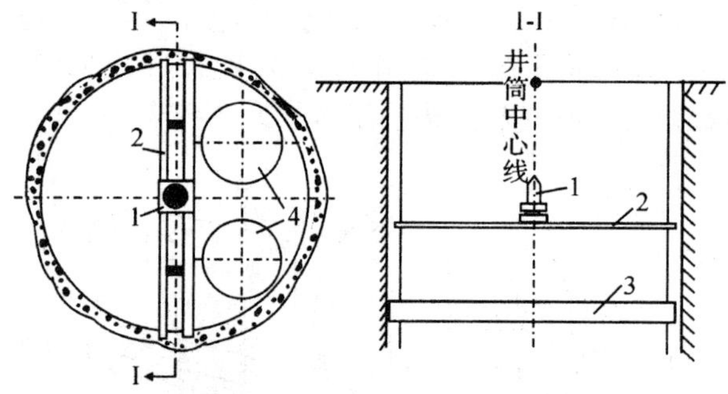

1—激光投点仪;2—支撑钢架;3—固定盘;4—提升孔

图 5-22 激光投点仪的安置

1)竖井激光投点仪的安置与调节

当提升孔不在井筒中心时,如图 5-22 所示。井筒掘进一定距离后,在井口下第一层固定盘以上 1 m 左右,设置支承激光投点仪的钢梁。激光投点仪根据井筒中心垂线进行对中和整平后,将其底板用卡子固定在钢梁上。然后,开启电源射出光束,在井底工作面或吊盘上的人员在光斑位置的中心作标记。徐徐旋转仪器,注意光斑中心与标记的偏离情况,当仪器旋转至 180°时,再次在光斑中心作标记。若两标记不重合,说明激光光束与仪器旋转轴不重合,则须校正。为此找出两标记的中间位置,通知仪器操作人员,调节激光管的固定螺丝,使光斑中心对准此中心位置,如此重复数次,使激光光束严格与仪器旋转轴同轴。最后调节安平螺旋,使仪器严格整平,所投光点即可供掘砌时使用。

当提升孔位于井筒中心时，可采用滑轨式固定架安置投点仪，其结构如图 5-23 所示。使用时，将安置投点仪的滑架移至井中，并用定位装置固定。当提升容器时，摇动滑架手把，将仪器移向一侧，以便提升。当需要标定井筒中心时，摇动手把，使仪器回到井筒中心位置，转动安平螺旋使安平水准管气泡居中。此时，所射光束即可供井筒掘砌使用。

2)激光投点仪光束方向正确性检查

激光投点仪在使用过程中，可能因受震动、钢梁变形等的影响，使光束偏离原来的标定方向，若不及时纠正，会造成施工错误，因此必须经常进行光束方向正确性的检查。检查方法有以下两种：

(1)每次使用前，首先检查安平水准管是否居中；然后在井底工作面或吊盘上，观察仪器绕自身竖轴旋转时，光斑位置是否变化，若光斑位置不变，表明光束方向正确。

(2)在仪器下方 50 m 左右设置检查屏，其圆孔的中心应与井筒中心一致。在使用过程中，若光束通过圆孔射至工作面，表明光束方向正确。

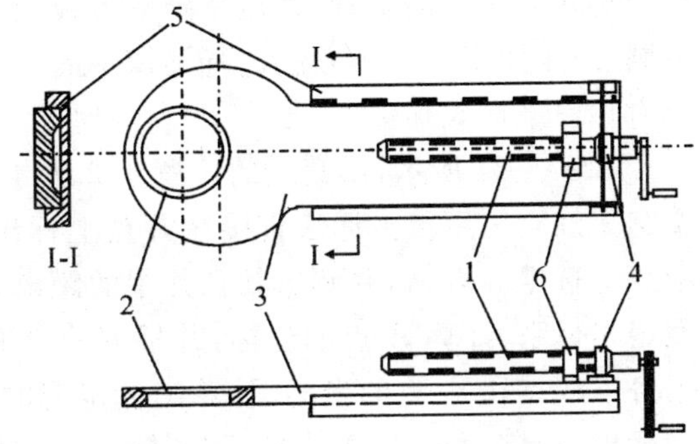

1—调节丝杠；2—仪器固定轴；3—滑架；
4—支架轴承；5—滑架底槽；6—固定螺母

图 5-23　滑轨式支架结构

5. 井筒掘砌时边线的固定方法

在井筒掘砌过程中，根据施工需要可设置若干边线。一般设在十字中线及梁窝的设计中线上，以便掌握掘砌规格及标定梁窝、管路等。各边线距永久井壁的距离应相等，一般为 50～100 mm。边线的固定方法有：

(1)用定点板在封口盘上固定边线。

(2)在井壁上设固定卡固定边线。

(3)在掘进保护盘上下放边线。

6. 井筒掘进时的测量工作

井筒掘进时，炮眼的布置和井筒断面的检查都是根据井筒中心垂线或井中激光点进行的。因此，测量人员对井筒中心垂线必须精心测设，定期检查，如发现其偏差超过 5 mm 时，应及时重新标定。

二、井筒砌壁施工测量

当井筒每下掘一段以后，就要由下向上砌筑永久井壁。在砌壁过程中，用井筒中心垂线或若干边线，确定砌壁模板的平面位置；用测设在井壁上的高程点，作为标定壁座(或高空壁圈)、预留梁窝、开凿硐室和马头门的高程控制。

井壁上每隔一定深度测设一个高程点。第一个高程点的高程值由井口水准基点用钢尺导入，其余高程点的高程逐段用钢尺丈量确定。

安装砌壁模板时，由井壁高程点丈量垂距来确定模板底部高程位置；用半圆仪或连通管抄平托盘(生根板)，其误差不得大于±20 mm；沿十字中线方向丈量模板外缘到井筒中心的距离，其值不得小于设计规定的井筒净半径；同一圈模板应保持水平，其误差不大于±50 mm。

在竖井井筒内安装罐梁时，井壁上要有梁窝。梁窝可以在砌壁时预先留出，也可以在罐梁安装前现凿。现在多采用预留梁窝的方法。预留梁窝的位置必须正确标定,其精度要求是:梁窝层间垂距误差不得超过±25 mm;同层各个梁窝的高差,以标定的一个梁窝为准,不得超过±50 mm;梁窝中线误差,以各自梁窝设计中线为准,应不超过±25 mm。

1. 梁窝平面位置的标定

标定梁窝平面位置,就是在砌壁模板上标出梁窝中线。依据井筒平面布置及下线情况的不同,可采用下述几种方法进行梁窝平面位置的标定。

1)用梁窝线标定

如图 5-24 所示,梁窝线的位置 1、2、3、4、5 应设在梁的中线上,距永久井壁 100 mm 为宜。梁窝下线点可用极坐标法直接在井盖上标出。为此,根据井口附近的实际情况,在井口十字中线上选定一点 A,并测出其到井中的距离 d。建立以井中为坐标原点,十字中线为坐标轴的假定坐标系,计算 A 点的坐标,并根据井筒平面布置图的尺寸,计算各下线点的假定坐标。根据各下线点和 A 点的坐标,计算出标定时的角度 β_i 和距离 l_i。标定时,首先根据十字基点精确标出 A 点,然后在 A 点安置经纬仪,根据标定要素,用极坐标法依次标出各下线点。

通过各下线点下放梁窝线后,根据这些线在模板上标出梁窝中线的平面位置,并划一竖线作为标志。砌壁时梁窝线可作边线用。

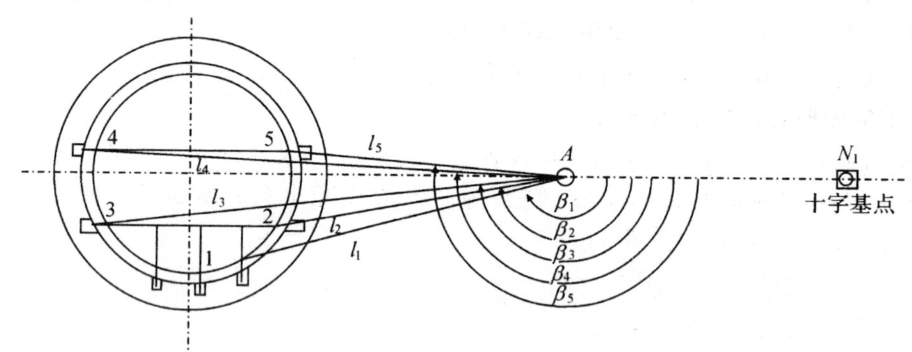

图 5-24　用梁窝线标定梁窝中线

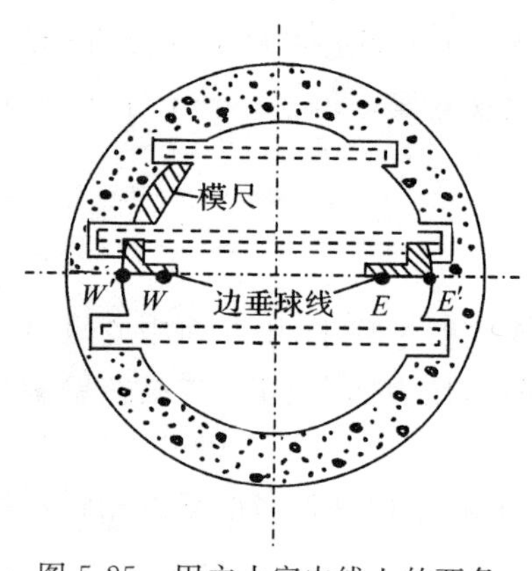

图 5-25　用主十字中线上的两条边线标定梁窝中线

2)用井筒主十字中线上的两根边线标定

如图 5-25 所示,沿井筒主十字中线下放两条边线 W、E,沿这两条边线拉一水平线绳,在模板上标出 W'、E' 两点。再将模尺直边贴紧 WW' 和 EE',在模板上标出梁窝中心,并划一竖线作为标志。

3)用主梁窝线标定

如图 5-26 所示,沿主梁梁窝的设计中线下放两根主梁窝线,依次确定主梁梁窝中线的平面位置。其他梁窝的平面位置,可根据主梁窝的位置沿模板用钢尺丈量确定,也可用特制的型轨或用线交会法确定。

4)用井筒中心垂线和设在十字中线上的一根边线标定

如图 5-27 所示,沿下放的井筒中心垂线和边线拉一水平线绳,延长至找正好的模板上,标出 m、n 两点。再根据预先计算好的距离 mA_1 和 nA_1,用线交会法在模板上标出梁窝 A_1 的平面位置。再用同法标出其他梁窝的平面位置。

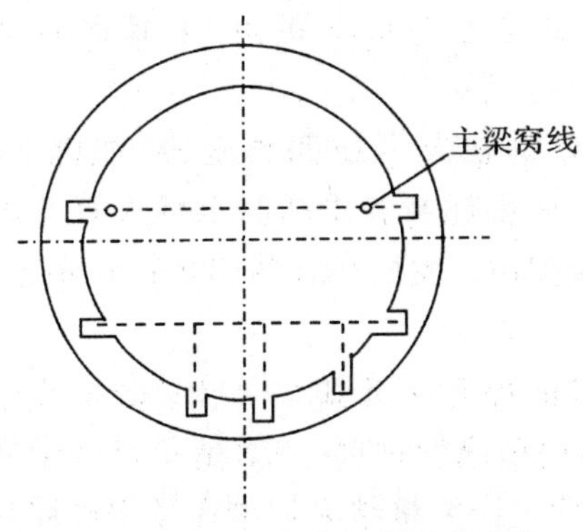

图 5-26　用主梁线标定梁窝中线

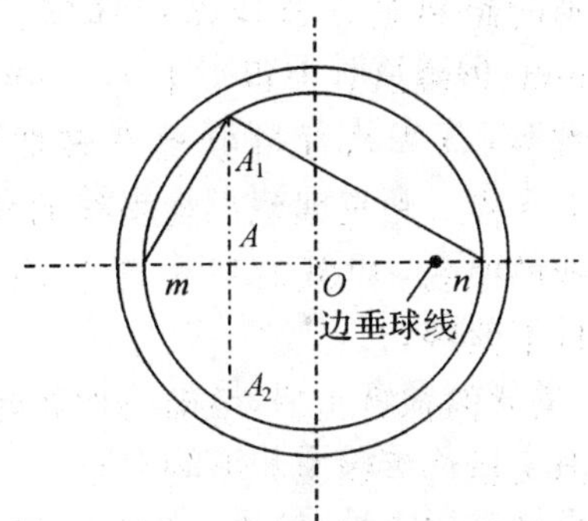

图 5-27　用井中垂线和十字中线上的一条边线标定梁窝中线

2. 梁窝高程位置的标定

1)*牌子线法*

牌子线是按照设计的梁窝层间距离，在钢丝上焊上小铁牌(或焊锡点)，用以标识梁窝底口的位置。在地面焊小铁牌或锡点时，应给钢丝加以选定的拉力。

如图 5-28 所示，预留梁窝时，在封口盘上从主梁梁窝线下线点或设在井筒十字中线上的边线点下放一根牌子线和长钢尺，牌子线上所挂垂球的重量，应与焊牌子线时所加的拉力相等。根据砌壁段第一层梁窝底口的高程和封口盘下线点 A 的高程，计算出二者的垂直间距 h，即为下线点到第一个梁窝牌子的距离。用下放的长钢尺准确量出此垂距，并用牌子线上的第一个梁窝牌子对准，牢牢地加以固定；再用长钢尺检查最下面一道牌子的高程，如与设计高程不符，则用调整牌子线垂球重量的办法加以调整。此时，牌子线上每个牌子的高度，即为各层梁窝底口的高度。同一层其他梁窝的高程位置，可根据牌子用水平尺、半圆仪或连通管确定。自下而上砌壁时，用完牌子后就剪去该段牌子线，再挂上垂球。

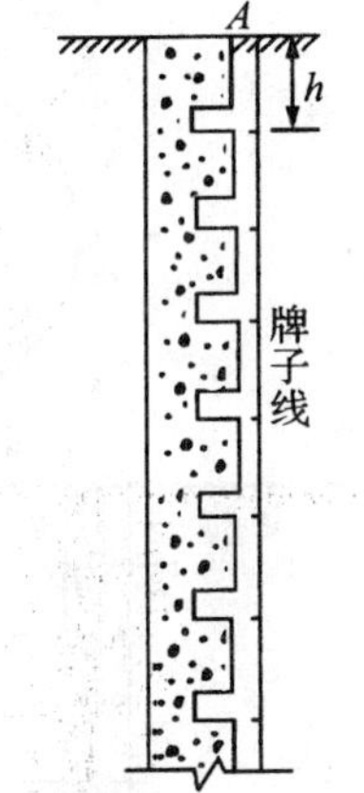

图 5-28　用牌子线法标定梁窝高程

2)*高程点法*

所谓高程点法，就是在井壁上每隔 30～50 m 测设一个高程点，由这些点用钢尺标设各层梁窝底口(或上口)的高程位置。

3. 梁窝线及牌子线的移设

井筒每下掘一个砌壁段，就要进行砌壁。在砌壁之前，应往下移设牌子线和梁窝线，将其下线点移至已砌好井壁的最下面的一道梁窝上。

移设牌子线下线点时，应用钢尺量出封口盘上的高程点至新设下线点的垂直距离，算出新下线点的高程，以便固定牌子线。每次移设牌子线时，都要从封口盘上的高程点下放钢尺进行检查，以防止错误和高程误差的积累。

每隔 80～100 m，应由井口下放梁窝线，对新设的梁窝线进行检查。

三、竖井井壁纵剖面测量

竖井井筒掘砌完毕后，应进行井壁纵剖面测量，以检查井壁的竖直程度和提升容器突出部分至井壁的距离是否符合设计规定。提升容器突出部分至井壁的距离,木罐道时不得小于 200 mm,钢罐道时不得小于 150 mm。

检查时,首先从井口沿提升容器四角处接近井壁的地方下放四根垂线,如图 5-29 中的 1、2、3、4 点。在地面测出各垂线的坐标,以便根据井中坐标与各垂线的坐标求算井筒中心至各垂线的距离,如图 5-29 中的 b_1、b_3,供绘制纵剖面图用。然后在井筒中进行检查丈量,其方法有以下两种:

(1)当井筒掘砌完毕,吊盘还在井底时,可随着吊盘的提升在吊盘上用尺子沿着井中与垂线的方向丈量各垂线至井壁的平距 l_i(图 5-29)。丈量时的高程位置,一般是在每道梁窝或隔一道梁窝处进行丈量;如果是钢丝绳罐道,则用牌子线确定。丈量结果记录在预先画好表格的木板上。

(2)用临时罐笼检查井壁的竖直度。当井筒掘砌完毕后,在安装永久装备前,通常改用临时罐笼提升,可利用罐笼进行检查丈量,方法同前。

根据丈量结果绘制纵剖面图(图 5-30)。纵剖面图应通过井筒中心,图的水平比例尺为 1∶10 或 1∶20,竖直比例尺为 1∶100 或 1∶200。

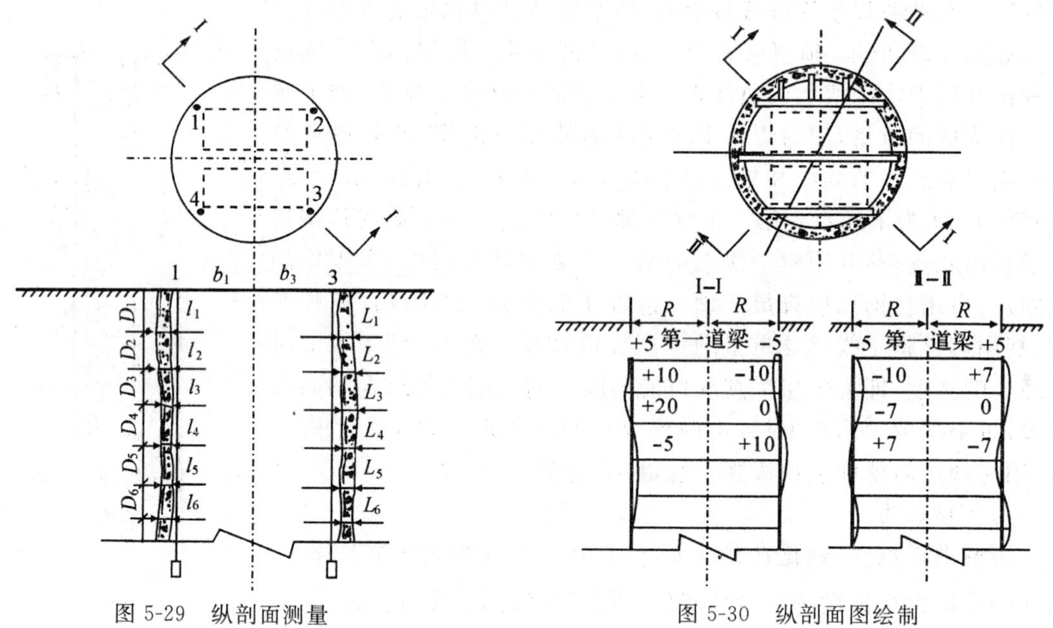

图 5-29 纵剖面测量　　图 5-30 纵剖面图绘制

绘图时,先根据井筒设计半径 R 绘出井壁竖直线。然后根据测量的资料求出(沿井中至各垂线方向上)井中至井壁的距离。按比例在图上展出各实测点位,并注记差值,井中至井壁距离大于 R 时,差值为"+",反之为"−"。将这些实测点连接起来,即为井壁纵剖面图。

§5.3 地下车场及硐室施工测量

一、马头门施工测量

马头门是指竖井井筒与地下车场连接部分的巷道。这段巷道的特点是断面大,而且是变化的,如图 5-31 所示。

1. 马头门开切高程位置的确定

在砌筑马头门上部井壁时，设置水准点 P，用钢尺法导入高程得 H_P。马头门开切的高程位置根据水准点 P 确定。若马头门的底板的设计高程为 $H_设$，则 $h=H_P-H_设$。由 P 向下量 h，确定马头门开切底板的高程位置，如图 5-31 所示。

2. 马头门掘进时中线的标定

1)马头门中线的标定

马头门中线一般与提升中线重合(或平行)。当马头门采用全断面掘砌时，提升中线就是马头门中线，同时也是掘进中线。

标定马头门开切方向时，如图 5-31 所示，首先在井盖上沿提升中线标定两点，下放两条边线。然后在掘进吊盘上，沿两条边线拉线绳引至井壁上，打眼后打入木桩，在木桩上钉圆钉作为标志。在两木桩的圆钉上挂下两根垂球线 A、B，其延伸线方向即为马头门的掘进方向。

当马头门两边掘进 6～10 m 时，应进行一井初次定向，求出定向基点 C、D 的坐标及方位角 α_{CD}，根据定向基点精确标定马头门中线，如图 5-32 所示。具体方法是：在设计图的马头门中线上选择一点 E，根据其与井筒中心、提升中心之间的关系确定 E 点的坐标；利用 E 点和 C、D 点坐标及其方位角，求出标定数据 l_{OE}、β_1、β_2；然后用极坐标法由 C 点标定 E 点，再由 E 点标定马头门中线点 1、2 和 3、4。

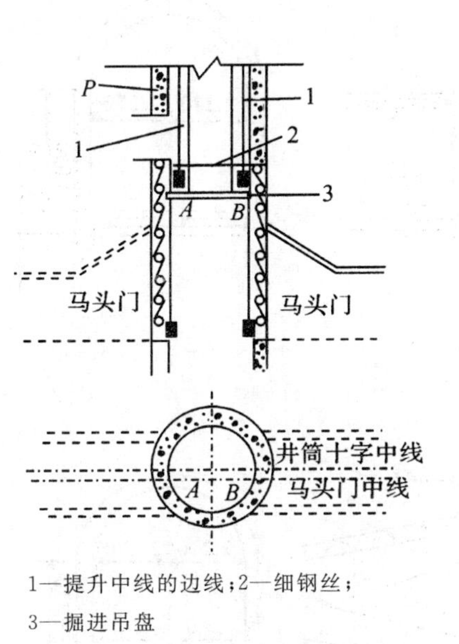

1—提升中线的边线；2—细钢丝；
3—掘进吊盘

图 5-31　马头门示意图

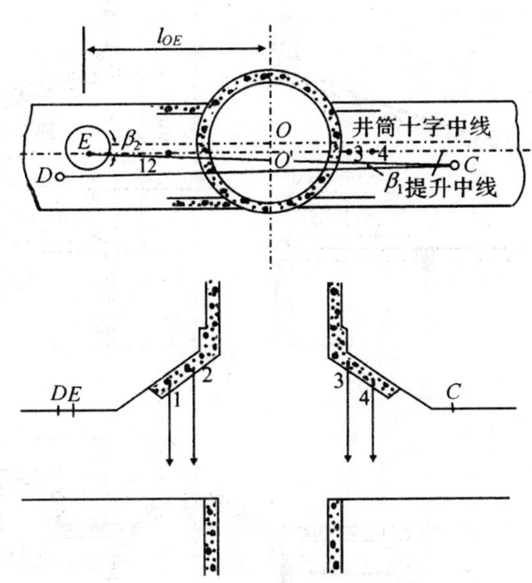

图 5-32　马头门中线的标定

2)两侧导硐中线的标定

当马头门采用两侧导硐施工时，需给出导硐中线。两侧导硐中线可根据与井筒十字中线的关系，利用直角坐标法将导硐中线点 1、2 及 3、4 标在井盖上或掘进吊盘上。当导硐掘进一定距离后，将其移设到导硐顶板上，悬挂垂球指示导硐掘进方向，如图 5-33 所示。

3. 马头门腰线及拱基线的标定

马头门腰线的标定，是用设在马头门上方的水准点 P 作为高程控制点，在高于马头门底板(或轨面)设计标高 1 m 处，标出腰线点 B，如图 5-34 所示，图中 B 点标高 H_B 为－349.220 m，然

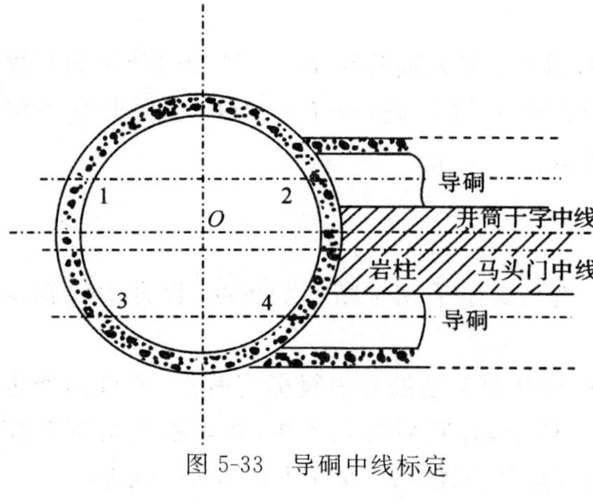

图 5-33　导硐中线标定

后按设计底板坡度标出其他各腰线点。

拱基线是马头门的墙与拱的相交线，又称墙顶线。为了控制拱顶的坡度，一般需标定拱基线，拱基线是根据腰拱线标定的。标定时，首先根据设计图求出墙高下降率 i，如图 5-34 所示。

$$i_{\text{I II}} = \frac{1.330 - 3.030}{10} = -17\%$$

然后由腰线点 B 向上量 $3.030 - 1.00 = 2.030$ m，标出此处的墙高点 B_1。其他拱基线点可根据腰线和墙高下降率标出。

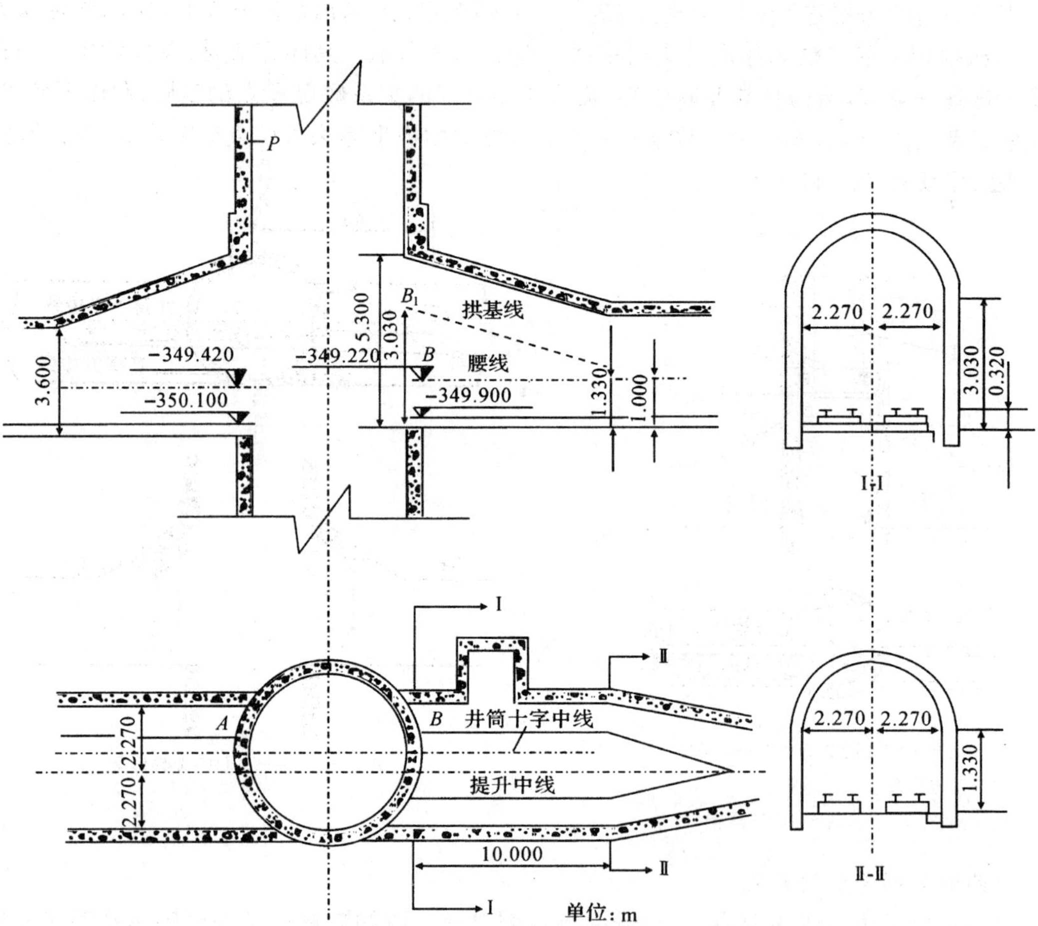

图 5-34　马头门腰线及拱基线的标定

二、装载硐室施工测量

当采用箕斗提升时，在井底车场水平和车场水平以下，需要开凿硐室、皮带机巷、料仓和翻罐笼硐室等。图 5-35(a)和图 5-35(b)分别表示倾斜料仓和圆形断面的竖直料仓。

施工前，测量人员应详细研究施工图纸，弄清几何关系，校核和计算有关数据，并了解施工方案，以便正确地进行测量。

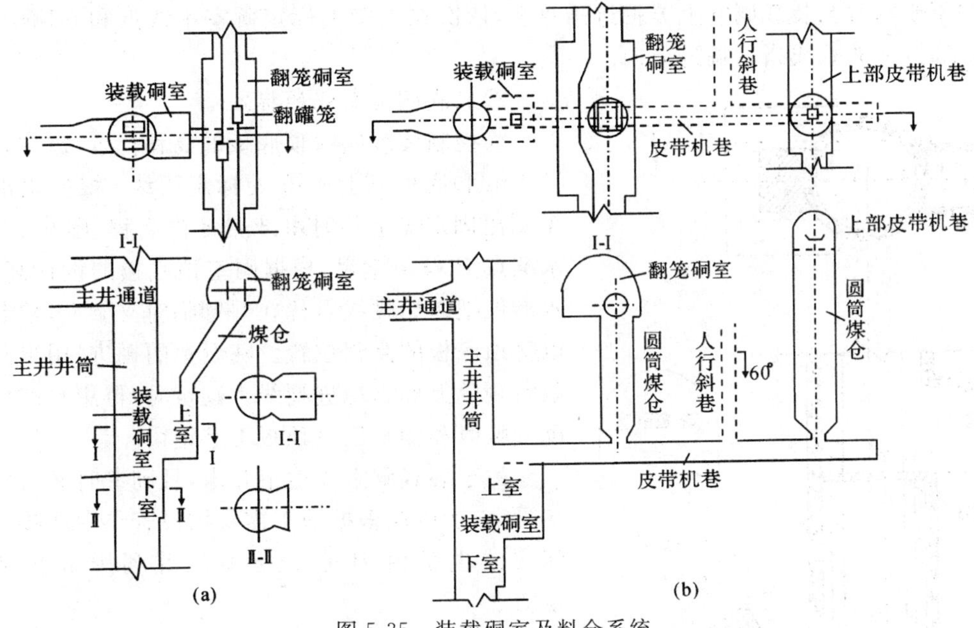

图 5-35　装载硐室及料仓系统

1. 装载硐室的施工测量

1)装载硐室中线的标定

图 5-36 表示装载硐室和井筒依次施工的情况。在马头门底板水平的井筒中设有固定盘；装载硐室的下室及其以下井筒部分均已砌筑完毕，工作吊盘已提到上室底部水平，车场水平的巷道与副井已经接通，并标定了定向基点 C、D 及高程控制点 A。现要求标定装载硐室上室的中线点 5、6，两侧的导硐中线点 1、2 和 3、4。

为了标定装载硐室中线，首先在施工平面图上标出中线点 5、6 及导硐中线点 1、2 和 3、4，各点距永久井壁不得小于 150～200 mm；然后将各点距井筒十字中线的距离注在图上；最后根据井筒中心坐标和十字中线的方位角以及图上的尺寸，计算各点坐标，并算出根据导线点 C、D 用极坐标法标定各点时所需的角度和距离。

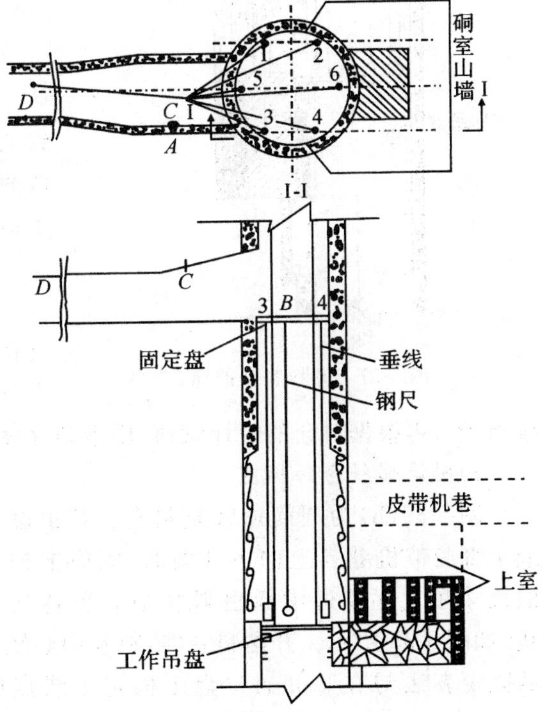

图 5-36　装载硐室和井筒分别施工

实地标定时，在 C 点安置经纬仪，用极坐标法在固定盘上标出中线点 5、6 和导硐中线点 1、2 和 3、4，并固定其点位。从固定盘的下线点 1、2 及 3、4 下放垂球线，指示两侧导硐的掘进方向。若装载硐室是按全宽掘砌时，可只由点

5、6 下放垂球线。

在装载硐室与井筒同时施工时，依据地面井筒十字中线基点在井盖上标定 4 个井筒十字线点，并下放垂线至装载硐室上方掘进吊盘上，依次在井壁上标定硐室中线点和导硐中线点。硐室施工时，下放垂线指示掘进方向。

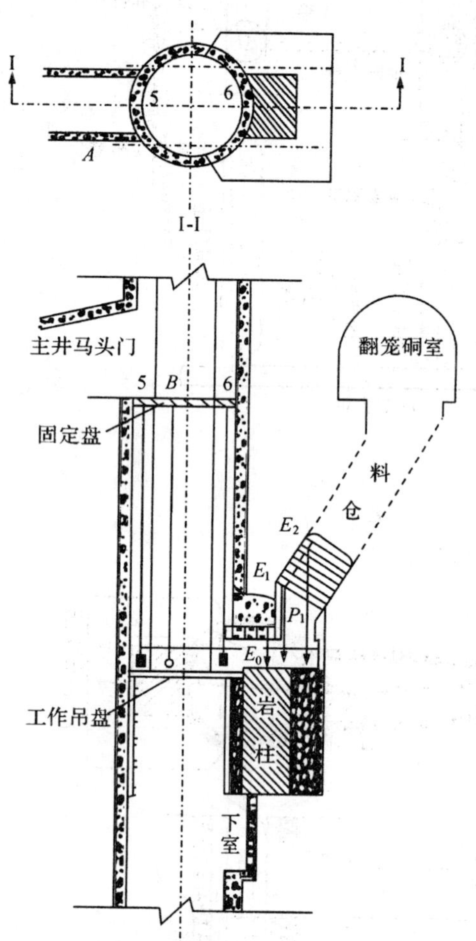

图 5-37 倾斜料仓的标定

2)装载硐室高程的标定

为控制装载硐室顶底板的高程位置，需在顶板以下 1 m 和底板以上 1 m 处标定腰线。根据水准基点 A 测出固定盘上临时水准点 B 的高程(图 5-36)。由水准点 B 挂下钢尺，根据硐室顶底板的设计高程，用水准仪把起始腰线点标在井壁临时支架上，控制开切硐室顶底板的高程位置。随硐室的掘进，用半圆仪在硐室侧壁上标出掘进腰线。砌筑时，再用水准仪给出砌壁腰线和操平硐室顶板工字钢梁。

由于装载硐室高达十几米，且砌壁时又需标定很多梁窝，所以应根据施工需要增设若干中间腰线。中间腰线也是由 B 点挂下钢尺并利用水准仪来标定的。

2. 料仓施工时的测量工作

1)倾斜料仓的标定

a. 中线的标设

图 5-37 中，料仓的中线和装载硐室的中线是一致的。因此可从固定盘上硐室中线的下线点 5、6 下放两根垂线至工作吊盘；再用瞄线法或拉线法在料仓下口标定料仓掘进中线点 E_0、E_1、E_2。

b. 腰线的标设

由固定盘上的水准点 B 挂下钢尺，将水准仪架设在岩柱上，测出中线点 E_0 和 E_1 的高程。根据料仓下口的设计高程由 E_0 或 E_1 标出倾斜料仓下口的腰线点 P_1；再根据料仓的设计倾角，用半圆仪标定倾斜巷道的腰线。

2)圆筒形料仓的标定

图 5-35(b)为圆筒形竖直料仓。若由翻笼硐室或上部胶带机巷自上向下开凿时，则应根据设计图的尺寸在上部巷道中标出料仓中心和料仓十字中线，如图 5-38 所示。开凿料仓时，料仓中心线下线点的固定方法与在竖井封口盘上固定下线点的方法相同。

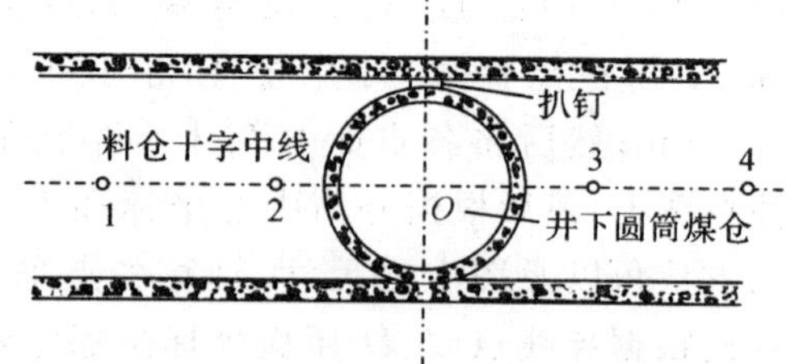

图 5-38 圆筒形料仓的标定

当要采用由下部的胶带输送机巷道向上掘进料仓时，则应从马头门底板处的固定盘上下放垂球线，以指示胶带机巷的掘进方向。同时，从固定盘下放钢尺确定胶带机巷的开切高程，并标设腰线。当胶带机巷掘进 10 m 左右，在马头门与下部胶带机巷之间进行一井定向和导入高程，以便精确地标定胶带机巷的中腰线和料仓下口的位置。

三、井底车场巷道施工测量

井底车场是连接井筒和主要运输、通风大巷，服务于全矿生产的一组巷道和硐室的总称。其特点是弯道多、碹岔多、巷道断面和坡度变化大。

井底车场巷道的施工测量，主要是根据井底车场设计图上的尺寸，把巷道和硐室标定于实地上，使巷道与硐室按设计图纸施工。因此在施工前，应熟悉井底车场设计图纸，做好井底车场的导线设计，并核算高程和坡度。其目的：一是检查设计图上所给定的巷道尺寸、方向、高程和坡度是否正确；二是取得往实地上标定巷道中、腰线时所需的数据。

1．井底车场导线设计

井底车场的导线，一般沿主要巷道的轨道中线布设。导线设计的步骤如下：

1）选定导线点

在设计图上沿主要轨道中线选取圆曲线的起点、终点、圆心及道岔的岔心、起点，以及硐室的入口处作为设计导线点，并构成一个闭合导线环，如图 5-39 所示。

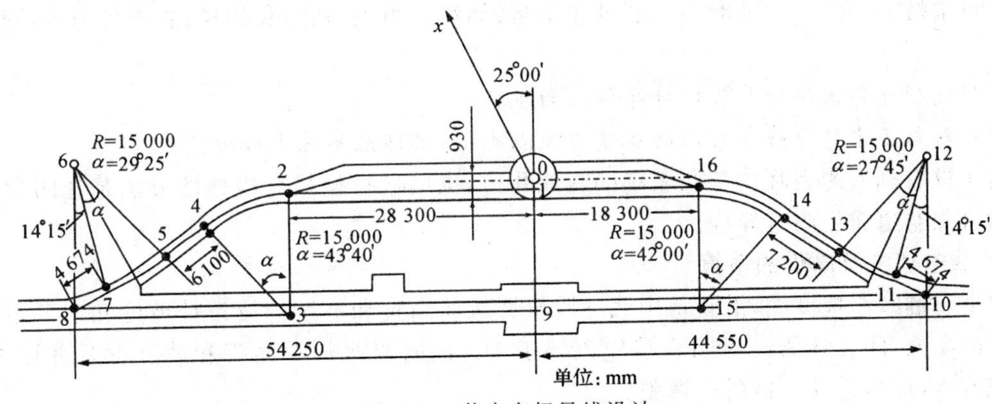

图 5-39　井底车场导线设计

2）确定导线的边长及水平角

设计导线的水平边长 l 和水平角 β，可直接从设计图上量取，也可由简单的补充计算求得。角度是否正确，按下式检核。

$$\sum\beta_{内}-180°(n-2)=0 \quad 或 \quad \sum\beta_{外}-180°(n+2)=0 \qquad (5\text{-}3\text{-}1)$$

若计算无误，但仍有角度闭合差时，必须与设计单位研究后加以改正。

3）计算设计导线的坐标增量及其闭合差

设计导线坐标增量的计算，可以采用国家统一坐标系统，也可以采用以井筒中心 O 为坐标原点、以井筒十字中线为坐标轴的假定坐标系统。根据导线边长、水平角和起算数据，计算各导线边的坐标增量，然后计算坐标增量闭合差 f_x、f_y 和线量闭合差 $f=\sqrt{f_x^2+f_y^2}$。

若坐标线量闭合差很大，首先应认真进行检查计算，若计算无误，则说明原设计有错误，需与设计人员协商后作相应的修改。若线量闭合差不大，可由测量人员自行调整。导线闭合后，计算各点的坐标。

4）坐标增量闭合差的调整

常用的调整方法有矢量图解法和解析法。

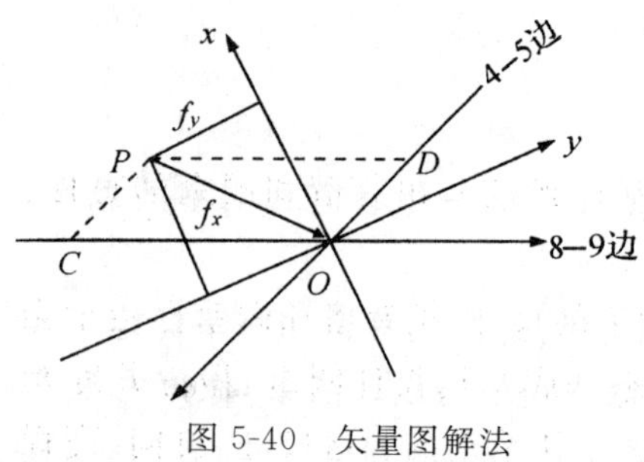

图 5-40　矢量图解法

(1)矢量图解法。如图 5-40 所示，设计导线采用统一坐标系统计算，闭合差为 f_x、f_y。选择两条互不平行的长边(如 4—5 边与 8—9 边)加改正数。按比例尺沿坐标轴 x 与 y 量取闭合差 f_x 与 f_y，得 P 点，PO 是导线的线量闭合差 f。再将 PO 分别投影到选定的拟加改正数的边(如 4—5 边和 8—9 边)上，得两条边的改正数 CO 和 DO。将改正数分别加到相应的边上。若改正数矢量的方向与相应导线边的方向一致，则取正号，反之取负号，调整后 $f_x=0$、$f_y=0$。

(2)解析法。设选取导线的 ij、mn 两条互不平行的、允许调整的直线边进行调整，其边长分别为 l_{ij}、l_{mn}，方位角分别为 α_{ij}、α_{mn}，调整时加的改正数分别为 v_{ij}、v_{mn}。这样，上述各数值应满足下式：

$$\left.\begin{aligned} v_{ij}\cos\alpha_{ij}+v_{mn}\cos\alpha_{mn}+f_x=0 \\ v_{ij}\sin\alpha_{ij}+v_{mn}\sin\alpha_{mn}+f_y=0 \end{aligned}\right\} \tag{5-3-2}$$

解上式可求得 v_{ij} 和 v_{mn}。此时应注意其正负号，如符号为正，则边长加长；若符号为负，则边长减短。

5)按统一坐标系统计算各设计导线点的坐标

6)计算与各设计导线点对应的巷道中线点坐标，供标定巷道中线时使用

对于没有列入闭合环的井底车场的其他巷道，也应进行检核。检核的方法是在闭合导线点间沿有关巷道布设附合导线。

2. 巷道坡度及高程的核算

根据车场线路坡度图，沿轨道中线逐段核算轨面高程和坡度。按设计坡度和水平距离计算各段的高差，闭合环的高程闭合差应该等于零。同时对水沟的高程和坡度也要进行核算。如发现差错，应与设计人员研究调整。

3. 施工测量

根据井下测量控制点(导线点、水准点)和导线设计求得的标定要素，按设计图在实地标定井底车场巷道、硐室和碹岔的位置，标出指示巷道掘进的中、腰线，并检查巷道、硐室等的规格、质量。

§5.4　竖井提升设备安装施工测量

一、概　述

竖井提升设备包括提升机(绞车)、天轮、井架、板梁、罐梁、罐道、装载设备和钢丝绳等，如图 5-41 所示。

提升设备能否正常运行，取决于各设备之间的几何关系是否正确。各提升设备之间及其与井筒十字中线间的相互位置在设计中都有具体规定。测量的任务是：将各提升设备按设计所规定的几何位置进行标定，并对安装后的情况进行检查。因此，在标定前，应熟悉设计图纸，进行必要的验算和计算，取得标定的原始数据。

在整个提升设备的标定中，平面位置是以井筒十字中线为依据，高程位置则是以井口水准

基点为依据，标定的顺序是由安装工程先后决定的。

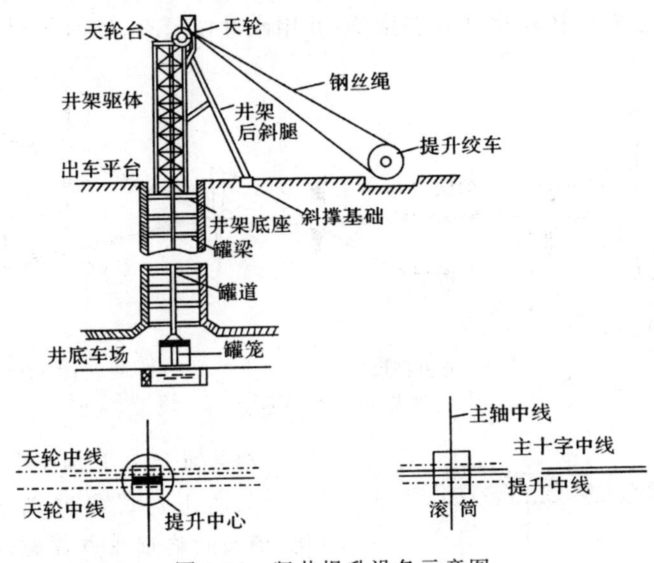

图 5-41 竖井提升设备示意图

二、罐梁罐道安装测量

1. 安装罐梁时的测量工作

罐梁罐道的平面位置，是依据悬挂在井筒内的钢丝垂线，并利用各种型规确定的。垂线的数目一般采用 2 根，特殊情况可设 3～4 根。罐梁的高程位置和梁的层间距用水准测量、钢尺和型规等确定。

1)安装基准梁时的测量工作

从上向下安装的第一层罐梁称为基准梁。它是以下各层罐梁的基础，必须精确安装。测量工作是根据地面上的井筒十字中线基点在封口盘上标设出垂线点。垂线点的具体位置和数目，应根据罐梁平面布置图与安装人员共同研究确定，如图 5-42 所示。根据转设在封口盘上的井筒中心及井筒十字中线点，采用极坐标法或直角坐标法，求出各个垂线点在封口盘上的位置，最后检核各点间的距离，其误差不应超过±1 mm。

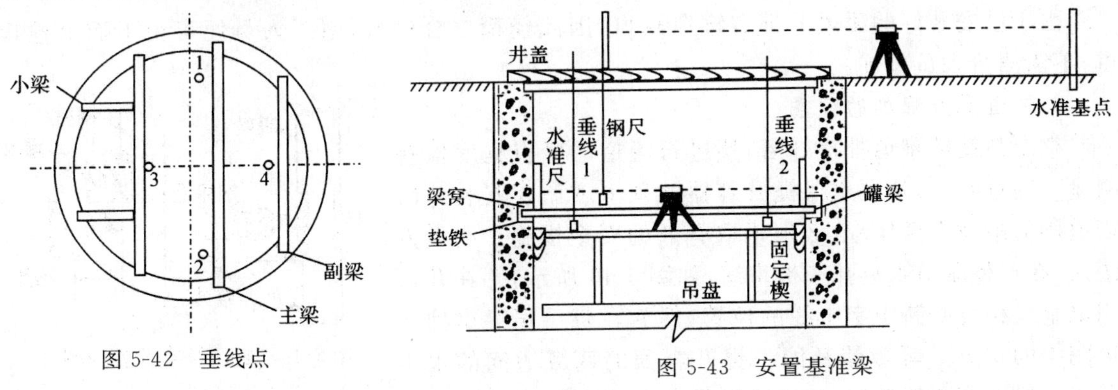

图 5-42 垂线点　　图 5-43 安置基准梁

垂线点位标好后，在封口盘上钻孔，用定点板固定点位，挂上两根垂球线至基准梁处，如图 5-43 所示，再用钢尺检核其距离。然后根据两根垂线并用看线板安装主梁。主梁的高程位置可用安置在地面和吊盘上的水准仪和挂下的钢尺来确定,并用水准仪操平主梁。主梁安好后,根据主梁用开挡尺和可转动型规安装副梁,并用水准仪操平,如图 5-44 所示。

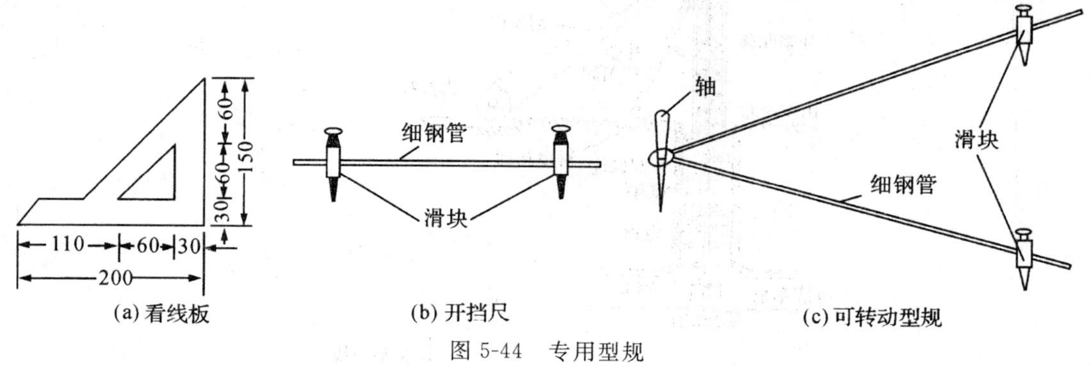

图 5-44 专用型规

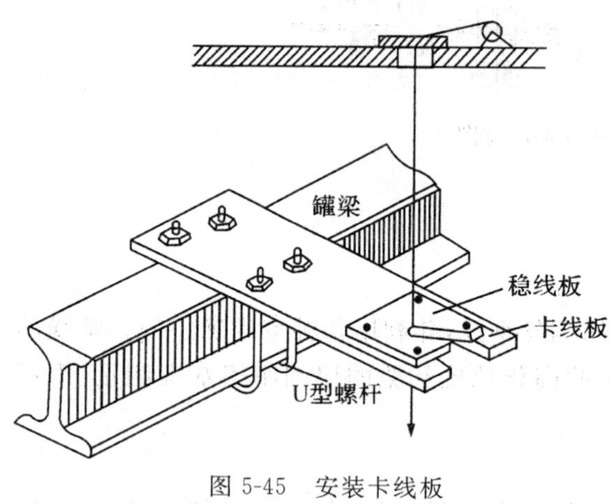

图 5-45 安装卡线板

2)基准梁以下各层罐梁的安装

为防止封口盘移动引起垂线点点位变化,须及时将垂线点移设到第一层罐梁(基准梁)上。移设时,先在靠近垂球线的罐梁上安装卡线板,如图 5-45 所示,待垂线在卡线板孔内稳定后,按垂线位置在卡线板上画十字线,然后在卡线板上固定稳线板,把垂线固定在稳定位置上。最后检查各垂线间的平距,误差不应超过±1 mm。

将垂线下放到井底,加重锤,用水桶稳定。根据挂上的垂线,并利用各种型规安装以下各层罐梁。当井筒较深时,用垂线不易稳定,可每隔一定深度将垂线点向下移设一次。移设方法与上述相同,其高程则可利用钢尺丈量来确定。

2. 安装罐道时的测量工作

1)罐道的安装

由于已安装好的罐梁上都有罐道缺口,因此经检查合格后,施工人员便可由下而上挂罐道,不需测量人员参加。

2)罐道竖直程度的检查

整个井筒的罐道都挂好后,要进行罐道的竖直程度检查测量。测量时,是站在永久提升容器的顶上或站在安装井筒罐道用的吊笼上操作,故必须采取有效的安全措施。测量方法是:在每根罐道附近挂一根垂线,如图 5-46 所示,并在井口测定垂线相对井筒十字中线的位置;然后在每一层罐梁处丈量图中的 a、b、c 等数值及同一提升容器的两罐道间的水平距离。根据实测的数据,便可绘制每根罐道的竖直程度纵剖面图,图上注记出设计和实际位置的差数。绘制方法和比例尺与井筒纵剖面图相同。

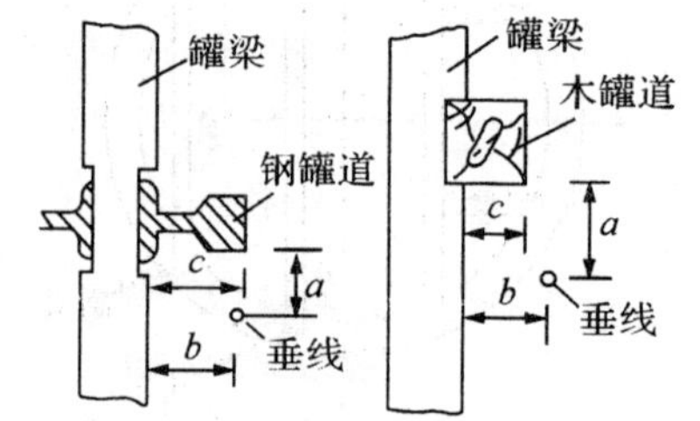

图 5-46 罐道竖直程度的测量

罐道的竖直程度也可使用专用的仪器设备进行测量，如俄罗斯生产的“矿山立井主要参数综合测量检查仪(PK-1)”。该仪器可用于罐道及井壁的竖直程度测量、罐道间距以及罐道到井壁的距离和井筒中设备间距离测量，也可用于罐道磨损程度的检查。罐道或井壁的纵剖面图通过仪器内的摄影设备和数据处理设备在室内自动绘制完成。此外，罐道的竖直程度测量也可用专用的仪器设备，如“竖井金属和木制罐道纵剖面自动测绘仪(СИ5М)”测量。

3. 安装钢丝绳罐道时的测量工作

采用钢丝绳作罐道，无需在井筒内安装罐梁，测量的任务是标定井上下定位梁和固定梁的位置。

在井上，将井筒十字中线用经纬仪转设到高于定位梁或固定架水平的井架上，用细钢丝拉出十字中线，以控制固定架或定位梁的平面位置。用钢尺和水准仪标出定位梁的高度位置，并用水平尺操平梁面。

在井下，可在马头门下专设一个测量盘，用摆动投点法将井筒中心点和设在十字中线上的 4 个边线点标设在测量盘上，由测量盘上挂下垂线，作为安装井底平台和定位梁找正的依据。另一种方法是根据定向基点用极坐标法在测量盘上直接标出钢丝绳的位置，并悬挂垂线直至井底定位梁处，确定梁的平面位置。同样用钢尺和水准仪标定定位梁或固定架的高程位置，用水平尺操平。

三、井架安装和井塔施工测量

1. 整体组立井架时的测量工作

整体组立，就是在井口附近地面将井架组装好，然后将它竖立在井口的板梁上。永久金属井架、木井架和建井时用的临时井架，均可采用永久组立安装。

1)井架在地面组装时的测量工作

在组装场地用经纬仪标定一条井筒十字中线的延长线，以此中线为准铺设枕木、轨道，如图 5-47 所示；用水准仪操平轨面，安装人员在其上组装井架；用水准仪检查井架各立柱节点的高差，使其间的高差不大于 4 mm；同时，在天轮平台上按设计要求标出井架中线或井筒十字中线，以便井架竖立时进行找正使用。

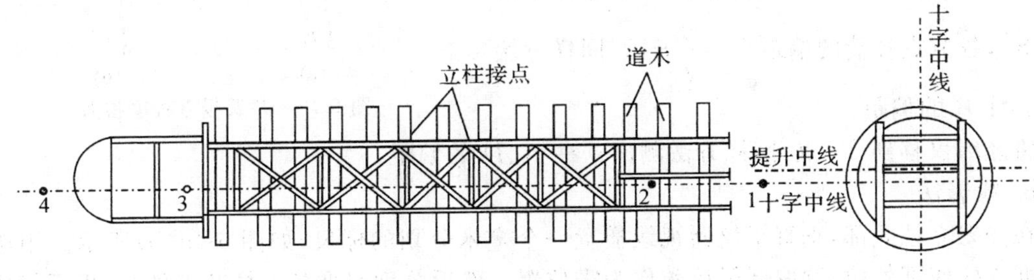

图 5-47　井架在地面组装

2)斜撑基础的标定与检查

由设计图上取得标定数据，以井筒中心和井筒十字中线为依据用经纬仪和钢尺标定斜撑基础中心 O_1、O_2，同时标定基础支座十字线，两次独立标定的支座十字线互差不得超过 ±5 mm，然后用控制桩固定，作为斜撑基座施工检查的依据，如图 5-48 所示。

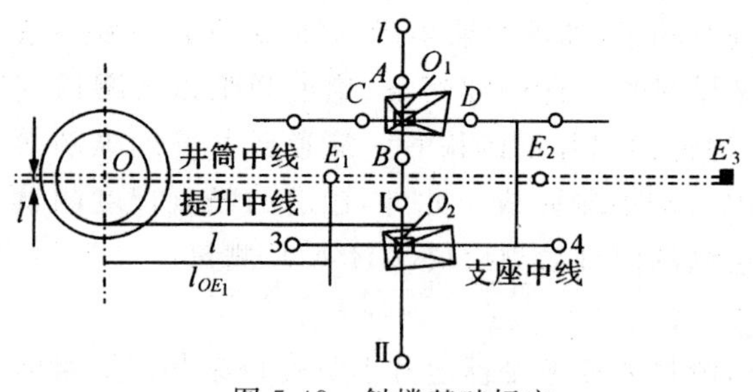

图 5-48 斜撑基础标定

3)井架底座(板梁)的标定

井架梁躯体是竖立在底座(板梁)上的。如板不水平,就会引起井架躯体偏斜,因此应精确标定。依据井筒十字中线和井口水准基点,找正板梁的平面位置和高程位置,然后依此位置安装板梁并用水准仪精确操平板梁四角。安装及测量精度须符合下列要求:

(1)板梁的实际高程与设计高程之差不应超过±5 mm,两次测量板梁高程的互差应不大于±3 mm。

(2)板梁四个角相互高差不超过±1 mm。两次测量四个角点高差的互差不大于±1 mm。

(3)板梁十字中线与提升中线应重合,其误差不得超过±1 mm。

4)井架竖立时的找正

在距井架不超过 100 m 的井筒十字中线(或提升中线)基点上架设 DJ_2 级经纬仪,向天轮平台上标定井筒十字中线,标定工作独立进行两次,两次标定之差不应大于±5 mm,取其中值作标定结果,并与地面组装井架时预刻在天轮平台上的十字中线点相比较,如偏差值超过 15 mm 时,须找正井架。天轮平台上每条中线的前、后两点应由设在同一基点上的经纬仪标定。

当天轮平台找正和井架固定后,重新在平台上标定 4 个方向的十字中线点,以作为天轮安装的依据。

5)井架竖直程度的检查

井架组立完毕后,应对井架的竖直程度进行检查,检查方法通常用偏角法和投影法。

a. 偏角法

如图 5-49(a)所示,将经纬仪置于相邻两立柱外侧距井架 30～50 m 的 T_1 点,照准立柱(如 A 柱)下部外棱,读取度盘读数作为起始方向值;然后由下向上依次照准各构件连接节点外棱;正倒镜测出偏角 β_i,并量取仪器至立柱 A 下部外棱的平距 S_A;各节点外棱的偏距 $l_i=\frac{\beta_i}{\rho}S_A$。同样方法观测立柱 B 的偏距。

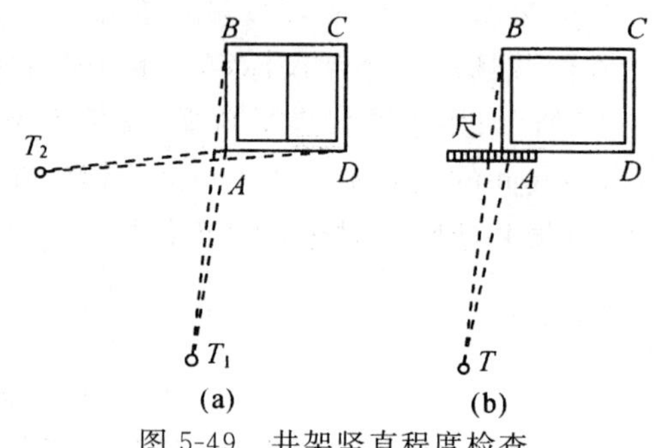

图 5-49 井架竖直程度检查

将经纬仪移到 T_2 点,同样方法测出立柱 A、D 的偏距。

b. 投影法

在井架立柱底部,垂直于仪器视线横置一个毫米分划的标尺,如图 5-49(b)所示。用望远镜照准立柱底部外棱,读取标尺读数作为零位置。然后分别照准各立柱节点外侧,再下俯望远镜在标尺上读数,与零位置读数之差即为每节立柱的偏距值。同样,用倒镜再观测一次,求正倒镜读数的平均值作为最终结果。井架一面两根立柱测完之后,用同样方法测量另一面的两根立柱的偏距。

根据实测的各立柱偏距值,即可绘制井架竖直程度图,如图 5-50 所示。

2. 滑动模板浇筑井塔时的测量工作

目前新建的大型矿井，一般均采用多绳摩擦轮提升，提升机设在井塔的顶部。井塔浇筑时，大多采用滑动模板施工方法。

1）井塔基础施工测量

首先在井口附近标设井筒十字中线点 S、N、W、E 和高程控制点，当井塔基础浇筑完毕后，应及时在井塔基础面上埋设 4 个十字中线铁桩，然后根据井筒十字中线基点在铁桩上精确地标设 4 个十字中线点 1、2、3、4，如图 5-51 所示。

2）在井塔基础上组立滑动模板时的测量

封闭井口后，根据基础面上的十字中线点 1、2、3、4，用拉线法或经纬仪交会法交会出井筒中心(即井塔中心)，用圆钉固定其点位。然后以井塔中心为圆心，按照井塔设计半径 R 组立滑动模板，用水准仪操平模板，并搭好脚手架，如图 5-51 中 S—N 断面所示。

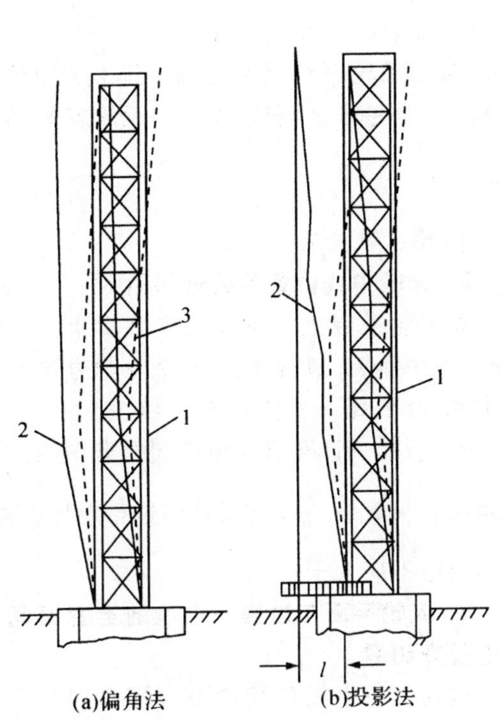

1—井架的设计位置；2—井架前面的实际位置；3—井架后面的实际位置

图 5-50　井架竖直程度

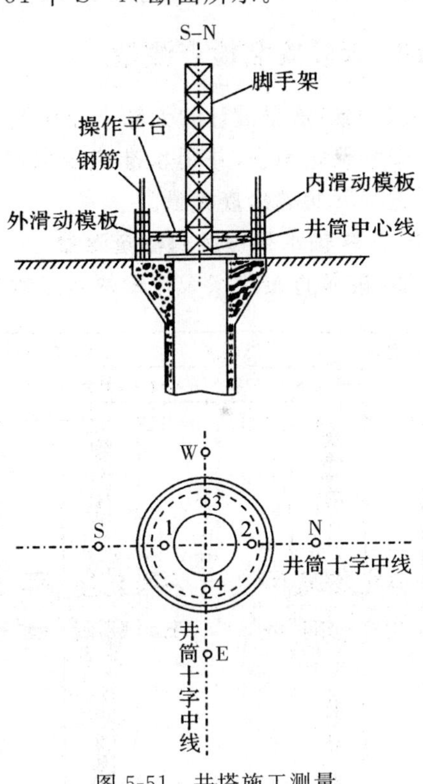

图 5-51　井塔施工测量

3）模板滑升测量

在脚手架上挂一根垂球线，垂球下端对准井筒中心点，此垂线即为井塔中心线。在模板滑升过程中，经常检查操作平台中心是否与它重合，如发现偏差应及时纠正。

在操作平台上安置经纬仪，在千斤顶爬杆上给出等高水平标志。滑升过程中经常用小钢尺量取千斤顶至水平标志的距离，如其高差超过 20 mm 时就应进行调整，使操作平台保持水平。

4）向提升机房及井塔的各层平台标设井筒十字中线

当模板滑升到提升机房平台时，停止滑升，开始提升机房平台的施工。此时，将经纬仪安置于地面井筒十字中线基点上,将井筒十字中线投射到平台上,然后在平台上安置经纬仪,在平台上标设4个井筒十字中线点。

井塔内的各层平台是由上向下施工的,施工前须将井筒十字中线标设到井塔各层平台的窗口上。用钢尺将高程导入各层平台的上方,在井塔内壁作出4~8个等高点的标志,作为各层平台施工的依据。

当提升机房砌筑完毕后,须对其平台上的4个十字中线点进行校核,然后用经纬仪将它们转设到固定在提升机房内壁、比提升机稍高的扒钉上,并锯一个缺口作为标志。同时精确地将高程导至提升机房的平台上。

5)井塔沉降观测

观测点埋设在井塔基础四周和井塔基础与井筒相对沉降缝的两侧,用水准仪测量各测点的高程,每滑升一个平台或每增加一次荷重观测一次,根据测点的高程变化,掌握沉降情况。

四、天轮安装检查测量

安装人员依据设计的天轮十字中线至安装井架前,在天轮平台上标出的井筒十字中线的距离,安装天轮轴套,并用水准仪或水平尺操平两轴瓦,固定轴套,安装天轮。天轮安装结束后,应进行下列的检查测量。

1. 天轮轴水平程度的检查测量

用水准仪直接测量天轮轴两端点的高差,其值不应超过轴长的1/5 000。

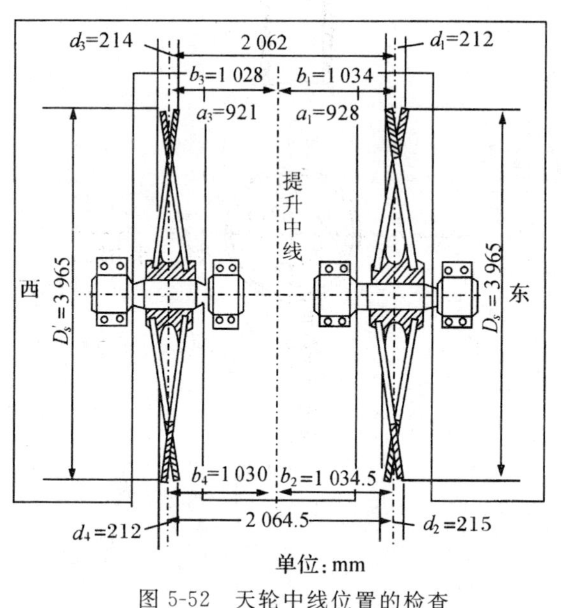

图5-52 天轮中线位置的检查

2. 天轮中线位置的检查测量

在天轮平台上用钢丝拉出井筒十字中线(或提升中线),精确丈量天轮内侧边缘到提升中线的平距 a_i 和天轮边缘宽度 d_i,如图5-52所示。计算天轮中线到提升中线的实际距离 $b_i=a_i+\frac{d_i}{2}$,与设计值进行对比检查,其偏差值不应大于±3 mm。

3. 天轮平面与过提升中线的竖直面间夹角的检查测量

利用天轮中线位置检查时所得到的天轮直径两端的数据 b_1、b_2(或 b_3、b_4),见图5-52,计算天轮平面与过提升中线的竖直面之间的夹角:

$$\gamma_{东}=\frac{b_1-b_2}{D_s}\rho''$$

或

$$\gamma_{西}=\frac{b_3-b_4}{D'_s}\rho'' \qquad (5\text{-}4\text{-}1)$$

式中,D_s、D'_s 为天轮直径。γ 角应符合设计规定的要求,否则需对天轮进行调整。

4. 天轮平面竖直程度检查

在靠近天轮轴颈处悬挂一垂球线，量取天轮上、下外缘到垂球线的距离 L、K 及上、下测点间垂距 D_v，则天轮平面与铅垂面间夹角 δ 为

$$\delta=\frac{K-L}{D_v}\rho'' \tag{5-4-2}$$

δ 应符合设计规定值，一般要求 $\delta<40''$，否则应调整天轮轴瓦，直到满足要求为止。

五、提升机安装测量

1. 提升机基础位置的标定

依据设计图中的有关尺寸，绘制标定草图，如图 5-53 所示。根据十字中线基点 W_1、W_2 用经纬仪和钢尺标出主轴中线与井筒十字中线的交点 F，再在 F 点架设仪器标出提升机主轴中线，并用木桩固定，如图 5-53 中的 1、2、… 点。

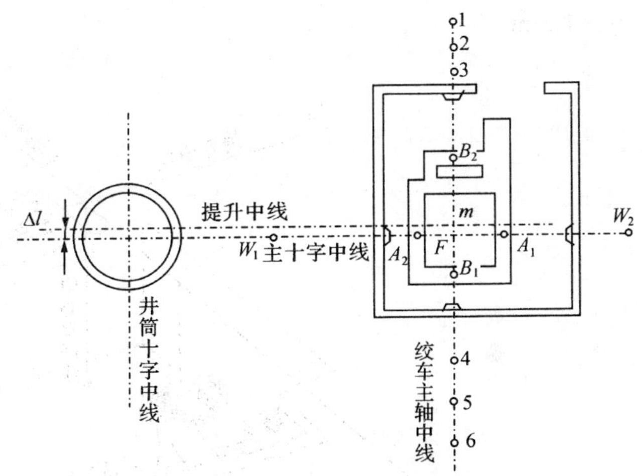

图 5-53　提升机基础位置的标定

根据提升机主轴中线和井筒十字中线进行基坑放样和组立绞车基础模板。基坑的高程在立模板前应用水准仪检查一次。基础模板经校核无误后，即可浇筑提升机基础。

2. 向提升机房转设提升机主轴中线，井筒十字中线、提升中线和高程点

当提升机基础浇筑即将完成时，依据原有的井筒十字中线和主轴中线，在基础上预埋 4 个长形铁桩，使铁桩的顶面较基础面低 2～3 mm，在抹平基础面时，注意留出点位。当基础凝固后，机房墙未砌筑前，在埋设的铁桩上标出井筒十字中线点。

如图 5-53 所示，在十字中线基点 W_2 上安置经纬仪，瞄准 W_1，在铁桩上标出点 A_1、A_2，刻好标记。标定工作独立进行两个测回，两次标定之差不得超过 ±1 mm。

主轴中线的转设方法与井筒十字中线的转设方法相同。如果 F 点上能安置经纬仪，可先标出 F 点，再在 F 点上安置经纬仪，直接标出主轴中线。

提升机房建筑完毕后，沿主轴中线、十字中线和提升中线的方向在墙上各埋设两个扒钉，扒钉应高于提升机滚筒。将基础上的十字中线转设到墙壁扒钉上，再用拐尺量出偏距 Δl，在扒钉上标出提升中线点。用细钢丝拉起十字中线和提升中线，与主轴中线的交点为 F 和 m，F 与 m 之间的距离应等于 Δl。采用 S_3 水准仪用四等水准测量方法测出基础上任一中线点的高程，作为提升机房高程控制点。

3. 提升机安装时的测量工作

1）提升机机座安装测量

安装提升机机座前，在机房两侧扒钉上沿井筒十字中线和提升中线拉细钢丝，并下放垂球线，在基础上用墨斗线弹出两条墨线，根据这两条线详细检查基础各细部和地脚螺丝孔的平面位置。根据提升机房内的高程点，用水准仪在滚筒槽两侧混凝土上标出等高的 6～8 个高程点。安装人员依据这些高程点对机座底部混凝土面操平。根据机座图的尺寸，在机座上预刻

出主轴中线。在扒钉间拉起两条中线,移动机座进行找正,同时测量机座的高程和 4 个角的高差。符合要求后固定机座。

2)主轴轴承安装测量

安装前,由钳工在每个轴瓦的中线上刻出两点,如图 5-54 中的 1、2、3、4 点。安装时,在扒钉上拉起主轴中线和提升中线,挂上下垂球,对轴瓦面所刻的中线点进行找正;利用水准仪和钢板尺对轴承面的最低点进行操平。轴承的平面和高程与设计位置之差,均应不超过±1 mm。

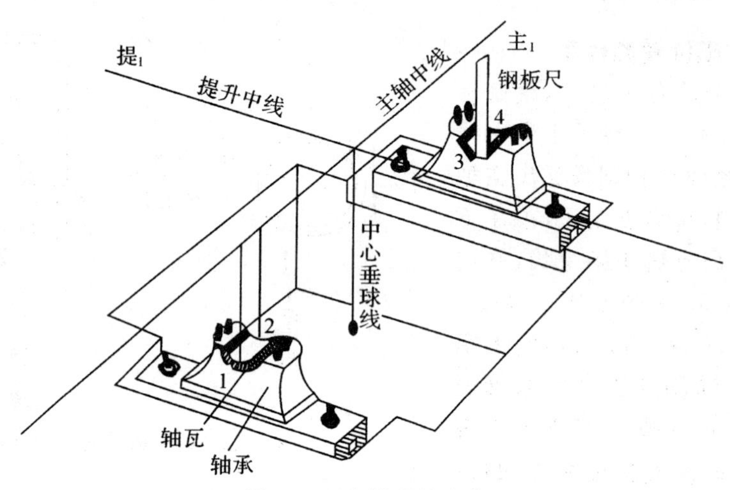

图 5-54 主轴承的安装

3)主轴平面位置的安装测量

如图 5-55 所示,沿主轴中线的两个扒钉拉起细钢丝,靠近主轴的两端,由细钢丝上挂两根垂线,根据两根垂线指示主轴两端实际中心,进行找正。

4)检查主轴水平程度

主轴的水平程度一般通过检查两轴头的高差来确定。

a. 精密水准仪配合方框水准尺法

如图 5-56 所示,检查时,将 S_1 级精密水准仪安置在距两轴头等远的地方,把一个带钢板尺或游标卡尺的方框水准尺分别立于两轴头最高点上,使主轴转动 4 个不同的位置,在每个位置上使方框水准尺纵横两气泡居中,然后用两次仪器高精确测量主轴两端顶面各个位置的高差。当两轴头直径相等时,主轴两端顶面的高差不得超过 $0.1l$ mm(l 是主轴长度,以 m 为单位)。当两轴头直径不等时,两端顶面高差应等于两轴头半径之差,其差值同样不应超过 $0.1l$ mm。如果主轴水平程度不能满足上述要求时,应调整两轴头高度。

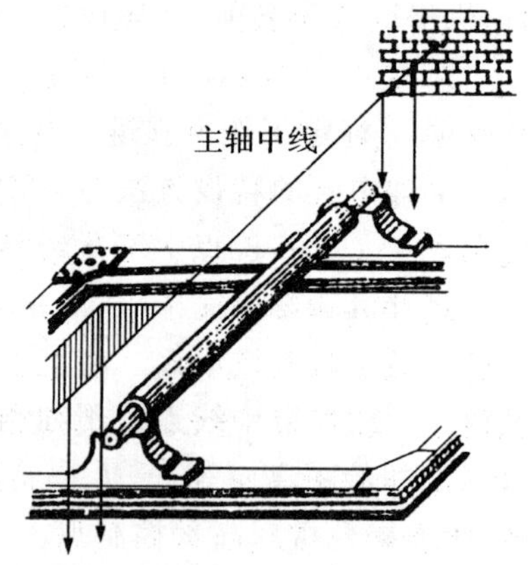

图 5-55 主轴平面位置的确定

b. 精密水准仪直接观测法

当主轴两轴头直径相等时,可用带有测微器的 S_1 级精密水准仪,直接观测两轴头上边缘进行检查。将水准仪安置在距两轴头等远处,反复调整仪器高,使望远镜水平中丝大致位于主轴头上缘处。然后瞄准轴头 A,转动测微螺旋使水平中丝切于轴头上沿,读取测微读数 a;同样方法测 B 端轴头,得读数 b。$a-b$ 就是两轴头上缘的高差。

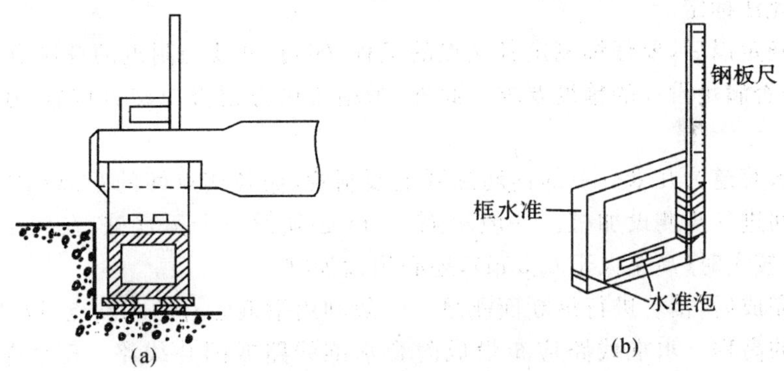

图 5-56　精密水准仪配合方框水准尺法

§5.5　地下管道施工测量

在城镇和大型企业建设中,需要铺设众多的地下管道,如给水、排水、煤气、供电、通信以及取暖等管道,以满足居民生活和工业生产所需。随着我国现代化进程的飞速发展,各种长距离的巨型管道,如西油、西气东调工程,大型光纤工程等。管道的布设,根据各种工程的特点和要求,可以是明管,但为管道的安全和长期使用,多数是地下管道。地下管道的施工测量相对明管施工测量要求更高、难度更大,特别是像下水道等这些借助于坡度而自流的管道,对高程方面的精度有较高的要求。这样,给地下管道施工测量增加了一定的难度。

地下管道在正式施测前,测量人员应该收集并仔细研究管道设计书和管道布置图。要掌握和熟悉管道的断面、埋设的形式、埋设的深度、管道间的相互位置、管道的起讫点、所经的路线,必要的平面坐标、高程和方位角等设计资料。以便于施测时,按设计要求铺设管道。

一、管道中线的测设

如图 5-57 所示,为某建筑区排水管道设计图。为了按设计敷设管道,首先必须进行管道中线的放样,把管道的设计中心线标到实地。

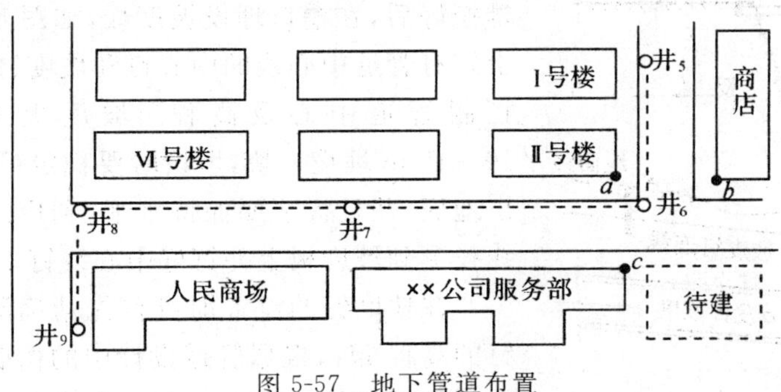

图 5-57　地下管道布置

管道的中线测量实质上就是把交点如井$_6$、井$_8$、…,以及一些特殊控制点利用各种方法在实地标定。例如井$_6$ 位置的确定,可用施工区的控制点和井$_6$ 的坐标直接放样,也可用图 5-57

所示的Ⅱ号楼东南角 a 点、商店西南角 b 点和服务部东北角 c 点以距离交会法而确定。同样井$_8$可直接放样，也可根据井$_8$与已有建筑物的相对位置而在实地标定。由此可见，所有中线的交点都可按此法标定。

各交点桩确定以后，要仔细测定各交点的里程、转角，并要与附近的控制点连测，推算各交点坐标，检查是否满足设计的精度要求。此外，为施工中方便查找交点位置，还必须绘制点之记草图。

通常的排水管道为几米一节的钢筋混凝土预制管，而各交点间的距离相隔较远，因此，应在各交点桩之间进一步测设加桩。一般每隔 50 m 必须设一个里程桩，在两个里程桩或井位间，若地形高差较大时(高差大于 0.3 m)，还必须设加桩。

中线测量完成后，接着进行纵断面测量。一般利用附近已有的水准点，以几何水准测量方法测定各桩位的高程。水准线路应布设成附合水准线路或闭合线路，其允许闭合差应小于 $\pm 5\sqrt{n}$，其中 n 为测站数。纵断面测量中必须要注意做好与其他地下管线交叉时的调查工作，要精确测定管线交叉点的位置及桩号，并测出原有管线的高程及管径等资料。纵断面测量完成后，必须绘制管道中心线纵断面，为开挖安设等工作提供依据。

当管线所经处的地面情况较复杂时或深埋的管道口径较大时，还应进行横断面测量。从而为施工中确定开挖边界线及计算开挖土方量、估算工程造价等提供方便。

二、管道的施工测量

管道正式施工前，测量人员应实地查找各交点桩、里程桩、加桩和水准点位置，并进行仔细核查。由于测设中线到施工开始，相隔时间可能较长，有一些桩可能不复存在，此时必须按设计资料进行恢复。此外，管道中线桩在施工中将被挖掉，为了便于恢复中线，应在不受施工影响且便于放样处，加设施工控制桩(或称控制点)。如果管道较大且埋设较深时，为了便于指导施工，还可在中线一侧设置一条与中线平行的辅助中心线，以便于原中线的恢复或指导施工。

另外，为了使施工过程中的高程引测方便，应根据原纵断面测量时的水准点，沿管线每 100 m 左右加测一个临时水准点，这些水准点应布设在便于保存并不受施工影响的地方，临时水准点的精度，应视管道坡度的精度要求而定，最好按四等水准测量的要求进行施测。

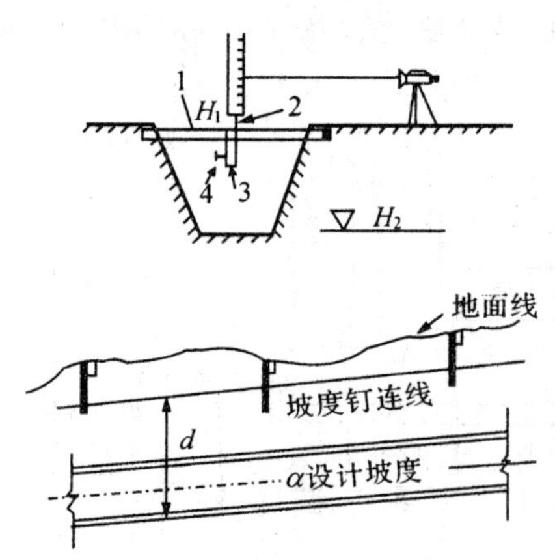

1—坡度板；2—中心钉；3—高程板；4—坡度钉

图 5-58 地下管道的施测

管道施工时，首先按设计要求开挖管槽，测量人员按设计施样开挖边线，并经常检核开挖尺寸及深度。管槽挖好后，在槽口埋设坡度板，如图 5-58 所示。坡度板上钉有管道中心线的中心钉和坡度钉(或高程板)，以此控制管道中心及高程。坡度板可在管槽内每隔 10～15 m 埋设一块，埋设时要稳定可靠，此板顶不能露出地面，并且板顶要保持水平，利用经纬仪把管道中心线投测到坡度板上并钉好中心线钉。

在坡度钉的设置前可首先精确测定各坡度板中心钉的高程 H_1，根据管道设计中的槽底高程 H_2，并求出它们间的高差 $h=H_1-H_2$，如图 5-58 所示。然后在坡度板中心钉旁加钉一块高程板，高程板侧边钉坡度钉，使坡度钉到槽底的高差为1.5～2.0 m以内的一个整分米数 d，这样便于指导槽基浇筑、管座及管道安装。例如，某管道第8块坡度板处的槽底设计标高 H_2 为16.045 m，而测得坡度板中心钉高程 H_1 为18.482 m，根据管径和施工条件取 $d=1.8$ m，则坡度钉应设置在距中心钉下0.637 m处。由于整个管道工程的各个坡度处所取的 d 值必须相同，那么坡度钉确定后的连线，就是一条高于槽底设计标高为 d 的平行坡度线，这给管道的施工作业带来了方便。

管道施工测量中，要严格控制高程位置，特别是对于一些自流的大型排水管道，必须保证设计坡度。因此，各个部位管道高程的精度可从满足设计坡度的精度出发分析而得。

(1)若设两坡度板间距离为 D，其高程分别为 H_1 和 H_2，则它们间的坡度 α 为

$$\alpha=\frac{H_2-H_1}{D}=\frac{\Delta h}{D} \tag{5-5-1}$$

对上式求微分后，按误差传播定律得坡度中误差为

$$m_\alpha=\pm\sqrt{\frac{m_h^2}{D^2}+\left(\frac{\alpha}{D}\right)^2 m_D^2} \tag{5-5-2}$$

式中，m_h 为高程测量中误差；m_D 为距离测量中误差。

通常上式中 α 是一个较小的数值，所以根号内的第二项可略去不计，则

$$m_\alpha=\pm\frac{m_h}{D} \tag{5-5-3}$$

如果要求 $m_\alpha\leqslant 1/2\,000$，且 $D=10$ m，那么可以标得相邻坡度间高差的测定中误差 $m_h\leqslant\pm 5$ mm。实际上坡度误差 m_α 不仅受 m_h 的影响，而且受到临时水准点误差、放样垂直距离 d 等各种误差的影响，所以坡度钉高程测定误差小于±5 mm。

(2)如果考虑管道全长的坡度，设起始点到终点的全长为 l，各段坡度相同，均为 α。同样按式(5-5-1)来分析，对管子进口和出口处高程的要求，只要首、尾两端处水准点的高程中误差满足规范要求，那么管道全长的坡度误差都能满足设计要求。

三、顶管施工测量

当某种条件限制下，不允许开槽施工地下管道时，如穿越铁路、公路、重要建筑物，那么可采用顶管施工的方法布设地下管道。

顶管施工前，首先根据设计图纸，在管道两端面挖好工作坑，做好施工准备。接着在坑内布置导轨，导轨的高程和方向按设计要求精确放样并进行检查和调整。然后在导轨上放置管段，以千斤顶把管段沿管线方向插入土中，取出管内的泥土，并逐节地顶入管段，直到结束。

顶管施工测量的主要内容是设置中线桩、坡度板和水准点，以及在顶管过程中的施工检查测量工作。

如图5-59所示，为了顶管工作的顺利进行，在工作坑挖到设计层面后，首先在坑壁测放中线桩 A、B 并钉上中心钉。中线桩不要与其他的支撑架连在一起，宜设置在稳固的原土层内，其高度应高于管顶一定的距离，一般距槽底2.5 m左右。在中线桩的中心钉上连线并在适当位置悬挂两条垂线，根据此垂线方向，就可以指导顶管的顶进方向。为此，为掌握顶进过程中的高

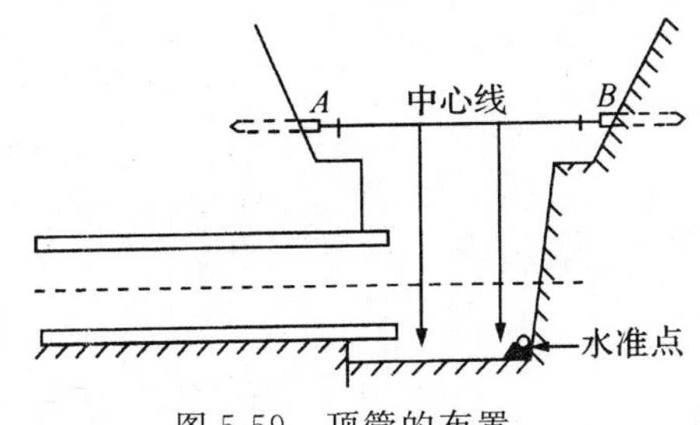

图5-59 顶管的布置

程,在工作坑内必须预先引入水准点,引测的误差不应大于±5 mm,而且在整个施工过程中应对坑内水准点进行经常性的检测。

工作坑内导轨的安置,图 5-60 所示的导轨采用 18 号轻便轨,轨高 $h=90$ mm,轨顶宽 $P=40$ mm。如果所顶的管外径为 R,管壁厚为 d,那么可标得两轨中心线的间距 D 和 AB 的距离为

$$D=2\times AB+P \tag{5-5-4}$$

$$AB=\sqrt{R^2-(R-h)^2} \tag{5-5-5}$$

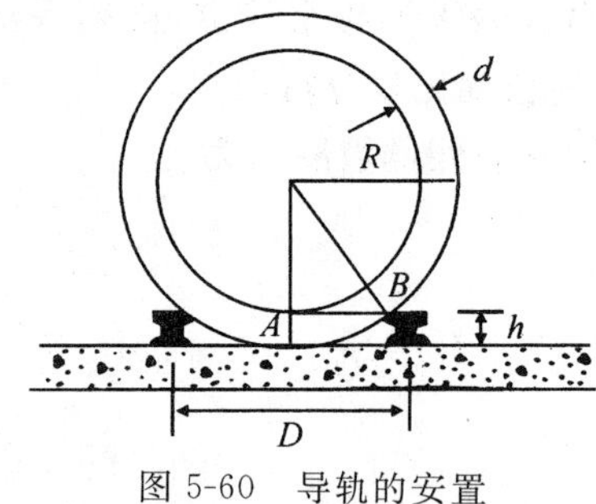

图 5-60 导轨的安置

铺设导轨的工作坑底通常都预浇一定厚度的混凝土层,以利于导轨正确设置和校正。顶管时,采用几台布设在工作坑内的千斤顶实施,工作坑的后壁要浇灌一定厚度的混凝土和搭设施工架,以便设置千斤顶。施工时要不断用中心线检查顶进方向和测定管底的高程,以便发现问题后可采取措施纠正。根据规范及施工经验表明,顶管中的高程偏差不应大于±2 cm,中线偏差应小于±3 cm,管段间产生的管子错口不得超过±1 cm。

在长距离的顶管工程中,为了确保工程质量,有条件时可采用激光指向仪指导顶管。这种有激光指向仪的机械顶管系统由掘进机、方向校正环、激光接收靶及自动控制电路、顶进液压千斤顶和激光指向仪等组成。工作的基本原理如下:激光指向仪按照顶进的管子中心线方向架设在坑顶浇筑好观测墩上。调整仪器使发出的激光束严格与设计管道轴线重合,则激光束的方向就是顶管推进的方向。此激光束射到与掘进机连接在一起的激光接收装置,并判断出光斑偏离接收装置中心的位置,此偏离值也就是掘进机偏离管道轴线的偏离值。接收装置把接收到的偏离值转换成差动信号,经控制电路放大后而自动控制校正环内的液压千斤顶。由于液压千斤顶的作用,使掘进机转向从而达到纠偏的目的。这种纠偏的方式是三维的,因此,不但可以在平面内纠偏,同时也可在高程面内纠偏。

第六章　贯通测量

§6.1　概　述

一、贯通和贯通测量

为了加快巷道掘进速度,缩短通风距离,改善工人作业条件,常在不同地点用几个工作面分段掘进同一巷道,使各分段巷道相通后仍能满足设计要求,这种工程称为贯通。为了使两个或多个掘进工作面,按其设计要求在预定地点正确接通而进行的测量工作,称为贯通测量。贯通是一项地下隧道施工技术,在地铁工程、矿山采掘工程、跨江跨海隧道、水电工程中的输水隧洞以及国防工程中被广泛应用。贯通工程包括三种情况,如图 6-1 所示。

(1)两个工作面相向掘进,叫相向贯通,见图 6-1(a)。

(2)两个工作面同向掘进,叫同向贯通,见图 6-1(b)。

(3)从巷道一端向另一端的指定点掘进,叫单向贯通,见图 6-1(c)。

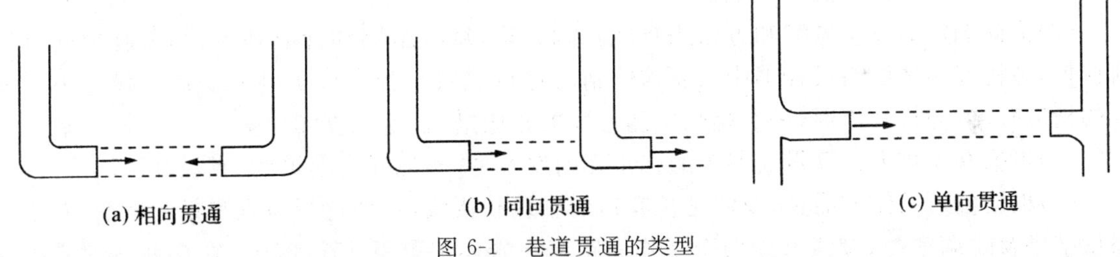

图 6-1　巷道贯通的类型

隧道贯通时,测量人员的任务就是要保证各掘进工作面均沿着设计位置与方向掘进,使贯通后接合处不超过规定的限度。显然,贯通测量是一项非常重要的测量工作,测量人员所负的责任是十分重大的,如果因贯通测量过程中发生错误而未能贯通,或贯通后接合处的偏差超限,将影响工程质量,甚至造成整个工程报废、人员伤亡等严重后果,在经济和时间上给国家造成很大损失。因此,要求贯通测量人员必须有强烈的责任心、认真负责的工作态度、一丝不苟的工作作风,以确保贯通工程顺利完成。贯通测量工作应遵循下列两条原则:

(1)要在确定测量方案和测量方法正确的同时,保证贯通所必需的精度,过高或过低的精度要求都是不合适的。

(2)对所完成的每一项测量和计算工作都应有客观独立的检查校核,严格防止不应有的粗差出现。

二、贯通的种类和容许偏差

井巷或隧道贯通一般可分为:一井内巷道贯通、两井间巷道贯通和竖井贯通三种类型。

由于测量过程中不可避免地会产生误差,因此贯通实际上总是存在偏差。如果贯通接合处的巷道偏差达到某一限值,但仍不影响巷道的正常使用,则称该限值为贯通的容许偏差。这种容许偏差的大小一般是随工程的性质而定,也可采用有关规范所允许的贯通测量容许偏差值。

贯通偏差可能发生在空间的三个方向上:

(1)水平面内沿中线方向上的长度偏差,这种偏差只对贯通长度有影响,而对巷道质量没有影响。

(2)水平面内垂直于巷道中线方向的偏差。

(3)水平巷道的高程偏差。

以上三种偏差中,前一项偏差对巷道质量没有影响,但往往会影响生产安全,在相向贯通时,当贯通相差 15~20 m,其中一方应停止爆破,由于距离偏差,会引起另一个掘进面工作人员的人身安全,因此,距离偏差不可忽视。

后两项偏差直接影响巷道的质量,所以又叫贯通重要方向的偏差。对于竖井贯通来说,影响贯通质量的是平面位置偏差。贯通测量预算误差一般采用中误差的两倍值。当预算误差超过容许偏差值时,应尽量采用提高测量精度的办法解决。

三、贯通测量工作的步骤和贯通测量设计书的编制

1. 贯通测量工作步骤

(1)调查了解贯通工程的实际情况,根据贯通的容许偏差,选择合理的测量方案和测量方法。对于重要的贯通工程,要编制贯通测量设计书,进行贯通误差预算,以验证所选择的测量方案、测量仪器和测量方法的合理性。

(2)依据选定的测量方案和方法进行施测和计算,每一施测和计算环节,均需有独立可靠的检核,并将实测精度与设计书中所要求的精度进行比较。若发现实测精度低于设计中所要求的精度时,应分析其原因,采取提高实测精度的相应措施,返工重测。

(3)根据有关数据计算贯通巷道的标定几何要素,并实地标定巷道的中线和腰线。

(4)根据掘进工作的需要,及时延长巷道的中线和腰线,定期进行检查测量和填图,并根据测量结果及时调整中、腰线。当两个工作面距离在岩体中剩下 15~20 m,在煤巷或地质条件不好巷道中剩下 20~30 m 时,测量人员应以书面方式报告贯通工程总工程师或总负责人,并通知安全检查部门及施工区队,停止一头掘进。

(5)巷道贯通后,应立即测量贯通的实际偏差值,并将两边的导线连接起来,计算各项闭合差。此外,还应对最后一段巷道的中腰线进行调整。

(6)重大贯通工程完成后,应对测量工作进行精度分析和评定,写出技术总结。

2. 贯通测量设计书的编制

重要的贯通工程开始之前,应编制测量设计书,其主要任务是选择合理的测量方案和测量方法。贯通测量设计书的编写提纲一般有以下几个方面的内容:

(1)贯通工程概况。包括贯通工程的目的、任务和要求,贯通容许偏差值的确定,并附比例尺不小于 1∶2 000 的巷道贯通工程图。

(2)贯通测量方案的选定。包括地面控制测量,地下起始数据的传递以及贯通巷道的控制测量的方案,并说明所采用的测量起始数据的情况。

(3)贯通测量方法。包括所采用的仪器、测量方法及其限差的规定。

(4)贯通测量误差预算。绘制比例尺不小于 1∶2 000 的贯通测量设计平面图,在图上绘

出与工程有关的巷道和地面的测量控制点，确定测量误差参数，并进行误差预算。通常采用两倍中误差作为预算误差，预算误差不应超过规定的容许误差。

(5)贯通测量中应注意的问题和应采取的相应措施。

§6.2　一井内巷道贯通测量

凡是由井下一条起算边开始，能够敷设地下导线到达贯通巷道两端的，均属于一井内的巷道贯通。一井内巷道贯通有沿导向层贯通和不沿导向体贯通两类情况。

一、一井内不沿导向层巷道的贯通

1. 第一种情况

如图 6-2 所示，AB、CD 为二连测导线的两条已知导线边，现要在 B、C 两点间贯通一巷道。

(1) 计算 BC 边的坐标方位角。

$$\tan\alpha_{BC}=\frac{y_C-y_B}{x_C-x_B} \tag{6-2-1}$$

按上式算得的角度是 BC 边的象限角，必须按分子分母的符号确定 α_{BC} 的坐标方位角。

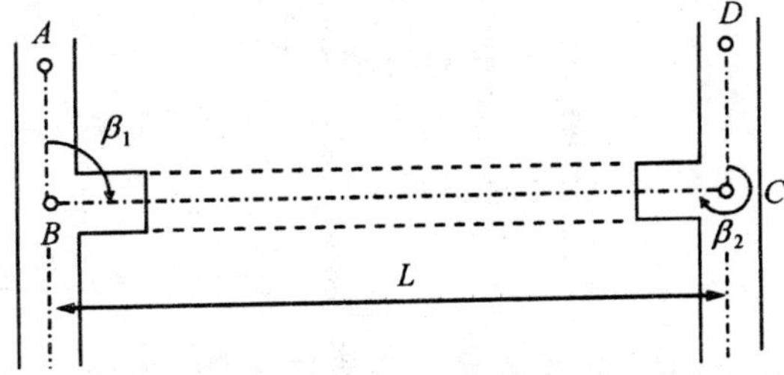

图 6-2　同一矿井中两点间贯通一巷道

(2)计算 BC 边的水平距离。

$$L_{BC}=\frac{y_C-y_B}{\sin\alpha_{BC}}=\frac{x_C-x_B}{\cos\alpha_{BC}} \tag{6-2-2}$$

(3)计算 B、C 间的坡度。

$$\tan\alpha=\frac{H_C-H_B}{L_{BC}} \tag{6-2-3}$$

式中，H_B、H_C 为 B、C 点的巷道底板标高。

(4)计算各点的标定角。

B 点的标定角为

$$\beta_1=\alpha_{BC}-\alpha_{BA} \tag{6-2-4}$$

C 点的标定角为

$$\beta_2=\alpha_{CB}-\alpha_{CD} \tag{6-2-5}$$

(5)计算 BC 边的斜长。

$$L_{BC}=\frac{L_{BC}}{\cos\delta} \tag{6-2-6}$$

可利用 B_1、B_2 给出掘进巷道的中线，利用 δ 给出腰线，利用 L_{BC} 和每天掘进的速度可计算出贯通的时间。

2. 第二种情况

如图 6-3 所示，上平巷已经掘好，二号下山已通，三号下山掘至 B 点，1、2、…、10 均为连测导线点。为了尽快打通三号下山，决定在下平巷开辟上掘工作面。

(1) 利用解析法列出 9－10 和 1－B 的直线方程式，求出 A 点的坐标，即

$$\left.\begin{aligned}y_A-y_B&=\tan\alpha_{1-B}(x_A-x_B)\\y_A-y_9&=\tan\alpha_{9-10}(x_A-x_9)\end{aligned}\right\} \tag{6-2-7}$$

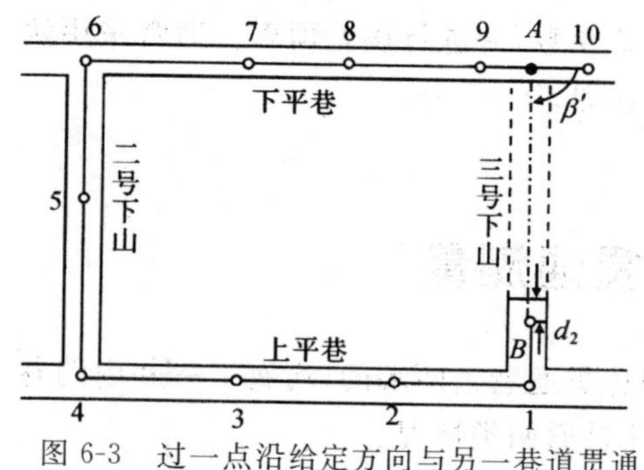

图 6-3 过一点沿给定方向与另一巷道贯通

解联立方程，可求得 x_A 和 x_B。

(2) 利用点 A 和点 9 的坐标计算 9－A 的水平距离，即

$$L_{9-A}=\frac{x_A-x_9}{\cos\alpha_{9-10}}=\frac{y_A-y_9}{\sin\alpha_{9-10}} \tag{6-2-8}$$

为了检核，再算点 A 至点 10 的水平距离。

(3)计算 B、A 间的坡度。

$$\tan\delta=\frac{H_A-H_B}{L_{BA}-d_1} \tag{6-2-9}$$

式中，H_B、H_A 为直接测定的 B、A 点的底板标高；d_1 为 A 点到巷道一边的水平距离，可直接丈量；L_{BA} 为 A、B 的平距，计算公式为

$$L_{BA}=\frac{y_B-y_A}{\sin\alpha_{1-B}}=\frac{x_B-x_A}{\cos\alpha_{1-B}} \tag{6-2-10}$$

(4)计算 A 点的标定角。

$$B'=\alpha_{B-1}-\alpha_{9-10} \tag{6-2-11}$$

(5)计算贯通斜距。

$$l=\frac{L_{BA}-d_1-d_2}{\cos\delta} \tag{6-2-12}$$

式中，d_2 为 B 点到附近掘进工作面的水平距离。

从 9 号点沿 9－10 导线边量取水平距离 L_{9-A} 可确定 A 点的位置，利用标定角 B' 可在 A 点给出巷道中线，利用倾角 δ 可给出腰线。

二、一井内沿导向层的贯通

一井内沿导向层的贯通可分为沿倾斜导向层水平巷道贯通和倾斜巷道贯通两种情况。

1. 沿倾斜导向层水平巷道贯通

当沿倾斜导向层进行水平巷道贯通时，由于平巷中线的方向受导向层的限制，因此无需给定巷道中线的方向，只需保证高程位置的正确就能贯通。这类贯通虽不需要标设巷道中线，但是必须严格掌握高程，因为它不仅会引起贯通竖直方向上的偏差，还能引起平面上的偏差。理论和实践都证明，当导向层倾角 δ 度较小时，由高程测量误差对平面上产生的偏差比较大，因而只有在 δ 大于 30°的导向层的条件下才可不给中线，而导向层倾角小于 30°时贯通平巷时，仍需标设巷道中线的方向。

还应强调指出，这类巷道贯通时，还应及时测绘平面图，以便及时发现由于导向层的地质构造破坏而引起贯通巷道的倾斜。当导向层有地质构造破坏时，就应标设巷道中线的方向来指导掘进。

2. 倾斜巷道贯通

沿导向层贯通倾斜巷道时，由于贯通巷道在高程上受导向层的限制，只需给定巷道中线的方向，不必给腰线。但此时要及时测绘巷道的竖直剖面图，以及时发现导向层地质构造破坏的影响，而采取相应的措施，确保贯通的正确性。

§6.3　两井间的巷道贯通测量

两井间的巷道贯通，是指在巷道贯通前不能由井下一条起算边向贯通巷道的两端敷设井下导线的贯通。为了保证两井间巷道的正确贯通，两井的测量数据必须采用统一的坐标系统。所以，这类贯通测量要先进行联系测量，将地区统一坐标系统传递到井下去，并在井下进行测量，这类贯通测量的误差积累较大，必须采用更精确的测量方法和更严格的检查措施。两井间的巷道贯通测量通常有以下几项工作。

一、两井间的地面连测

两井间的地面连测要充分考虑两井间距离和井下贯通长度以及对地面控制精度的要求，尽可能提高地面测量的精度，减少井下测量的难度。地面连测有条件的要采用 GPS 定位测量，也可以采用传统的导线、边角网或三角网等方式，关键要有严格检核措施，确保测量成果没有粗差。平面控制点要建立在井口附近，便于向下传递。两井间要进行四等水准测量，求出近井点的高程。

二、两井分别进行井下起始数据的传递

井下起始数据的传递也叫联系测量，是将地面坐标传递到井下去，作为井下导线的起始边的起算数据。通常采用陀螺定向或两井定向的方法，传递井下起始边的坐标方位角和定向基准点的坐标。井下高程传递，可采用钢尺等方法进行导入高程测量，求出井下水准基点的高程。

井下坐标传递工作均需独立进行两次，将两次成果进行比较，互差合乎要求，即可使用。

三、井下导线和高程测量

井下导线从地面传递到井下的起始边和基准点开始，布设一条到贯通开切点附近的导线。敷设导线要选择路线短、条件好的巷道。重要贯通工程可采用全站仪观测，如果条件允许，导线可以布设成闭合导线，若是支导线应独立观测两次，确保观测结果无粗差。

高程测量在平巷或坡度小的巷道采用水准测量，斜巷采用三角高程测量，将高程传递到贯通巷道附近的基准点上。

四、求算贯通巷道的方向和坡度并实地标定

根据井下导线和高程测量成果，利用贯通巷道两端处在中线点上的坐标，计算贯通巷道掘进的方向和坡度，并在实地标定。在掘进过程中应经常检查和调整掘进方向，直至正确贯通。

两井间巷道贯通测量，涉及地面测量、联系测量和井下导线测量。测量内容多，误差积累较大，尤其是两井间距离较大时更为明显。为了保证贯通误差不超过容许值，对于大型重要贯通，要根据实际情况选择合理的测量方案和测量方法，并进行贯通测量误差预算。

§6.4 竖井贯通测量

竖井贯通最常见的有两种情况：一种是从地面及井下相向开凿的竖井贯通；另一种是延伸竖井时的贯通。

一、从地面和井下相向开凿的竖井贯通

如图 6-4 所示，在距离主副井较远的地方要新开凿新的三号井，并决定采用相向开凿方式贯通。一方面从地面向下开凿，另一方面同时由原运输大巷标定三号井的井筒中心位置，并由此向上开凿。通常向上开凿采用小断面反井，待贯通后再按全断面刷大成井。当然，可以用全断面相向贯通。

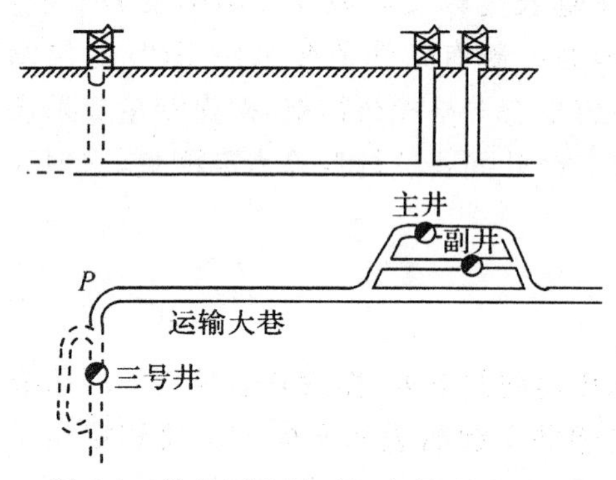

图 6-4 从地面和井下相向贯通三号立井

这种贯通方式主要有以下测量工作：

(1)进行地面连测，建立主副井和三号井的近井点。地面连测方案可视两井间的距离、地形和现有的仪器设备而定。

(2)以三号井的近井点为依据，根据设计要求，将三号井筒中心标定实地。

(3)通过主副井联系测量，确定井下导线起始边的坐标方位角及起始点坐标。

(4)在井下测设导线，直至三号井井底车场附近。

(5)利用三号井井底车场内的导线点标定三号井井筒中心点，有条件的地方应标定井筒十字中线基本标桩。

在竖井贯通中，高程测量的误差对贯通影响不大，一般可以采用原有高程测量成果并进行必要的补测。最后可根据井底的高程推算接井的深度，当上、下两端井筒掘进工作面接近10～15 m，测量人员要提前通知施工单位，停止一端的掘进工作，采取相应的安全技术措施。

这类竖井贯通时，尤其是全断面开凿一次成井的相向贯通，竖井中心线的贯通容许偏差较小，通常要进行贯通测量精度预算，做到心中有数，确保贯通正确无误。

二、延伸竖井时的贯通

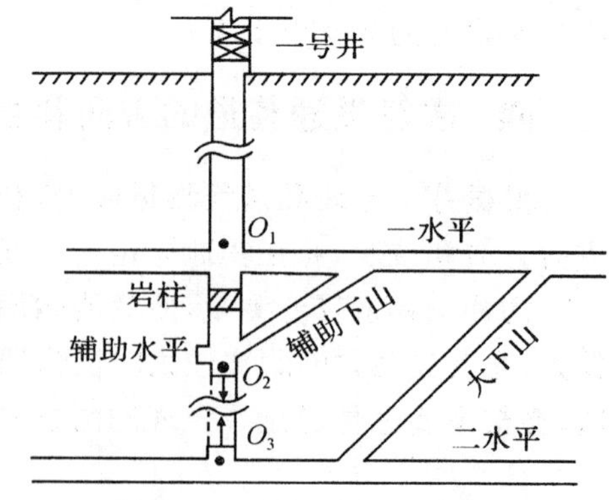

图 6-5 竖井延伸贯通测量

如图 6-5 所示，一号井原来已掘进到一水平，现在要延伸到二水平，由于从一水平已通过大下山到达二水平，故决定采用贯通方式延伸，即上端由一水平掘进辅助下山，到一号井井底下方，留设井底岩柱(通常为6～8 m)，标定出井筒中心 O_2，指示井筒由上向下开凿；同时，在二水平开掘一号井井底车场，标定出井筒中心 O_3，指示井筒由下向上开凿。当竖井井筒上、下两端贯通后，再去掉岩标，从而使一号井由一水平延伸到二水平。就图 6-5 所示的竖井延伸贯通测量来说，主要测量工作包括：

(1)在一水平测出一号井井筒底部位于该水平的实际 O_1 点的坐标，而不能采用地面井中的坐标，更不能采用原设计井中坐标作为贯通的依据。因为井筒不可能完全铅直而且有可能变形，而延伸的井筒是要和一水平的一号井井筒底部相接的。

(2)从一水平井底车场中的起始导线开始，沿大巷和辅助下山测设到达一号井岩标下方，标定出井筒中心 O_2 点，指示井筒由上向下掘进。

(3)从一水平井底车场的起始导线开始，沿大巷和大下山测设到二水平的导线，直到一号井井筒的下方，并在二水平标定井筒中心 O_3 点，指示井筒由下向上开凿。

(4)一号井井筒延伸部分的上、下两端相向掘进到只剩下 10～15 m 时，要书面通知有关单位，停止一端掘进工作，采取相应的安全措施。上、下两端贯通后，再去掉岩标。

§6.5　贯通测量的施测

贯通结果的好坏，固然取决于所选择的贯通测量方案和测量方法是否正确，同时，还与实际施测工作的质量紧密相关。因此，在实际测量过程中，要认真测量、严格检核，确保测量结果的正确。在整个施测过程中，除了及时检核和填图外，经常检查和调整贯通巷道的方向与坡度，尽量减少测量误差对工程的影响，保证巷道能按设计要求准确贯通。

一、贯通测量施测过程中应注意的问题

(1)注意原始资料的可靠性，起算数据应当准确无误。使用地面控制点和井下测量起始点时，要了解这些点原有的精度和保存情况，在满足精度要求的情况下，务必查明各点位无破坏且无位移后，方能使用。对于工程设计的资料，特别是巷道的方位、坐标、距离、高程、坡度等，要进行认真检核。

(2)各项测量工作都要有可靠的独立检核，必须进行复测复算，防止粗差。对于重要的贯通工程，在复测时，应采取换人观测和计算的方式；条件允许时，最好还采用不同的测量仪器和工具重复观测，复测合格后方可施工。

(3)精度要求很高的重要贯通，要采取提高精度的相应措施。由于地下测量和联系测量提高精度的难度大，因此要提高地面控制网的精度，最好采用 GPS 或高精度的全站仪进行施测，高程采用等级水准测量。地下导线尽可能增大导线边长，采用全站仪测量。对于边长较短的测站，要设法提高仪器和觇标的对中精度，同时要考虑井下风流等环境因素的影响。

(4)对施测结果要及时进行精度分析，并与原误差预算的精度进行比较，各个环节不能低于原精度要求，必要时进行返工重测。

(5)利用测量成果计算标定要素时，注意不要抄错或用错已知数据。实地标定时，注意不要用错测点。

(6)贯通巷道掘进过程中，要及时进行测量和填图，并根据测量成果及时调整巷道掘进的方向和坡度。如采用全断面一次成巷施工，则在贯通前的一段巷道内可采用临时支护，铺设临时简易轨道，以减少巷道贯通后的整修工作量。

二、贯通后实际偏差测定及中腰线的调整

巷道贯通后，实际偏差的测定是一项重要的工作，它具有以下意义：

(1)对巷道贯通的结果作出最后的评定。

(2)用实际数据检查测量工作的成果,从而验证贯通测量误差预算的正确程度,以丰富贯通测量的理论和经验。

(3)通过贯通后的连测,可使两端原来没有闭合或附合条件的井下测量控制网有了可靠的检核和进行平差以及精度评定。

(4)作为巷道中腰线最后调整的依据。

1. 贯通后实际偏差的测定

1)平巷贯通时水平面内偏差的测定

(1)用经纬仪把两端巷道的中心线都延长到巷道贯通接合面上,量出两中心线之间的距离 d,其大小就是贯通巷道在水平面内的实际偏差。

(2)将巷道两端的导线进行连测,求出闭合边的坐标方位角的差值和坐标闭合差,这些差值实际上也反映了贯通测量的精度。

2)平巷贯通时竖直面内偏差的测定

(1)用水准仪测出或用小钢尺直接量出两端腰线在贯通接合处的高差,其大小就是贯通在竖直面内的实际偏差。

(2)用水准仪测量或三角高程测量连测两端巷道中的已知高程控制点,求出高程闭合差,它实际反映了贯通高程测量精度。

3)竖井贯通后井中实际偏差的测定

竖井贯通后,可由地面上或由上水平的井中处挂上中心垂球线到下水平,直接丈量出井筒中心之间的偏差值,即为竖井贯通的实际偏差值。有时也可测绘出贯通接合处上、下两段井筒的横断面图,从图上量出两中心之间的距离,就是竖井贯通的实际偏差。

竖井贯通后,应进行定向测量,重新测定下水平井下导线边的坐标方位角和用来标定下水平井中位置的导线点的坐标与原坐标的差值,也反映了竖井贯通的精度。

2. 贯通后巷道中腰线的调整

测量巷道贯通的实际偏差后,还需对中腰线进行调整。

1)中线的调整

巷道贯通后,如实际偏差在容许的范围之内,对于次要巷道只需将最后几架棚子加以修整即可。对于重要巷道,可将距离相遇点一定距离处的两端中心线相连,以新的中心线代替原中心线,以指导砌筑最后一段永久性支护。

2)腰线的调整

巷道贯通后,若实际的贯通高差很小时,可按实测高差和距离算出最后一段巷道的坡度,重新标定出新的腰线。在平巷中,如果贯通的高程偏差较大时,可适当延长调整坡度的距离。在斜井口,通常对腰线的调整要求不十分严格,可由掘进人员自行掌握调整。

§6.6 贯通测量方案的选择与误差预算

一、贯通测量设计书的编制和贯通测量方案的选择

1. 贯通测量设计书的编制

贯通工程,尤其是重要的贯通工程,关系到地下工程的成败和质量,测量人员应在贯通工程施测前,编制好贯通测量设计书。特别重要的贯通测量设计书要报建设单位或主管部门审

批。编制贯通测量设计书的主要任务是选择合理的测量方案和测量方法，以保证巷道的正确贯通。设计书可参照下列提纲编写：

（1）贯通工程概况，包括贯通工程的目的、任务和要求，巷道贯通允许偏差值的确定，附比例尺不小于1∶2 000的巷道贯通工程图。

（2）贯通测量方案的选定，如地面控制测量、联系测量和地下控制测量。

（3）贯通测量方法，包括所采用的仪器、测量方法及限差。

（4）贯通测量误差预算，绘制比例尺不小于1∶2 000的贯通测量设计。平面图，在图上绘出与工程有关的巷道和井上、下控制点，确定测量误差参数，并进行误差预算、预算误差采用中误差的两倍作为限差，其值应小于规定的容许偏差。

（5）贯通测量成本预算，包括所需的工时及仪器折旧费和消耗材料等成本概算。

（6）贯通测量中存在的问题和采取的措施。

贯通测量误差预算，就是根据贯通测量所采用的测量方案和方法，应用误差传播定律，对贯通测量精度进行估算。它是预算贯通实际偏差最大可能出现的限度，而不是预算贯通实际偏差的大小，因此，误差预算只有概率上的意义。其目的是优化测量方案与选择适当的测量方法，做到对贯通心中有数，减少盲目性。地下工程的贯通测量，既不能由于精度太低而造成工程的损失，也不能盲目追求高精度而增加测量工作量。贯通测量误差预算分为一井贯通测量误差预算、两井间巷道贯通误差预算、竖井贯通测量误差预算。

2. 选择贯通测量方案及误差预算的一般方法

（1）了解情况，收集资料，初步确定贯通测量方案。

在接受贯通测量任务后，应首先向贯通工程设计部门和施工单位了解有关贯通工程的设计、部署、工程限差要求和贯通后相遇点的位置等情况，并检核设计部门提供的图纸资料。还要收集与贯通测量有关的测量资料，抄录必要的测量起始数据，并采取多种途径确认其精度和可靠性。绘制巷道贯通测量设计平面图，并在图上绘出与贯通工程有关的巷道和井上、下测量控制点、导线点、水准点等，为贯通测量做好准备工作。然后根据实际情况拟订可供选择的测量方案。在开始时可能有几个方案，如地面采用导线、三角网、边角网、GPS网等，平面联系测量是采用几何定向，还是陀螺定向，通过对比几种方案，从误差大小、技术条件、工作量和成本大小、作业环境好坏等方面进行综合考虑，结合以往的实际经验，初步确定一个较优的贯通测量方案。

（2）选择合适的测量方法。

测量方案初步确定后，选用测量仪器和测量方法，并规定限差和检核措施。这种选择是和误差预算配合进行，常常有调整和反复的过程。通常是采用现有的仪器和常用测量方法，经过误差预算才能确定下来。如果经过误差预算达不到精度，应调换仪器或修改测量方法，然后再进行误差预算，以完全满足精度要求为止，最后确定测量方案和测量方法，并编写完整详细的贯通测量设计书，作为施测的依据。

二、一井内巷道贯通测量的误差预算

一井内巷道贯通只需进行井下导线和高程测量，而不需要进行地面连测和平面联系测量，因此误差预算也只预算井下导线测量和高程测量的误差。

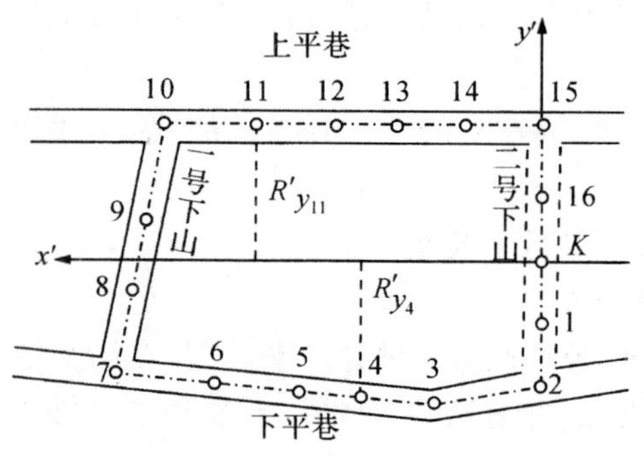

图 6-6 一井内巷道测量误差预算

1. 水平主要方向(x')上的误差预算

贯通测量误差就是从 K 点开始,沿下山和平巷敷设导线,并测回到 K 点所引起的误差。从形式上看似乎是一条闭合导线 $K-1-2\cdots15-16-K$,但在贯通之前实际上是一条支导线。所以预算在水平重要方向上的贯通误差,实质上就是预算支导线终点 K 在 x' 方向上的误差 $M_{x'K}$。由导线测角误差引起的 K 点在 x' 方向上的误差为

$$M_{x'\beta}=\frac{m_\beta}{\rho}\sqrt{\sum R_y'^2} \tag{6-6-1}$$

由导线的量边误差引起的 K 点在 x' 方向上的误差为
当钢尺量边时,

$$M_{x'l}=\pm\alpha\sqrt{\sum l\cdot\cos^2\alpha'} \tag{6-6-2}$$

当光电测距时,

$$M_{x'l}=\pm\sqrt{\sum m_l^2\cos^2\alpha'} \tag{6-6-3}$$

式中,m_β 为井下导线的测角误差;R_y' 为 K 点与导线点连线在 y' 轴上的投影长,可从设计图上量取;α' 为导线各边与 x' 轴间的夹角;α 为钢尺量边偶然误差影响系数;m_l 为光电测距边长误差,$m_l=\pm(a+bl)$。

因此,K 点在 x' 方向上的预算中误差为

$$M_{x'K}=\pm\sqrt{M_{x'\beta}^2+M_{x'l}^2} \tag{6-6-4}$$

若导线独立测量两次,则平均值中误差为

$$M_{x'K平}=\frac{M_{x'K}}{\sqrt{2}} \tag{6-6-5}$$

K 点在 x' 方向上的预算误差为

$$M_{x'K预}=2M_{x'K平} \tag{6-6-6}$$

2. 竖直方向上的误差预算

贯通相遇点 K 在竖直方向的误差是由上、下平巷中的水准测量误差和两个下山中的三角高程测量误差引起的,可按水准测量和三角高程测量的误差公式分别计算,然后求其误差积累总和。

1)上、下平巷水准测量误差引起 K 点在竖直方向上的误差

按每千米水准路线高差中误差估算:

$$M_{H水}=m_{hl}\sqrt{R} \tag{6-6-7}$$

式中,m_{hl} 为每千米水准路线的高差中误差,可按相关规范或按实际资料分析求得;R 为上、下平巷水准路线总长度,以 km 为单位。

按理论公式计算:

$$M_{H水}=m_0\sqrt{n} \tag{6-6-8}$$

式中,m_0 为水准尺读数误差;n 为上、下平巷中水准测量总测站数。

2)井下三角高程测量误差

其公式为

$$M_{H经}=\pm m_{h_0}\sqrt{L} \tag{6-6-9}$$

式中，m_{h_0} 为单位长度(1 km)三角高程测量的高差中误差，一般为 50 mm；L 为三角高程线路长度，以 km 为单位。

3) K 点在高程上的预算中误差

预算中误差的计算公式如下：

$$M_{HK}=\pm\sqrt{M_{H水}^2+M_{H经}^2} \tag{6-6-10}$$

若独立进行 n 次高程测量，则 n 次测量平均值的中误差为

$$M_{HK平}=\pm\frac{M_{HK}}{\sqrt{n}} \tag{6-6-11}$$

4) K 点在高程上的预算贯通误差

其计算公式为

$$M_{H预}=2M_{HK平} \tag{6-6-12}$$

三、两井间巷道贯通测量的误差预算

两井间的巷道贯通时，除了进行井下导线测量和井下高程测量之外，还必须进行地面测量和进行地下起始数据的传递(常称联系测量)。所以在进行贯通测量误差预算时，要考虑地面测量误差，地下起始数据传递误差和地下(井下)测量误差的综合影响。

1. 贯通相遇点 K 在水平重要方向上的误差预算

贯通相遇点 K 在水平重要方向上的误差主要包括地面测量误差、地下起始数据传递误差和井下导线测量误差。下面分别讨论这些误差的预算方法。

1)地面平面控制测量误差引起 K 点在 x' 方向上的误差

两井间地面连测的平面控制测量有：GPS 网、导线测量、三角网、测边网、边角网测量等方法。目前由于 GPS 技术和光电测距技术逐步普及，使得 GPS 和导线测量方案在贯通测量中得到广泛的应用。

a. 采用 GPS 控制网时的误差预算

两井间巷道贯通时，地面上采用 GPS 测量，由于两井间距离不太长，一般选用 E 级或 D 级精度来测设两近井点的坐标，而且要求两近井点间尽可能通视。这时由于地面 GPS 测量误差引起的 K 点在 x' 方向上的贯通误差按下式估算。

$$M_{x'上}=\pm M_{S_{\mathrm{I\,II}}}\cos\alpha'_{\mathrm{I\,II}} \tag{6-6-13}$$

式中，$M_{S_{\mathrm{I\,II}}}$ 为近井点 Ⅰ 与 Ⅱ 之间的边长误差，且 $M_{S_{\mathrm{I\,II}}}=\pm\sqrt{a^2+(bs)^2}$，$a$ 为固定误差，E 级及 D 级 GPS 网的 $a\leqslant 10$ mm，b 为比例误差系数，D 级 GPS 网 $b\leqslant 10\times 10^{-6}$，E 级 GPS 网 $b\leqslant 20\times 10^{-6}$；$\alpha'$ 为 $S_{\mathrm{I\,II}}$ 边与贯通重要方向 x' 之间的夹角。

b. 地面采用导线测量方案时的误差预算

地面导线测量误差引起的 K 点在 x' 方向上的误差预算方法与井下导线测量的误差预算方法基本相同。通常应当在地面两井口近井之间布设闭合导线或附合导线，这时，在进行地面导线的严密平差时，应同时评定出相应的参数，并计算出地面导线测量误差对贯通的影响为

$$M_{x'上}=\pm\sqrt{(M_{x'(1-j)})^2+\frac{M_{\Delta\alpha}^2}{\rho^2}\frac{(R_{y'1}^2+R_{y'j}^2)}{2}} \tag{6-6-14}$$

式中，$M_{x'(1-j)}$ 为两近井点 1 与 j 在 x' 方向上的相对点位误差；$M_{\Delta\alpha}$ 为两条近井点后视边坐标方位角之间的相对中误差；$R_{y'1}$、$R_{y'j}$ 分别为导线点 1 和 j 与 k 点连线在 y' 轴上的投影长。

c. 地面采用三角网(锁)时的误差预算

当两井相距较远且地势不平坦时，可布设三角网(锁)。如图 6-7 所示，在两井之间布设一条单三角锁，并由三角点 1 和 4 分别向两个井口敷设近井导线。

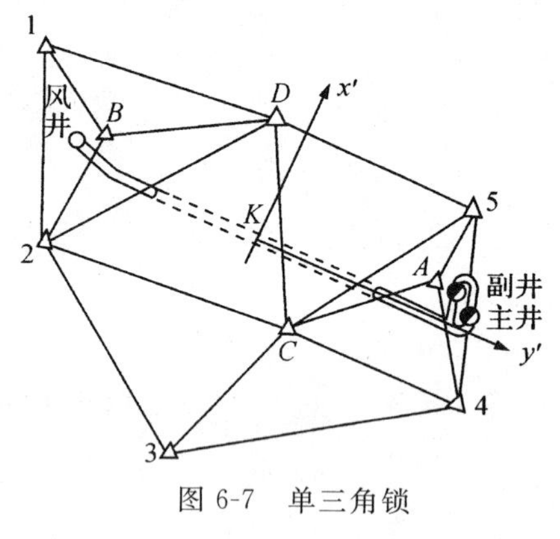

图 6-7 单三角锁

三角网(锁)经过严密平差后，对贯通的影响将减弱，原则上可根据地面控制测量中求相对误差椭圆方法，计算两井口三角点的相对点位误差及两井口三角点后视边的相对方位角误差，在此基础上再估算由它们所引起的 K 点在 x' 方向上的误差。但是按此法进行严密计算是比较复杂的，在贯通误差预算中通常采用近似估算法。即将三角网(锁)的边看作是导线边，选择一条较短线路，把它看作是一条导线。其测角中误差按其相应等级的三角网的测角中误差，其量边误差可根据估算的三角网最弱边相对中误差乘以相应边长来求得。然后按导线测量预算方法估算。

在某些情况下，由于图形简单，估算方法也相应简单，但更有实际意义。例如：

(1)如图 6-8 所示，两近井点 A、B，能直接通视而构成三角网中的一条边(或是光电测距导线的一条边或测边网中的一条边)时，此时由近井点的误差引起的 k 点在 x' 方向上的误差预算方式为

$$M_{x'上} = \pm \frac{1}{T} S_{x'} \tag{6-6-15}$$

式中，$S_{x'}$ 为 $\overline{AB}$ 边长 S 在 x' 轴上的投影长；$\frac{1}{T}$ 为 $\overline{AB}$ 边长平差值的相对中误差。

(2)近井点 A 和 B 不构成一条边，但能同时后视同一个三角点 C 时(图 6-9)，$M_{x'上}$ 预算公式为

$$M_{x'上} = \pm \sqrt{\left(\frac{M_{AB}}{\sqrt{2}}\right)^2 + \frac{m_B^2}{2\rho^2}(R_{y'A}^2 + R_{y'B}^2)} \tag{6-6-16}$$

式中，M_{AB} 为两近井点的相对点位中误差；m_B 为 $\angle ACB$ 平差值的中误差；$R_{y'A}$ 与 $R_{y'B}$ 分别为 A、B 点与 K 点连线在 y' 轴上的投影长度。

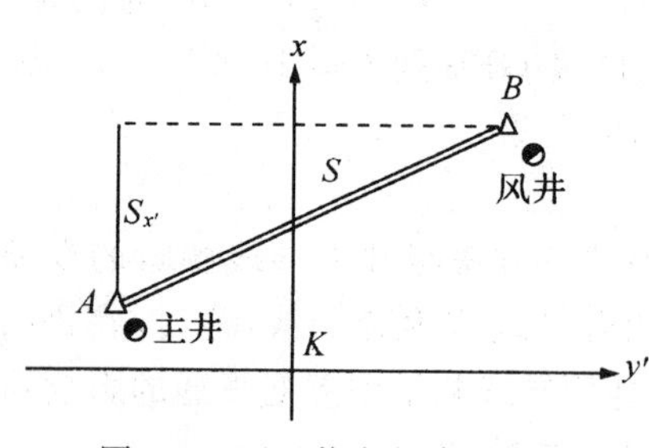

图 6-8 两近井点能直接通视

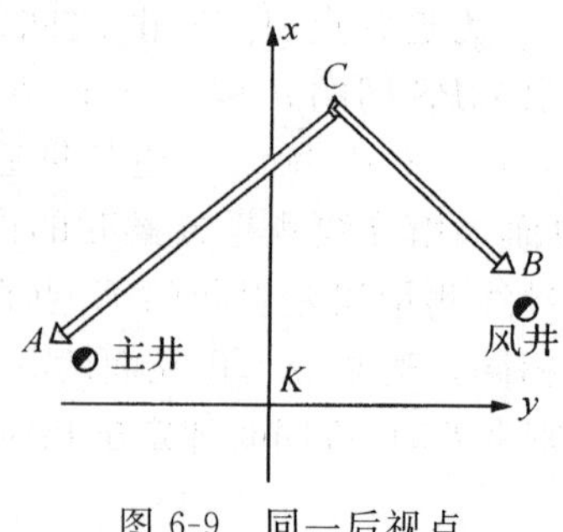

图 6-9 同一后视点

(3)两近井点 A、B 互不通视，又能后视同一个三角点 C 时(图 6-9)，则用以下预算公式

$$M_{x'上}=\pm\sqrt{\left(\frac{M_{AB}}{\sqrt{2}}\right)^2+\frac{m_{\alpha AB}^2}{\rho^2}\left(\frac{R_{y'A}^2+R_{y'B}^2}{2}\right)^2} \tag{6-6-17}$$

式中，M_{AB} 为两近井点相对的点位误差；$m_{\alpha AB}$ 为 AC 边相对于 BC 边的坐标方位角平差值的中误差。

以上三种情况，除了上述误差外，还应再将从近井点到井口所敷设的连接导线的测量误差所引起 K 点在 x' 方向上误差考虑进去，就可以预算出整个地面平面测量误差所引起的 K 点在 x' 方向上的误差。

2)地下起始数据传递引起 K 点在 x' 方向上的误差

联系测量的重要内容就是传递井下起始边方位角，通常称定向。不论采用几何定向还是陀螺定向，定向测量的误差都集中反映在井下导线起始边的坐标方位角误差上。所以定向测量误差引起的 K 点在 x' 方向上的误差为

$$M_{x'0}=\pm\frac{m_{\alpha0}}{\rho}R_{y0} \tag{6-6-18}$$

式中，$m_{\alpha0}$ 为定向误差，即由定向引起的井下导线起始边坐标方位角的误差；R_{y0} 为井下导线起始点与 K 点连线在 y' 轴上的投影长，如图 6-10 中所示的 $R_{y'01}$ 和 $R_{y'02}$。

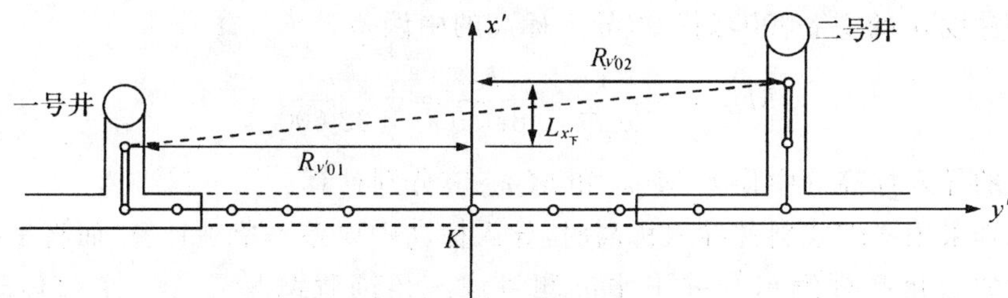

图 6-10　定向测量误差对两井间贯通的影响

利用两井定向测量误差所引起的 K 点在 x' 方向上的误差 $M_{x'01}$、$M_{x'02}$ 应分别求出定向过程中所积累的井下导线起始点的坐标误差，因其值很小，一般可忽略不计。

3)井下导线测量引起 K 点在 x' 方向上的误差

井下导线测角和量边误差引起 K 点在 x' 方向上的误差预算与一井巷道贯通误差公式相同，此时要把井下量边系统误差对贯通的影响考虑在内，$L_{x'下}$ 为井下导线两个起始点连线在 x' 轴上的投影长。如果井上、下使用同一根钢尺丈量边长或同一台测距仪测边，可以不考虑量边系统误差的影响。

如果利用平峒或斜井传递方向(定向)，其定向误差对贯通的影响可不单独预算，把这种方法与井下导线测量看作一个整体来进行预算。

4)各项误差引起 K 点在 x' 方向上的总误差

由地面测量误差、联系测量误差和井下导线测量误差所引起的 K 点在 x' 方向上的总的中误差为

$$M_{x'k}=\pm\sqrt{M_{x'上}^2+M_{x'01}^2+M_{x'02}^2+M_{x'B下}^2+M_{x'l下}^2} \tag{6-6-19}$$

若各项测量工作均独立进行了 n 项，则平均值中误差为

$$M_{x'k平}=\frac{M_{x'k}}{\sqrt{n}} \tag{6-6-20}$$

K 点在 x' 方向上的预算贯通误差为

$$M_{x'预}=2M_{x'k平} \tag{6-6-21}$$

2. 贯通相遇点 K 在高程上的误差预算

两井间巷道贯通相遇点 K 在高程上的误差,包括地面水准测量误差、导入标高误差、井下高程测量误差。

1)地面水准测量误差

地面水准测量引起的高程误差为

$$\left.\begin{aligned}M_{H上}&=m_{hl}\sqrt{L}\\M_{H上}&=m_0\sqrt{n}\end{aligned}\right\} \tag{6-6-22}$$

式中,m_{hl} 为地面水准测量每千米长度的高差中误差;m_0 为水准尺读数误差;n 为测站数;L 为地面水准路线的长度,以 km 为单位。

2)导入标高误差

当缺乏实际资料分析所求得的导入标高中误差时,可采用有关规程规定的两次独立导入标高的容许互差来反算求得一次导入标高的中误差。有关规程中要求两次独立导入标高的互差不超过井筒深度 h 的 1/8 000,则一次导入标高的中误差为

$$M_{H0}=\pm\frac{1}{2\sqrt{2}}\times\frac{h}{8\,000}=\pm\frac{h}{22\,600} \tag{6-6-23}$$

两个竖井的导入标高的中误差 M_{H01} 和 M_{H02} 应分别计算。

当贯通工程采用平峒或斜井导入标高时,导入标高中误差不单独计算,而将平峒中的水准测量或斜井中的三角高程测量与井下水准测量或三角高程测量看作一个整体来进行误差预算。

3)井下水准测量和三角高程误差

两井间巷道贯通时,井下水准测量和三角高程测量的误差引起 K 点在高程上的误差 $M_{H下}$,其估算方法与一井内巷道贯通时相同,这里不再重述。

4)各项误差引起 K 点在高程上的总误差

由地面水准测量误差、导入标高误差和井下高程测量误差所引起的 K 点在高程上的总中误差为

$$M_{HK}=\pm\sqrt{M_{H上}^2+M_{H01}^2+M_{H02}^2+M_{H下}^2} \tag{6-6-24}$$

若各项测量工作均独立进行 n 次,则平均值中误差为

$$M_{HK平}=\pm\frac{M_{HK}}{\sqrt{n}} \tag{6-6-25}$$

K 点在高程上的预算总误差为

$$M_{H预}=2M_{HK平} \tag{6-6-26}$$

四、竖井贯通的误差预算

竖井贯通时,测量工作的主要任务是保证井筒上、下两个掘进工作面上所标定出的井筒中

心位于一条铅垂线上，贯通的偏差为该两个工作面上井筒中心的相对偏差，而竖直方向在竖井贯通中属于次要方向，无须进行误差预算。

实际工作中，一般是分别预算井筒中心在提升中心线方向（作为假定的 y' 方向）和与它垂直的方向（作为假定的 x' 方向）上的误差，然后再求出井筒中心的平面位置误差，也可以直接预算井筒中心的平面位置误差。

竖井贯通的几种典型情况和它们所需进行的测量工作，已在前面介绍过了。对于从地面和井下相向开凿的竖井贯通，需要进行地面测量、定向测量和井下测量。这些测量误差所引起的贯通相遇点（井筒中心）的误差，其预算方法与前面讨论的预算方法基本相同，只是必须同时预算 x' 和 y' 两个方向上的误差，并按下式求出平面位置的中误差。

$$M_{中}=\pm\sqrt{M_{x'}^2+M_{y'}^2} \tag{6-6-27}$$

竖井延伸贯通时，贯通点的平面位置误差只受井下导线测量误差的影响，所以可按下式直接预算相遇点的平面位置中误差。

采用钢尺量边时，

$$M_{中}=\pm\sqrt{\frac{m_\beta^2}{\rho^2}\sum R_i^2+\alpha^2\sum L_i} \tag{6-6-28}$$

当采用光电测距时，

$$M_{中}=\pm\sqrt{\frac{m_\beta^2}{\rho^2}\sum R_i^2+\sum m_{L_i}^2} \tag{6-6-29}$$

式中，R_i 为导线各点与井中连线的水平投影长度；L_i 为导线各边边长。

当采用通过辅助下山和辅助平巷在原井筒下部的保护岩柱（或人造保护盖）下进行井筒延伸时，由于这时多为井筒全断面掘进，甚至要求将下部新延伸的井筒中的罐梁罐道全部安装好后再打开保护岩柱。所以，对井中标设精度要求很高，尽管这时的导线距离不长，一般也需要进行误差预算。下面通过实例来说明此类贯通测量误差的预算方法。例如某矿竖井延伸工程（图 6-11）是在预留的 6 m 保护岩柱下施工的。要求在下部新掘进的井筒中预先安装罐梁罐道，破岩柱后上、下罐道准确连接，罐道连接时在 x' 和 y' 方向上的容许偏差为±10 mm，即井筒中心位置的容许偏差为±10 mm×$\sqrt{2}$=±14 mm。

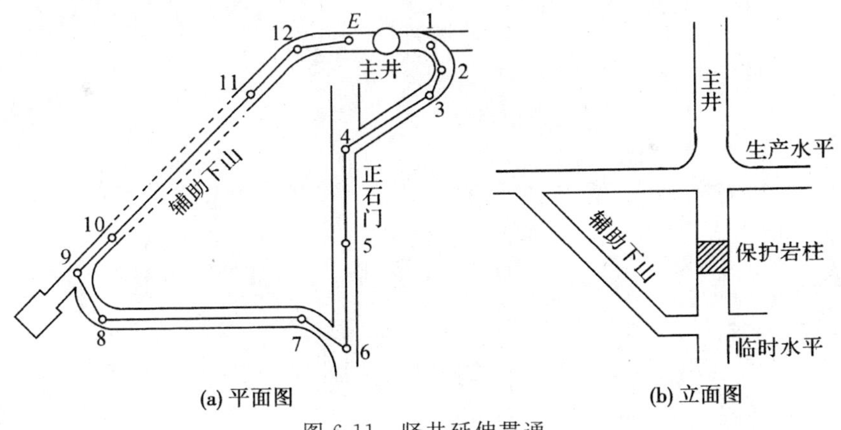

图 6-11 竖井延伸贯通

采用的测量方案和测量方法根据井巷具体情况而定，一般从竖井井底车场内的 1 号点，经正确辅助下山至临时水平的 E 点，测设光电测距导线，本例共 13 个导线点，全长 346 m。利用 1 号点测定竖井井底原井筒中心坐标，用 E 点标定保护柱下竖井井筒延伸部分的井筒中心位置。导线应独立施测 3 次，3 次观测结果的 E 点坐标之差不能大于 ± 5 mm。

五、贯通测量技术总结编写提要

重大贯通工程结束后，除了测定实际贯通偏差进行精度评定外，还应编写贯通测量技术总结，连同贯通测量设计书和全部内业资料一起存档保存。

贯通测量技术总结是一项重要工作，必须认真编写，编写提纲大概如下：

(1)贯通工程概况。包括贯通巷道的用途、长度、施工方式、施工日期、施工单位等，以及贯通相遇点的确定。

(2)贯通测量工作情况。即参加测量工作的单位和人员，完成的测量工作量及日期，测量时所使用的规范，以及测量工作的实际支出决算，包括人员工时数、仪器折旧费和材料消费等。

(3)地面控制测量。包括平面和高程测量、观测方法和精度要求、观测结果的精度评定，以及近井点的测设及其精度。

(4)地下起始数据传递。即定向及导入标高的方法，所采用的仪器，定向及导入标高的实际精度。

(5)地下控制测量。贯通导线施测情况以及实测精度的评定，原设计的测量方案的实施情况及对其可行性评价曾做了哪些变动及其变动的原因。

(6)贯通精度。贯通工程的允许偏差值，贯通测量的预算误差，贯通的实际偏差值及其对贯通巷道使用的影响程度。

(7)对本次贯通测量工作的综合评述并附相关的图、表。

第七章　地下工程变形监测

§7.1　概　述

一、概　述

地下工程变形监测和地面一样，从工程的施工开始到竣工，以及建成后整个运营期间都要进行变形监测。这是因为工程在施工和运营过程中，建筑物的变形是不可避免的。如果变形在一定限度之内属正常现象，一旦超过了某一限度，就能危及建筑物或工程的安全。变形监测就是检查建筑物及其基础的稳定性，及时掌握变形情况，发现问题及时对工程进行加固或相应的保护措施，把事故消灭在萌芽之中，确保工程的安全。

二、建筑工程变形的主要因素

一般说来，建筑工程产生变形的原因主要可分成两大类：第一类是自然条件；第二类与基础负荷有关。

1. 建筑物基础的自然条件

建筑物基础的自然条件是指工程地质和水文地质条件，主要包括土层厚度、地下水位在整个受压区域内基础土壤的物理性能、孔隙系数、可缩性及抗剪强度、黏性土壤的过滤系数、结构强度、压力比降。此外，还有压缩和泥土的蠕动参数。这些资料可用来计算基础预计沉陷量。同时，还应充分利用工程地质剖面图，沿着最重要的建筑物布置剖面，并在剖面图上简略地标明土壤的特性和地下水位。根据这些资料可估计土壤变形模量，以后再根据观测的变形值用回归法计算变形模量与之比较。这种比较能够评定估算预期沉陷的有效率和更准确地确定变形系数。

应特别注意基础中属于不同类型土壤强度的地段，应标出强度较低的部分，因为它们的沉陷值和沉陷延续的时间是不相同的。此外，由于建筑物的荷载后将产生不均匀的沉陷，因此在组织观测时，要考虑在这些地段布置观测点。

建筑物的施工和运营可能引起土壤温度和地下水位的某些变化，这种变化也会影响土壤的变形和建筑物基础的稳定。为了判定建筑物的施工、运营是否破坏土壤的自然温度状态和地下水位而布置专门的钻孔，利用这些钻孔进行监测，钻孔分布在建筑区域以内和范围之外。因为水温因素的影响，即使在固定荷载的情况下，同样也会引起建筑物基础底层的土壤变形，所以应在施工前和施工期间进行水温状态的研究，而且在工程建筑物的运营期间也要进行研究。

2. 荷载对变形的影响

基础的荷载变化是变形的又一重要因素。通常用压力表示荷载，单位为 Pa。为了得到压力值，必须在观测期间记载施工进度，以便用施工图表计算出测量时刻建筑物结构的重量及其对基础的压力。除了建筑物的重量外,还必须考虑工艺设备的重量。例如建设加速器所安装生物防护设备,其总重量有时可达上万吨。

当两建筑物同时施工时,一建筑物可能受到相邻建筑物荷载的影响,这就需要根据埋设在离建筑物不同远近的方向的标志进行观测,利用观测结果确定变形范围,这些标志应埋设在建筑物基础的深部。

除了研究建筑物荷载所引起的基础变形外,还应注意建筑结构本身的可能变形(刚度),例如钢骨架荷载圆柱的沉陷往往会超过支承圆柱基础的沉陷。有时,还须根据荷载的增加情况,对建筑构件之间的稳定情况进行专门的观测。

值得注意的是在建筑物的运营期间,应重视因各种机械作业而引起的动荷载。动荷载的数值可根据具体情况而定。

三、地下工程变形监测的主要内容

地下工程变形监测以隧道工程为主,尤其是宽断面长隧道,其他地下工程均与隧道工程有关。变形监测包括的内容很多,如地面沉陷观测、隧道拱顶下沉观测、洞顶围岩内部垂直位移观测、洞壁围岩径向位移观测、隧道收敛位移观测、可缩式钢拱架内力及拱脚反力观测、模筑混凝土、衬砌表面应力观测以及深坑建邦稳定性观测等。此外,还包括锚杆的锚固力测试、喷射混凝土黏结力测试、温度测试、水压测试、防水层的防水性能测试等。可见,隧道施工变形观测主要解决的还是围岩和结构建筑物内部位移变化和应变发展规律以及洞壁各点间的相对位移变化,这些大多属于隧道设计和施工需要掌握的内容,本章主要介绍和探讨地下工程变形监测的方法和内容。

§7.2 施工过程中的变形监测

工程建筑物的变形监测,特别是地下工程的变形监测,是一门比较年轻的科学,它随着我国改革开放和现代化建筑事业发展而兴起的。由于地下工程受各种条件和因素的影响,工程建设在施工和运营期间都会产生变形。这种变形常常表现为建筑物整体或局部发生沉陷、倾斜、位移、扭曲、裂缝等。如这些变形在允许范围之内,则认为是正常现象;如超过一定的限度,就会影响工程的正常施工或建筑工程的正常使用,严重的还会危及施工和运营的安全。因此,在工程进行施工和运营期间,都应对其进行变形观测,以监视工程建筑物的安全。施工过程中的变形观测应注重地表沉陷和隧道拱顶下沉观测。

一、浅埋隧道地表下沉量的测定

浅埋隧道通常位于软弱破碎岩层,稳定性较差。当隧道覆盖层厚度对于单线隧道小于 20 m,双线隧道小于 40 m 时,施工中往往出现拱部围岩受拉区连通,这时,拉裂破坏成为洞体稳定的主要威胁。实践证明,如对浅埋隧道变形监测不力,将会出现围岩迅速松弛,极容易发生冒顶塌方或地表有害下沉,当地表有建筑物时会危及其安全。因此,有必要进行地表沉降监测,这对及时预报洞体稳定状态、修正设计与施工,保护洞顶附近房屋和珍贵古迹的安全,预测可能发生危险时立即采取有效措施,保证施工安全是必不可少的。

地表或建筑物的沉降观测,是通过定期测量观测点与高程点之间的高差,并通过数据处理，得出下沉量及其变化情况。测量这种沉降的高差变化，通常用精度较高的水准测量，特殊的情况也可用同等精度的测距三角高程测量，但必须加入相应的改正。

1. 沉降观测点及高程点的布置

1）沉降观测点的布置

沉降观测点应布置在沉降观测范围内，观测点布设的密度应根据地下工程大小即工程深度和宽度而定，一般 5～100 m 测一个剖面。由于隧道不是很宽，下沉面不是很大，一般一座隧道测 2～5 个剖面。剖面两侧宽度各取隧道埋设深度的 2 倍，每个剖面上至少布置 11 个点，其间距 5～20 m，如该范围内有建筑物时，房屋四角和外墙每隔 20～25 m 或每隔 4～5 根柱基上设点；裂缝、沉降缝两侧以及高耸建筑物基础轴线的对称部位等，都应设置牢固的测量标志。

设在地面上的测量标志，一般用混凝土标石，中间标头用青铜或不锈钢制成，标头露出混凝土表面 0.5～1.0 cm。设在侧壁上的测量标志，可用铁钉，也可电钻打一直径为 1 cm 左右的孔，插一个直径类似螺钉，并用铁锤打紧，点位离地面 0.5 m 左右，螺钉等离墙体的距离便于立尺，如图 7-1 所示。如在珍贵的古迹或较好的建筑物墙面不允许埋入测量标志时，可在墙的勒脚上用油漆绘出标志，如图 7-2 所示。

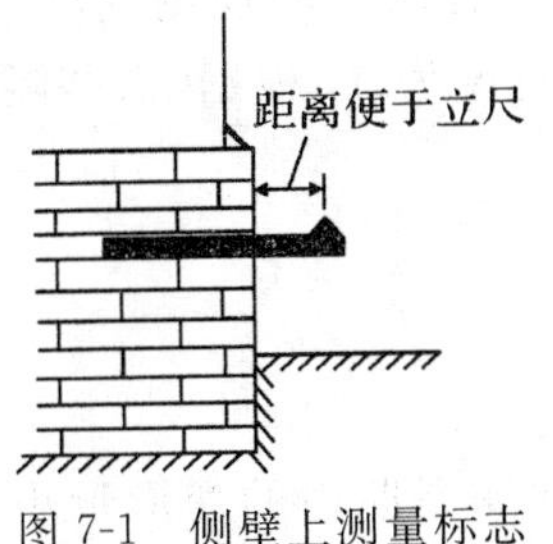

图 7-1　侧壁上测量标志

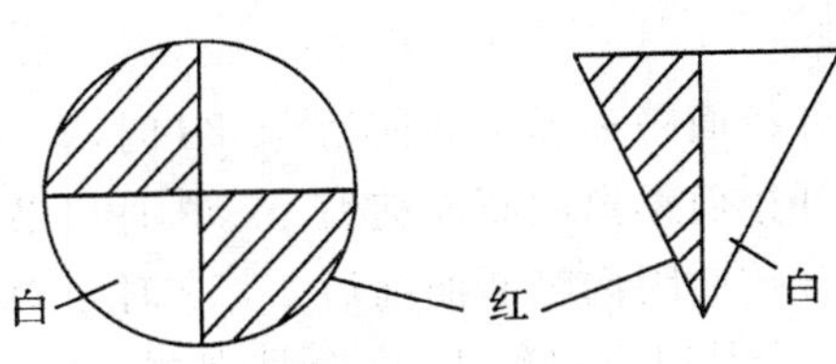

图 7-2　墙勒脚上油绘标志

2）工作基准点的布设

工作基准点布置在观测点的附近，便于观测，但工作基准点应布置在不受沉降和施工现场工作的影响，离观测范围尽可能近的稳固地方。工作基准点通常布设三个点，三个工作基准点最好是布设在一个圆弧上或组成一个边长约 100 m 的等边三角形。通常在对观测点进行观测前，需对工作基准点进行检测。在观测时，于圆弧的圆心点或三角形的中心设置固定测站，由此测站在不调焦的条件下，观测三个工作基准点的高差，便于检查工作基准点的高程有无变动，这种布设不但工作效率高，而且观测误差小。

3）水准基点的布置

工作基点高程的变化情况，是用水准基点与工作基点的联测来检核。一般作为高程依据的水准基点是设立在离变形区较远的稳定基岩上。在计算测标沉降值时，要把工作基点的沉降考虑在内，如果在变形区附近有岩石露头，可将工作基点与水准点统一起来，只布设一级控制。总之在开工前建立施工控制网时要合理规划，选择适合的位置埋设。

2. 沉降观测

沉降观测主要是观测在地下工程挖掘过程中沉降情况。观测内容一般包括两部分：一是水准基点与工作基点联测，称为基准点观测，这种观测周期相对要长一些；二是根据工作基准点测定观测点的沉降量，称为观测点观测。

为了减少外界条件和观测过程中的各种系统误差的影响，整个观测过程中应符合下列要求：

(1)使用固定的仪器和标尺。

(2)固定观测人员。

(3)采用相同的观测路线和观测方法。

(4)在基本相同的环境和条件下工作。

基准点观测按三等水准测量规程进行，每次往返观测，应加各项改正。若基准点间构成闭合环，闭合差按各测段路线长度(或测站数)进行分配，然后由水准基点高程推算工作基点的高程。每次计算的工作基准点高程与首次观测结果比较，其差值就是工作基准点的变化值。

每次观测的工作基准点，作为本次沉降观测点的基准。测定沉降观测点的高程按四等水准施测，每次观测值均要加尺长改正；对附合路线的闭合差，按测段的测站数进行改正；将每次观测的高程与第一次观测的高程进行比较，即可得到各观测点的沉降量。当工作基准点发生沉降时，在计算观测点沉降量时同时考虑。

第一次沉降观测，应在地下工程开挖前进行，以获得变形点的原始高程。随着地下工程逐步开展，根据地下工程大小或地下工程的开挖面积，确定地面观测点的观测周期，隧道工程根据开挖面的距离和沉降速度来确定观测周期。设隧道开挖宽度为 β，根据《铁路隧道新奥法指南》规定：

开挖面距离测断面前后 $< 2\beta$ 时，1～2 次/天；

开挖面距离测断面前后 $< 5\beta$ 时，1 次/2 天；

开挖面距离测断面前后 $> 5\beta$ 时，1 次/周；

3 个月以后可每 1～2 个月观测 1 次，直至最后 3 个月观测周期内的变形量小于观测精度为止。

二、隧道新奥法施工拱部下沉观测

任何地下工程都必须先开挖隧道，是为了给地下工程外送矿石和废料，内送材料和各种设备以及通风、排水等。隧道(或称巷道)的拱部下沉观测是为确定围岩稳定、掌握支护效果而进行的；是对预先设计支护参数的确认或修正依据；是对施工方法验证和改进的依据；所有这些因素贯穿于整个施工过程。

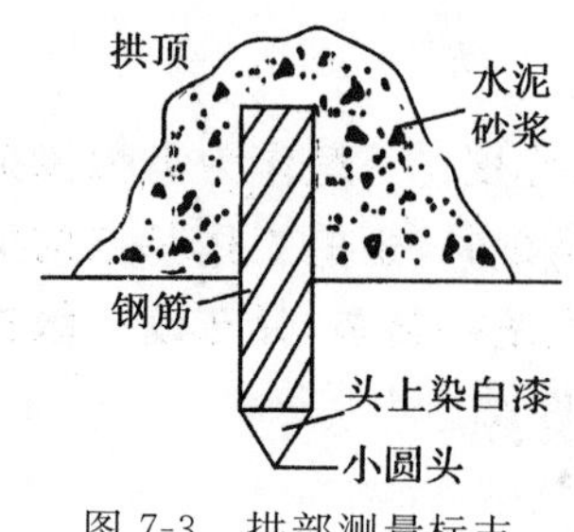

图 7-3 拱部测量标志

通常是采用水准测量求出设在拱部的测量标志(图 7-3)相对高程的变化，来确定隧道拱部下沉。

测量标志的布置密度应视位移的情况而定，一般 5～100 m 为一个断面，每个断面拱顶设一个测点(测量标志)。测点的设置应尽可能防止爆破的影响，便于正常观测。

测量拱部下沉量，除了设置测点外，应在位移区 50 m 外设立稳固的水准基点(或利用稳定的中线点)，要求一次安置水准仪就可以测得观测点的高程，如没有这种可能时，也可设立工作基点，其高程在观测时必须用水准基点进行检查。

观测点与水准点(或工作基准点)的高差以四等水准施测。

三、观测资料的整理

为了使变形监测在指导工程施工、安全使用和工程效益方面发挥作用，在进行现场观测取得第一手资料后，应及时进行资料的整理、变形量的计算、编制变形量成果表，以及变形量大的地段要绘制变形量与时间曲线图等。

变形监测是研究变形体在空间和时间中的变化特性。由于变形体的变化很小，这些小的变化值常处于测量误差的边缘，因此，为了判断所测之变形值是测量误差累计的结果，还是变形体真正的变形，需要进行很细致的精度分析和成果的统计检验。在变形的几何分析中，要根据使用的仪器和测量方法制定测量中误差。测量中误差应小于变形量的最小允许值。假设当某个变形体最少下沉降 5 mm 时就引起注意，则这种变形观测中误差应小于 5 mm，否则就无法反映真实的下沉量。

§7.3　运营中的变形监测

对于已竣工并交付运营的地下工程，如大型采矿工程和结构复杂的长大隧道或采用某些新技术设计施工的隧道等，为了监测地下工程变化情况，分析地下工程运营过程中的变形规律或考验某些新技术、新方法的长期可靠性和稳定性，都得进行长期的变形监测。

一、裂缝观测

地下工程竣工后，由于地质构造、工程质量以及各种压力的影响，衬砌的隧道（或称巷道）和空间往往产生裂缝。如果不及时观测，采取必要措施，将会对建筑物的安全产生影响。因此，有必要对裂缝进行及时观测。

1. 观测方法

当隧道（巷道）衬砌发生裂缝时，应先对裂缝进行编号，然后分别观测裂缝的位置、走向、长度、宽度及深度等。

1）裂缝位置、走向、长度的观测

对隧道（巷道）圬工上裂缝位置、走向、长度的观测，是在裂缝起点和终点用油漆与裂缝相垂直画线作为标志，并在圬工体上注明检查日期；或在混凝土表面绘制方格坐标，用钢尺丈量，并将结果用坐标绘制裂缝示意图。

2）裂缝的宽度观测

根据裂缝分布情况，可对重要的裂缝，选择在有代表性的位置上，做上灰块或玻璃测标，并注明日期，观测裂缝是否有变化。裂缝的宽度可用带着刻划的放大镜（读数显微镜）在裂缝平直位置的固定地点量出，记录量测结果和日期。

3）裂缝的深度观测

如果能用杆尺直接量更好，通常有些困难，一般可在裂缝中注射酚酞溶液（红色），然后凿开至不见红色为止，量测深度。

4）裂缝错距及其扩张程度的观测

这种观测可以安装钎钉测标，如图 7-4 所示。在裂缝两侧完好圬工中埋入两个钎钉（其中一个为 L 型），两钉的尖端相交于一点。当变形发展时（或裂缝变大），除可量测裂缝的错距

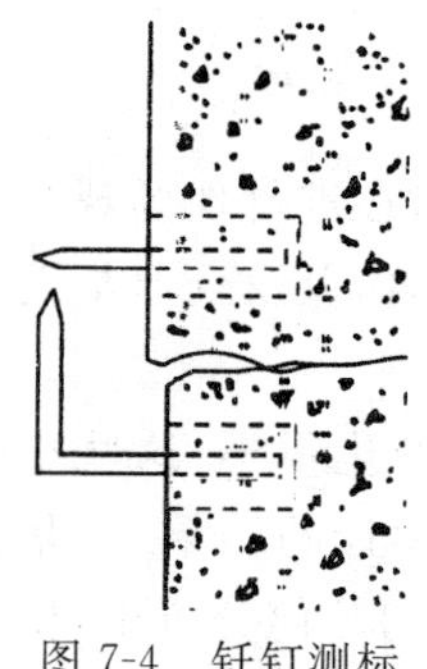
图 7-4 钎钉测标

外，还可测得其扩张的程度。

2. 观测周期

定期观测标志、测标，对照前面的观测结果与裂缝示意图，可掌握裂缝的变化情况及长度、宽度、错距等的变化。观测的周期或次数应视裂缝的发展情况而定，一般在发生裂缝的初期应每天观测 1 次；裂缝有显著发展时还增加观测次数，1 天观测 2 次；裂缝发展缓慢后，可适当减少观测次数，2 天 1 次或 1 周、1 月观测 1 次，要视实际情况而定；对需要长期观测的裂缝，应该是垂直位移观测和水平位移观测相一致，便于分析位移的变化情况。

二、沉降观测

地下工程运营过程中的沉降观测与施工阶段沉降观测以及地面沉降观测有许多相同之处，但也有自己的特点。这种沉降主要受地质构造、工程施工技术和工程质量以及运营过程中机械振动和人为因素的影响。这种沉降观测用水准测量埋设在衬砌边墙、拱圈上固定测标的高程变化。根据位移区的地质条件，按每 5～100 m 一个断面，每个断面在拱顶、拱脚和轨道(巷道)两侧边墙同时安设测标，各测标按里程增加方向(顺序)统一编号。

水准点每隔 200 m 左右设一个点，点位必须设在地基稳定的地方，并用混凝浇注，观测采用四等水准测量要求施测，这些水准点应定期与洞口点连测，确保其可靠性。

地下测标点与水准点的高差以四等水准观测。对沉降观测标志作周期性水准测量的同时，用检验过的钢尺丈量两侧边墙间拱脚处宽度及各段的长度，以确定隧道周边位移及测标的纵向位移。

观测周期，在位移速度较快时宜短，位移速度减慢时可延长些。可两个月一次，也可半年一次，最好与水平位移观测同步进行。

三、水平位移观测

地下工程随着周围所处的地质条件不同，所受外力的影响也不同，偏山或地质条件不良的地段，容易产生偏压，如不及时发现、采取有效措施，往往会影响工程的正常运营，甚至会发生安全事故。为此，像这样的情况，应进行水平位移观测，以保证地下工程在平面上的稳定性。

由于工程的特征和地下观测条件的限制，地下工程的水平位移观测的观测方法与地面水平位移观测方法不完全相同。地下工程一般呈带状，如隧道、井巷等，大跨度大面积的很少，通常设置控制基线。基线桩在直线段每 100～200 m 设一桩，曲线上每隔 40～70 m 设一桩，可设在中线上，也可设在两侧的混凝的墙顶上，并将洞内基线引至两端洞口外设的 3～4 个固定桩，以便及时检测基线桩位移。

控制基线确定以后，必须布设一定数量的观测点，具体观测方法通常有准直法和测角法两种。

1. 准直法

准直法是将一排观测点设在一条直线上，根据观测点偏离这条直线的程度来判断横向水平位移；也可根据观测点至直线上某控制点的水平距离的变化，判断纵向位移。这条直线可以是经纬仪的视线，也可以是某固定两端点间的细弦线，还可以是激光准直仪的光线。在设置观测点位时，如果某些点位不严格在直线上，在观测时可用测微尺量出观测点到直线的垂距进行调整，确保观测点在一条直线上。

2. 测角法

由于地下工程的特殊性，有些观测点不可能在一条直线上，这种情况采用测角法。测角法是在固定的测站点安设仪器，然后观测控制点与观测点间的水平角。第一次观测的角值作为基准值，以后用每次观测角与第一次观测值的差值，判断观测点的横向位移方向和位移量。

如果工程是隧道（或巷道）或曲线形，观测点在曲线段上，则基线点和观测点（图 7-5）从不同周期观测角值的改变中，可计算出垂直于中线方向的各观测点位移的大小。对于每个观测点的位移量，最好用两个基点来确定，位移量计算与直线段测角法相同。基准点至各测点的水平距离，也需在观测前测好。当观测地段较长时，应多设几个基准点，基准点间距一般不应超过 150 m。

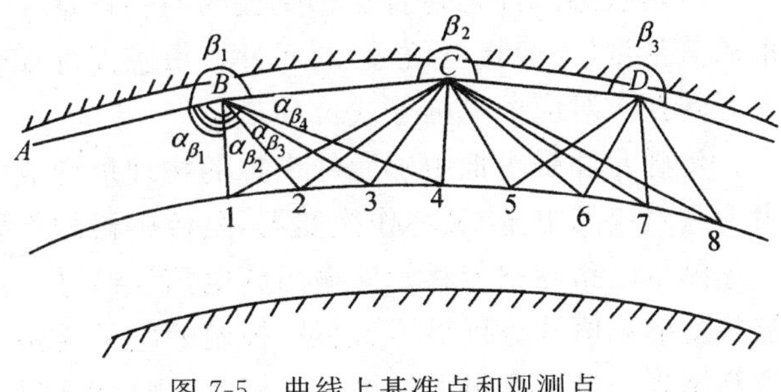

图 7-5　曲线上基准点和观测点

在整个观测过程中，基准点应定期进行检核，通常与设在位移区 50 m 以外的洞内稳定基准点联测，必要时可与洞外稳定的基准点联测。当发现洞内基准点有位移时，在计算所测的观测点位移量时，要考虑基准点的位移。

在正常的情况下，地下隧道（巷道）工程在竣工后第一年观测 4 次，第二年观测 2 次，以后每年观测 1 次，观测时最好与沉降观测同步进行。水平位移测角法的观测精度，一般要求测角误差在 $\pm 4''$ 以内，测距相对误差不超过 1/5 000。

§7.4　自动化变形监测技术

地下工程的变形监测是在地下或封闭空间进行的。例如，核电站和高能粒子加速器等某些部位，对人体健康极不利；也有一些项目，测点布设在观测人员难以到达地方，如建筑物的内部应力、应变的观测点，以及排出污水、污气的通道等部位，还有一些可能在塌方的危险区等。在这种环境下，采用常规变形监测方法，不但危害观测人员的安全，而且观测难度大，精度和可靠性都比较差。为了较好地解决这些问题，采用自动变形监测技术是比较有效的措施。

变形监测的自动化还有助于迅速而准确地反映物体的实际状况，使管理人员有充实的时间采取有效措施，保障建筑物体的安全，预防事故的发生。

一、传感器及其特性

传感器是一种测量器件，它能把所测得的物理量，如位移、角度、温度、应力等转换成对应的电信号输出，以满足信息传输、处理、记录、显示和控制等要求。传感器是实现自动监测和自动控制必不可少的装置，它的应用范围极为广泛，种类也很多，为了更好地了解传感器的自动监测理论，下面对它的基本原理进行必要的介绍。

1. 传感器的结构

传感器一般由敏感元件、传感元件和测量电路 3 个主要部分组成，如图 7-6 所示。

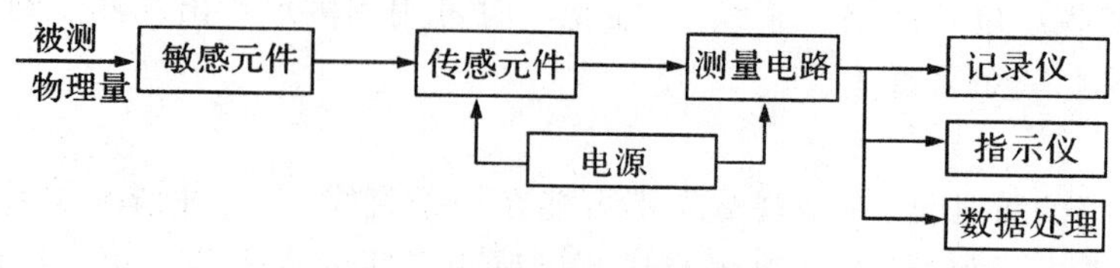

图 7-6 传感器的结构框图

所谓敏感元件是指直接感受被测的物理量(一般为非电量),并输出与被测的量成确定关系的其他量(一般指电信号)的元件。敏感元件如金属基片、膜片、线圈等,它们可以把位移、应力等转换成对应的电信号或位移量。

传感元件是指把敏感元件产生的物理量变成电量的器件,它也可以直接感受被测量而输出与它对应的电量,又称作换能器,是传感器的重要组成元件。

测量电路是把传感元件输出的电信号经过一定的处理、放大等过程而转换成与之对应的被测量的数值并进行显示、记录、控制的电子线路。传感器性能的好坏与电信号的处理过程和监测结果的精度有很大的关系。因此,测量电路是传感器的关键部件。

2. 传感器的静态特性

由于所测的物理量在数量大小上是变化的,从而使传感器反映的电量会随着所测物理量值的变化而发生变化。但是,重要的是必须保证传感器对所测物理量的各种变化的反应要满足一定的精度要求,传感器反应误差越小,则品质越优,测量精度也就越高。

所谓传感器的静态特性是指传感器在被测物理量值处于稳定状态时的输出与输入关系。衡量传感器静态特性的重要指标是:线性度、迟滞度、灵敏度和重复特性四项。

1)线性度

在通常的测量中,总希望被测物理量的变化值与输出电量变化值呈线性关系,给数据处理和仪器常数的标定带来极大方便。但由于外界条件的影响,如冲振、电磁场、温度、湿度以及供电等因素的影响,存在着多种误差源,使传感器输出-输入静态特性不完全呈线性关系。

在不考虑传感器迟滞、蠕变等因素的情况下,其静态特征可用下式表示,即

$$y=a_0+a_1x+a_2x^2+\cdots+a_nx^n \tag{7-4-1}$$

式中,y 为输出量;x 为输入量;a_0 为零点输出;a_1 为理论灵敏度;a_2、$a_3\cdots$ 为非线性项系数。

不同的系数决定了特性曲线的不同形态。这些特性曲线可由实际测试获得。这种曲线往往在非线性误差不大的情况下,可以进行线性处理。一般是将曲线和直线拟合,两者之间最大的偏差 $\Delta_{\max}$ 被称为非线性误差,该误差与满量程输出值之差称为线性度,用 Y_f 表示,即

$$Y_f=\frac{\Delta_{\max}}{y_1}\times 100\% \tag{7-4-2}$$

式中,Y_1 为量程输出值;$\Delta_{\max}$ 为非线性误差。

拟合直线方程式为

$$y=kx\pm b \tag{7-4-3}$$

式中,k 为拟合直线的斜率,$k=\Delta y/\Delta x$;b 为传感器结构参数(常数)。

图 7-7 是拟合直线的示意图,曲线是实际测试获得的。斜率 k 为传感器的灵敏度,线性传感器的灵敏度为一常数,它与传入量的大小无关。传感器的非线性误差 $\Delta_{\max}$ 越小,它的线性度就越好,一只品质优良的传感器在它的量程范围内的非线性误差小于 1/1 000。

2)迟滞度

迟滞度是指传感器在输入量增大或减小期间，输入输出特性曲线不重合的现象。产生迟滞的原因主要有传感性机械部分的缺陷，如加工零件之间的间隙，构件松动或电子线路的结构因素。迟滞误差可在实验内测定，即

$$Y_5=\frac{\Delta_{\max}}{y_1}\times 100\% \tag{7-4-4}$$

式中，$\Delta_{\max}$ 为整个测量范围内产生的最大滞留误差。

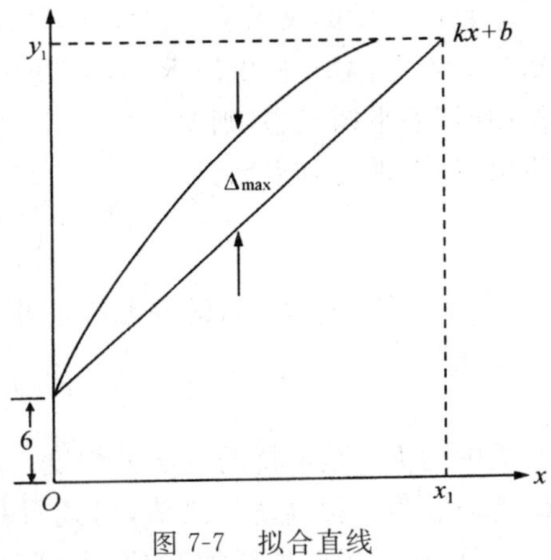

图 7-7　拟合直线

3)灵敏度

线性传感器的灵敏度是指将被物理量转换成电量时的反应程度，也是传感器校正线的斜率，即

$$a_1=\frac{\Delta y}{\Delta x}=\frac{\text{输出信号的变化量}}{\text{输入信号的变化量}} \tag{7-4-5}$$

例如某压力传感器，压力变化 0.01 N 时输出的电压的变化为 100 mV，那么此线性传感器的灵敏度为 100 mV/0.01 N。由此可见，传感器灵敏度越高，对被测物体微小变化量的反应能力就越好。因此，灵敏度是衡量传感器在变形监测中的精度和可靠性。

4)重复性

重复性是指传感器对同一个被物理量按同一方向进行全量程的多次连续测量中，所得特性曲线不一致的程度。如果特性曲线完全一致，表明传感器的重复性好、误差小、测值稳定可靠。

3. 电桥的测量原理

传感器中的传感元件把各种被测的非电量信息转换成电阻、电容、电感的变化量后，必须进一步把它们转换成电流或电压的变化，才有可能用电测仪器进行测定。电桥正是进行这种转换的最简单且最常用的仪器。电桥可分为直流和交流电桥，两者的测量原理基本相同。下面以直流电桥为例来说明它们的测量原理。

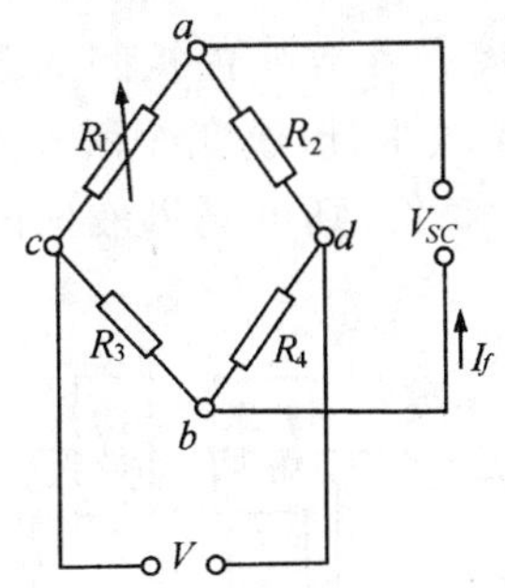

图 7-8　电桥测量原理

图 7-8 是直流电桥示意图，由电阻 R_1、R_2、R_3、R_4 顺序联成一环形。在环形对角线 cd 两点上接电源，在另一个对角线 ab 点接指示仪表，R_1、R_2、R_3、R_4 称作电桥的桥臂。

直流电桥的特性方程是指电桥 a、b 两端输出的负载电流 I_f 与各桥臂电阻值及电源电压 V 的关系，由下式表示，即

$$I_f=\frac{V(R_1R_4-R_2R_3)}{R_fR_aR_b+R_1R_2R_b+R_3R_4R_a} \tag{7-4-6}$$

式中，$R_a=R_1+R_2$；$R_b=R_3+R_4$。

若 $I_f\neq 0$，则电桥不平衡，ab 端有电量输出，需要时可调节可变电阻 R_4，使 $I_f=0$，则称为电桥平衡，此时有

$$R_1:R_2=R_3:R_4 \tag{7-4-7}$$

上式称为直流电桥平衡条件，同时说明要使电桥达到平衡，则相邻两臂的电阻比相等。通常由传感元件产生的输出信号比较微弱，为了准确测定这些微弱的变化量，对直流电桥的灵敏度要求很高，而且在电桥的输出端还需接放大器，经放大后的电信号才能送入指示仪表。

直流电桥的灵敏度可由图 7-8 所示的电路求得。若电桥工作臂 R_1 为一电阻应变片，当受到某一外力作用时，电阻 R_1 发生变化为 ΔR_1，而 R_2、R_3、R_4 为固定值。当电桥没有受到外力作用时，处平衡状态，则 $V_{sc}=0$。但受到外力作用时电阻产生 ΔR_1 增量，此时电桥两端有电压输出，经整理后可表示为

$$V_{sc}=V\frac{n}{(1+n)^2}\times\frac{\Delta R_1}{R_1} \tag{7-4-8}$$

式中，$n=R_2/R_1$；V 为输入电压。并由上式可得

$$K_V=V\frac{n}{(1+n)^2}=\frac{V_{sc}\cdot R_1}{\Delta R_1} \tag{7-4-9}$$

上式中的 K_V 是电桥的电压灵敏度。K_V 越大，表明电桥灵敏度越高，对微小应变的分辨能力就越强。为了提高 K_V 之值，可通过提高电压之值而达到。但是，由于传感元件允许功耗所限，不可能无限制地增加 V 值，也可以适当选择电桥比值 n 来达到。对式(7-4-9)求极值后可解得，当 $n=1$ 时，K_V 值最大，也就是说在电桥外加电压 V 不变时，若取 $R_1=R_2$，$R_3=R_4$，电桥灵敏度最高。

二、几种常用传感器的工作原理与应用

1. 电容式传感器

电容式传感器是将被测位移量的变化转换成电容量变化的传感器，它被广泛地应用于位移测量。

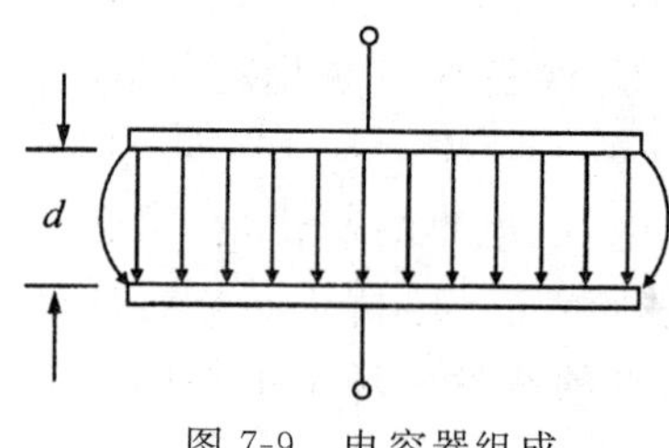

图 7-9 电容器组成

1)工作原理

如图 7-9 所示，电容器由极板组成，其电容量的大小可由下式表示：

$$c=\frac{\varepsilon A}{d}=\frac{\varepsilon_0\cdot\varepsilon_r A}{d} \tag{7-4-10}$$

式中，A 为极板面积；d 为极板间距离；ε_0 为真空介电常数；ε_r 为相对介电常数；ε 为介电常数。

由式(7-4-10)可知，电容器的大小取决于极板面积和极板间的距离。若改变极板间的距离 d，可测量位移的变化；若使两极板相互错动，则板极间的对应面积 A 减小，形成变面积式传感器，可测量极板间错动的位移变化；若使极板间两种介质的多少发生变化，则可测定液面的高低，通常可用在液体静力水准仪上，自动检测高程的变化。

2)电容式传感器的测量电路

电容式传感器的电容变化值十分微小，难以用现代的显示仪器进行记录、显示和传输。因此，必须设置专用的测量电路，将微小的电容变化值转换成与其成比例的电压、电流或电频率，否则难以测出位移量的变化值。专用的测量电路如图 7-10 所示，在电容传感元件后安装放大器，将位移信号放大后，再输送到记录和显示系统。

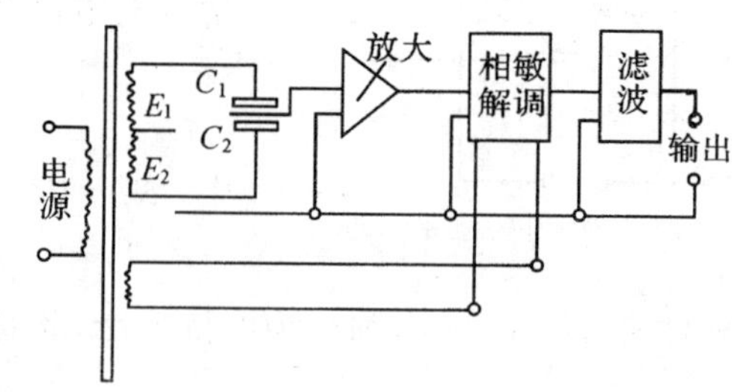

图 7-10 专用测量电路

3)电容式传感器的特点

电容传感器是应用比较广泛的传感器，它主要有以下优点：

(1)结构简单、适应性强，电容传感器构造简单、易于制造，并且可以做得非常小巧，以实现特殊的测量。同时，这种传感器对工作环境要求不是很严，可在高温、低温、强辐射和强磁场等各种环境条件下工作，适应性好。

(2)稳定性好，受外界条件和自身发热等因素影响很小，因此比较稳定可靠。

(3)灵敏度高，可测出电容值的 10^{-7} 的变化量，且反映出 0.01 mm 甚至更小的位移量。

(4)功耗小，由于两极板间引力很微小，所需输入量很小，故功耗小。

(5)可以实现非接触测量。

电容式传感器的缺点：

(1)寄生电容影响大，影响了灵敏度，带来了干扰。

(2)具有非线性输出，尽管采用了差动式结构对非线性有所改善，但难以消除。

(3)输出阻抗高，负载能力差。

综上所述，可以看出，电容式传感器有很大的优点，特别是变介电系数、空隙 d 和变面积 A，对位移(线位移和角位移)检测有突出的优点。因此，得到广泛的应用。

2. 电感式传感器

电感式传感器是利用电感应原理，将被测量的位移量(直线位移、角度位移等)转换为电感的增量，从而得到非电量的被测变化值。电感式传感器有自感式和互感式两种。自感式传感器有变气隙式、变载面式和螺管式等。互感式传感器是利用变压器的原理，又称为差动变压器。

电感式传感器具有以下优点：

(1)结构简单，可靠性强。

(2)分辨率高，最小刻划值可达 0.1 μm。

(3)零点稳定，可达 0.1 μm。

(4)测量精度高，输出线性好，为±0.1%。

(5)输出功率大，不用放大器可达 0.1～5 V/mm 的输出量。

1)变隙式电感传感器

如图 7-11 所示，1 为线圈，2 为铁芯，3 为衔铁。衔铁与被测物体相连，当线圈接入电路后，便形成磁路。由于磁路中气隙 l_δ 的变化引起线圈电感值发生变化，还可以使电感值的变化转换成电压或电流的变化。

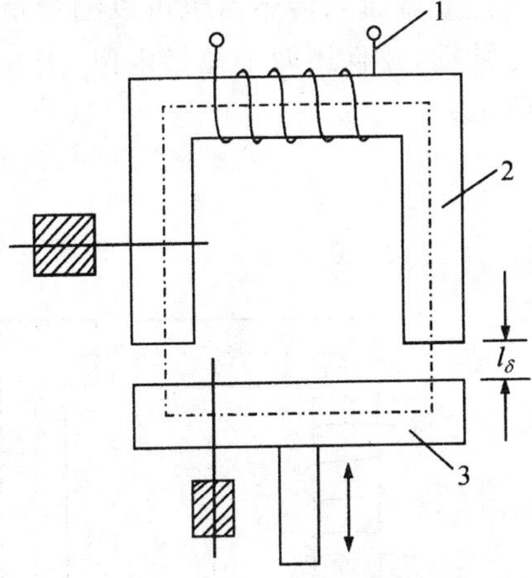

图 7-11　变隙式电感传感器

线圈的电感为

$$L = \frac{W^2}{R_m} \tag{7-4-11}$$

式中，W 为线圈匝数；R_m 为磁路总磁阻。

变隙式传感器的总磁阻可由三部分组成，即

$$\left.\begin{aligned} R_{m1} &= \frac{l_1}{\mu_1 A_1} \\ R_{m2} &= \frac{l_2}{\mu_2 A_2} \\ R_{m3} &= \frac{2l_\delta}{\mu_0 A} \end{aligned}\right\} \tag{7-4-12}$$

式中,R_{m1}、R_{m2}、R_{m3} 分别为铁芯、衔铁和气隙各部分产生的磁阻;l_1 为铁芯磁路长度;μ_1 为铁芯的导磁率;A_1 为铁芯的横截面积;l_2 为衔铁的磁铁长;μ_2 为衔铁的导磁率;A_2 为衔铁的横截面积;l_δ 为气隙的一端长度;μ_0 为真空导磁率,$\mu_0 = 4\pi \times 10^{-7}$ H/m1;A 为气隙磁道截面积。

由以上三部分整理后,可得

$$R_m = R_{m1} + R_{m2} + R_{m3} = \frac{l_1}{\mu_1 A_1} + \frac{l_2}{\mu_2 A_2} + \frac{2l_\delta}{\mu_0 A} \tag{7-4-13}$$

因此,由式(7-4-11)可得

$$L = \frac{W^2}{R_m} = \frac{W^2}{\dfrac{l_1}{\mu_1 A_1} + \dfrac{l_2}{\mu_2 A_2} + \dfrac{2l_\delta}{\mu_0 A}} \tag{7-4-14}$$

由于铁芯和衔铁的长度、截面积及导磁率皆为已知,故 R_{m1} 和 R_{m2} 为两个常数。式(7-4-13)中,若 A 不变,则 $L = f(l_\delta)$,即 L 为 l_δ 的函数,l_δ 变化就引起 L 的变化,故称为变隙式传感器。

2)变截面式电感传感器

若使 l_δ 不变化,如图 7-12 所示,衔铁 3 平行于气隙截面移动,则引起铁芯和衔铁相对面积 A 的变化,这时被测物体与衔铁相连,则 $L = f(A)$,L 为 A 的函数,实际上 A 的变化是由于被测物的线位移而引起的。这种传感器称为变截面式电感传感器。

变截面式传感器也可以测量角位移。如图 7-13 所示,A 为固定磁铁,B 为衔铁,可以绕 O 点转动,并且用两个拉簧定位,当 B 转动时,气隙磁通截面积 A 便改变,从而测出转角 α 的变化值 $\Delta\alpha$。

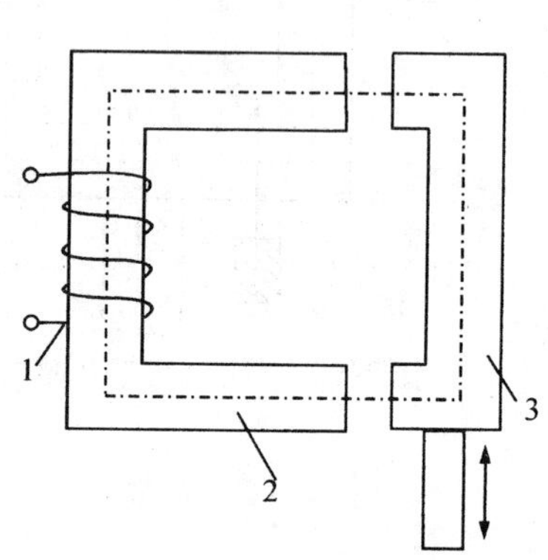

图 7-12　变截面式电感传感器

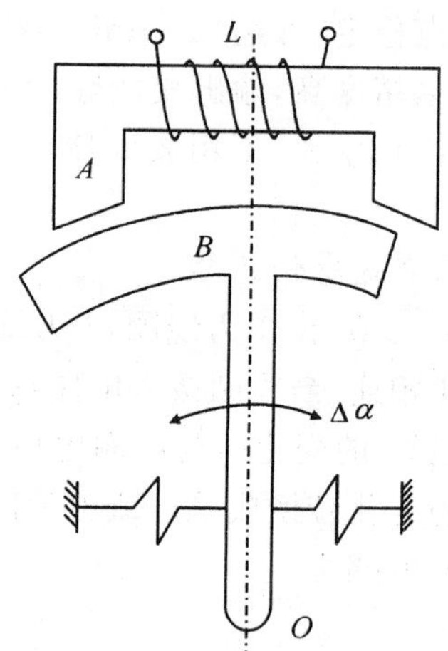

图 7-13　测量角位移

3. 电阻应变片式传感器

电阻应变片是一种能将构件上产生的应变量转换为电阻值的变化后被测定出应变值的器件。应变片的基本构造简单,它通常由直径为 0.01～0.05 mm 的高阻率细丝弯曲成栅状构成的敏感栅,敏感栅上面有黏合层和盖片。然后把敏感栅黏合在固定的基底上,基底很薄,仅 0.03～0.06 mm,以便使它能与试件及敏感栅牢固地黏在一起。应变片在变形监测中应用较为广泛。

1)应变片的工作原理

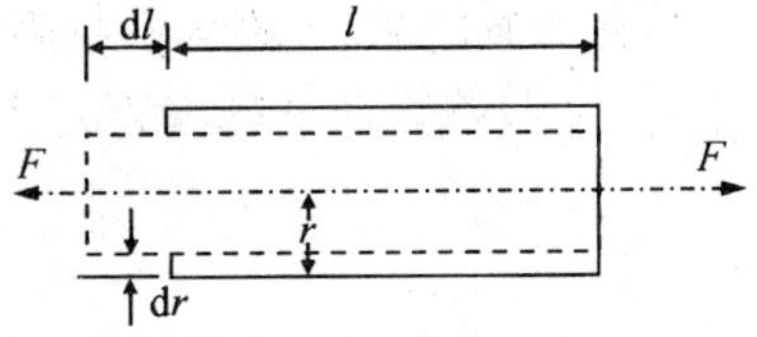

图 7-14 应变片的变形

应变片的工作原理如下：若有一根长为 l，截面积为 S，初始电阻为 R 的金属线，若其电阻系数为 ρ，那么初始电阻 R 为

$$R=\rho\frac{1}{S} \tag{7-4-15}$$

如果此金属线在轴心力 F 的作用下，其长度变化 dl，截面积变化 ds，半径变化 dr，电阻率系数变化为 $d\rho$，那么，由于这些量的变化使其电阻变化为 dR（图 7-14），它们间的关系可由式(7-4-15) 求微分而得

$$dR=R\left(\frac{d\rho}{\rho}+\frac{dl}{l}+\frac{ds}{s}\right) \tag{7-4-16}$$

此外，由于金属线的截面积 $S=\pi r^2$，所以$\frac{ds}{s}=2\frac{dr}{r}$，令$\frac{dl}{l}=\varepsilon$，它表示金属线的轴向应变，则$\frac{dr}{r}$ 为金属线的横向应变，由泊松比 μ 的定义知

$$\frac{dr}{r}=-\mu\frac{dl}{l}=-\mu\varepsilon \tag{7-4-17}$$

$$\frac{ds}{s}=-2\mu\varepsilon \tag{7-4-18}$$

把式(7-4-18)代入式(7-4-16)，并整理后可得

$$\frac{dR}{R}=\left[\left(1+2\mu+\frac{d\rho}{\rho\varepsilon}\right)\right]\varepsilon \tag{7-4-19}$$

$$K_0=\frac{dR}{R_\varepsilon}=(1+2\mu)+\frac{d\rho}{\rho_\varepsilon} \tag{7-4-20}$$

式中，K_0 为单位应变所引起的电阻值相对变化量，称为金属材料的灵敏系数。

可以看出，K_0 受两个因素影响，根据大量的实验证明，在金属线拉伸极限范围内，电阻相对变化与应变成正比，所以 K_0 可以看作为一个常数，即

$$\frac{\Delta R}{R}=K_0\varepsilon \tag{7-4-21}$$

由上式可见 $\frac{\Delta R}{R}$ 与ε的关系在很大范围内具有良好的线性关系。对于每一个应变片，它的 K_0 值可在实验室内精确测定。

2)温度误差及补偿方法

在实际测量工作中，环境温度的不断变化将对应变片产生巨大作用，是应变片测量误差的最主要来源。这种误差通常来自两个方面的原因，其一是金属线的电阻值将随温度而发生变化，电阻与温度的关系为

$$R_1=R_0(1+\alpha\Delta t) \tag{7-4-22}$$

式中，α 为金属线的电阻温度系数。

其二是试件与金属材料的线膨胀系数不一致，使金属线产生附加变形而引起的电阻值变化。

若有一长度为 l_0 的金属线固定在构件上,当温度改变 Δt 时,金属线和构件的伸长分别为 l_t 和 l'_t,它们的长度与温度的关系有

$$\left.\begin{aligned} l_t &= l_0(1+B\Delta t) \\ l'_t &= l_0(1+B'\Delta t) \end{aligned}\right\} \tag{7-4-23}$$

式中,B 和 B' 为金属线和构件的线膨胀系数。由于两者牢固地黏在一起,金属线会被构件拉伸到同样的长度,此时使金属线受到附加应变 $\Delta\varepsilon$,从而产生附加的电阻 ΔR_t,即

$$\Delta R_t = R_0 K_0 \Delta\varepsilon = R_0 k_0 (B'-B)\Delta t \tag{7-4-24}$$

因此,由于温度变化而引起总的电阻变化为

$$\Delta R_t = R_0 \alpha \Delta t + R_0 K_0 (B'-B)\Delta t \tag{7-4-25}$$

折合成应变片对应的附加应变量为

$$\Delta\varepsilon_t = \frac{\Delta R_t}{R_0 K_0} = \frac{\alpha \Delta t}{K_0} + (B'-B)\Delta t \tag{7-4-26}$$

为了克服应变片的温度误差,可采取补偿线路和应变片补偿两种方法解决。在采用线路补偿时,可在被测试件安装工作应变片,而在另一个与构件材料完全一致的补偿件上安装补偿片,补偿法的特性应与工作法一致,并使它们处于同一环境条件下。这样,由于温度变化而产生的误差可由补偿法求得。从工作法上测得的输出量中减去补偿法输出的量值后,就可以获得无温度误差的输出量。

第八章　地下管线探测

§8.1　概　述

地下管线分为地下管道和地下电缆两大类。地下管道包括给水、排水、煤气、热力及工业管道。给水管道根据用水的不同对象和用水水质要求不同或用水水压要求不同，分别建有分质给水系统和分压给水系统。排水管道按排水性质分工业污水、生活污水和雨水，按排水方式又分为合流制和分流体两种类型。煤气管道按压力大小分为低压、中压和高压三种。从输配系统和布设来说可按管径规格不同分为主干管和庭院管。热力和工业管道主要以其传输材料性质区分，工业管道也按其管内压力大小而有无压力或低压、中压、高压三种。地下电缆包括电力电缆和电信电缆。电力电缆除了电气化铁路及电车用低压电缆外，还有供电（输电或配电）用高压或超高压电缆。电信电缆按其功能分为市内电话、长途电话、有线广播和有线电视光纤及其他专用电信电缆等。埋设在城市市区内的上述各类管线，还包括市政公用管线及其他部门（如厂、矿、铁路、民航、部队）等专用管线，统称地下管线。

地下管线探测，就是对地下管线进行探查和测绘。探查是对地下管线的埋设位置和深度进行调查和探测，把地下管线的空间分布“投影”到地表平面上，或投影到某个平面上。测绘是采用常规的测量技术对已查明的地下管线进行测量和编绘管线图。

随着科学技术的迅速发展和现代化进程的加快，地下空间的开发利用越来越受到各方面的重视，建设规模不断扩大，使用功能也日趋复杂。特别是作为城市公共设施重要组成部分的地下管线由单一、简单的形式发展到多类别、多权属和布局复杂的管线网。由于以前有些地方管理方法和管理手段落后，因地下管线埋设情况不清而导致地面施工造成损坏的事故不断，因管线建设规划不周而导致重复开挖路面的情况时有发生，给社会造成不好影响。

由于地下管线情况不清，造成盲目施工，由于地下管线损坏，导致停水、停电、停气、通信中断，甚至引起灾害事故。因此，尽快进行地下管线探测是许多地方和部门的当务之急，尤其是大中城市的地下管线探测更为紧迫。全面掌握和了解地下管线有关资料，是城市和企业规划与管理的基础。因此，有必要对地下管线进行探测，建立完整的、准确的、科学的地下管线信息管理系统。

§8.2　地下管线的探测方法

一、概　述

1. 地下管线探测的目的和任务

地下管线探测是确定地下管线的平面位置和埋设深度以及与其他管线的相互关系，同时确定地下管线的属性，如管线的种类、性质、规格、材质、载体特征、电缆根数、电压、埋设年代、附属设施及权属单位等。并在地面上设置地下管线投影中心标志和明显的管线点标志,以便为后序测绘工作提供依据。

2. 管线点标志的设置

地下管线点标志,通常设置在管线特征点和附属物点的几何中心上。管线特征点是指管线的交叉点、分支点、转折点、起讫点。附属物点是指接线箱、变压箱、人孔井、手孔井、检查井、阀门井、仪表井等。在没有特征点的较长直线管线段,中间加密设置管线点,直线上管线点设置的间距不应小于 70 m,这样可控制管线的走向,当不同管线立体交叉时,为了避免差错,须在管线交叉附近各设置一个管线点,一般管线点距交叉点不大于 5~7 m 为宜。

管线弯曲时,管线点设置应满足曲线形测量的需要,应在圆弧的起讫点和圆弧中点上各设置一点。当圆弧较大时,圆弧上适当增设管线点。圆弧上管线点设置的原则是保证管线的弯曲特征能在图上表达出来。

3. 管线点的编号

为了保证地下管线探查、测量、成图的需要,必须对管线点进行编号。地下管线编号的方法一般是:管线代号加点号。管线的代号国家或省市城市部门都有规定,例如,给水管代号为 J、煤气管代号为 M、电力管线代号为 L、电信管线代号为 D、工业管线代号为 G;M_{36} 表示煤气管线第 36 号管线点;D_{89} 表示电信管线第 89 号管线点。

4. 管线点的地面标志

管线点的地面标志是经过探查确认地下管线的地面投影位置,也是后续测量工作的依据。地面标志的设置要牢固、不易毁坏而且易于识别。通常管线点的地面标志统一制作,有别于测量控制点,并在管线点附近易于保存的地物上用油漆标注管线号,便于管线测量时识别寻找。

二、地下管线的探测方法

地下管线的探测方法主要有:电磁法、电磁波(地质雷达)法、直流电法、磁测法、地震波法、红外辐射法等。目前国内外流行的管线探测仪器所采用的方法技术都属于地球物理探测法这一类。采用地球物理探测方法,应满足以下四个条件:

(1)被探测的地下管线与其周围介质之间有明显的物性差异。

(2)被探测的地下管线所产生的异常场有足够的强度,能在地面上用仪器观测到。

(3)能从干扰背景中清楚地分辨出被探测管线所产生的异常。

(4)仪器的探测精度能达到规定的要求。

此外,地球物理探测方法的选定,还应根据测区的任务要求、探测对象、测区的地球物理条件以及测区的实际情况等,并通过试验方法来确定。一般情况下,探测金属管线,采用磁偶极感应法或电偶极感应法,探测电力电缆采用 50 Hz 被动源法,探测磁性管道采用磁测法,探测非金属管线采用电磁波(地质雷达)法或电磁感应法。

1. 常用探测仪器及特点

目前,地下管线探测的常用仪器有中国地质大学生产的 GX 系列探测仪、美国 Metretech 公司生产的 810、850 和 9890 探测仪、英国 Radiodetection 公司生产的 RD—400 系列探测仪和美国 Ditch Witch 公司生产的 Subsite 系列 65、70、75 等探测仪。

根据不同探测仪接收机输出信号的性质,对探测仪加以分类比较,大体可分为三类。第一类是输出信号,该类信号可以反映真实物理场全貌的仪器,属于这一类的仪器有 GX 系列、

Subsite 系列和 RD—400 系列中 RD—400PL 仪器等；第二类仪器能指示 ΔH_x 的相对大小和给出直读深度，属于这一类的仪器有美国 Metretech 公司的 810、850 和 9890 等，一般应用于简单条件下的定位和定深；第三类仪器介于以上两类仪器之间，其接收机输出的"ΔH_x"很像真实的物理场，又不是严格的物理场，而是经过某种处理后的物理场，可采用某一比值（指异常极大值两侧某点处的"ΔH_x"与极大值之比为 70%）处的异常宽度来确定埋深，属于这类仪器的有 RD—400PXL、RD—432PDL 等。

2. 各类管线的基本探测方法

1）供水管道的探测

供水管道材质有金属与非金属两种类型，金属管有镀锌钢管、碳钢直板卷管和承播式灰口铸铁管。镀锌钢管用螺纹连接；碳钢卷管采用焊接连接；铸铁管用石棉水泥或膨胀水泥连接。非金属管通常用水泥管，水泥管采用胶圈接口。

对金属供水管道，通常采用激发方式的直读法或感应法，当旁侧干扰较小时，一般用 H_x 或 ΔH_x 的极大值定位，用直读法或比值法定深。使用直读法，应尽可能使用低频率，对于大口径钢管，一般用直读法，双端连接可探测的距离更大。定位采用 ΔH_x 极大值较好，但由于异常顶部较平缓，有时难以确定极大值位置，需在确认两翼对称的条件下，用同一场值的中心点来定位。定深主要用比值法，直读法不宜使用。对于大口径管的探测，在应用常规方法时，应注意多作剖面测量，通过全曲线的计算进行定位和定深，必要时可用探地雷达和开挖加以验证。水泥管的探测，主要用探地雷达。

2）煤气管道的探测

地下煤气管道绝大部分采用无缝钢管或螺旋钢管，少量使用高密度聚乙烯塑料管。煤气管道的探测一般采用感应激发法，用常规的办法定位和定深通常都能满足要求。但当其与其他管线相距很近时，在地面的感应效果欠佳，此时可利用阀门井、排水器、地下调压站（井），直接把发射机放在管道上感应。

3）电力电缆的探测

电力电缆除无轨电车用 500 V 直流外，其余电缆所载电流均为交流电，电压从 220 V 至 220 kV。10 kV 以下的电缆一般埋设在人行道下，高压电缆一般埋在人行道下或行车道的旁边地下，敷设方式有预制钢筋混凝土槽盒直埋（电缆一般排在沟壁上）和电缆沟。在穿越行车道或铁道时，电缆敷设在管道内。由于高压电缆是主干线路，负载变化小，用 50 Hz 被动源方法信号比较稳定。由于高压电缆是三相交流电，三条电缆相位各差 120°，在剖面上磁场水平分量显示双峰异常，两个极大值位置并不对应两边的电缆投影位置而是向外侧偏移，但可用两极大值的中心位置来确定槽盒的中心位置，也可用感应法确定其中心位置，用常规方法测定其深度，并作改正。

对于 10 kV 以下的用槽沟方式埋设的电缆，由于多条电缆排列不规则，用户负载变化大，高次谐波干扰严重，一般直接量取槽沟的中心位，开盖量测最上面的一条电缆深度作为埋深。在无法开盖量测时可用夹钳法激发，用常规方法定位、定深，并作适当的改正。

4）电信电缆的探测方法

电信电缆的地下敷设方式有管道电缆和直埋电缆两种，有民用、军用和铁路专用电缆之分，也有共用的通信电缆。由于电信电缆均是多根组合排列，一般用感应法激发定位、定深，而且必须加改正。改正的方法：先从井中确定截面上等效中心的位置，量出其到管块顶部的垂直距和到管块平面中心的水平距,再用实测深度与等效中心深度作比较,对实测深度作改正,并换算成管块顶部埋深。如果等效中心的水平位置不是管块平面中心位置,应加适当的改正。

这种情况也可用夹钳法分别夹上部最左面和最右面的电缆,分别定出平面位置取其中心作为中心位置。定深采用直读法和比较法,并取其平均值作为定深。

5)排水管的探测

由于排水管道井间距离很近,一般均可开盖量测,在井间距离超过 70 m 时,可用内插法确定其深度。

三、管线仪的定深方法

管线仪定深、定位方法都是在单一线电流场的理论分析基础上提出来的。用管线仪对地下管线定位,精度较高,均能满足精度要求。管线仪定深的方法很多,但有的方法精度较低。大部分利用 H_x 或 ΔH_x 的直读法和比值法。这里所指的比值法(或称"特征值法"或国外有人称"偏移法")是指在可解释的异常曲线上,利用由异常的极大值向异常的两侧下降至某一比值时两侧两个相同比值点之间的平面距离(某一比值的宽度)与管线中心埋深之间的关系来确定深度的方法。

1. 直读法定深

目前 RD—400 系列的 810、850 和 9890 及 Subsite 系列仪器均有直读深度功能,其原理是利用上下两个线圈上测得的磁场水平分量 H'_x 和 H^b_x,计算出埋深 h,即

$$h=\frac{H'_x d}{H^b_x-H'_x} \tag{8-2-1}$$

式中,d 为上下两线圈的距离,对 RD—400 系列仪器 d 为 40 cm,Subsite 系列仪器 d 为 50 cm;H^b_x 为底部线圈位置上的磁场水平分量;H'_x 为顶部线圈位置上的磁场水平分量。

从式(8-2-1)可知,直读定深法所利用的是线电流磁场在垂直方向上的变化关系,且同这两个点的差值 $H^b_x-H'_x$ 成反比。因此,如果空间这两点上任何一点或两点的磁场受到干扰,$H^b_x-H'_x$ 就会发生更大的改变,同时直读深度误差就会更大。因此可见,直读定深法是一种抗干扰能力较差的定深方法。

通常由于下列各种情况中所存在的不利因素,应慎重使用直读法定深。

(1)在地面金属设施(如栏杆、铁门等)附近受干扰磁场较严重,而使定深结果可靠性差。

(2)地下管线埋设超过 2 m 时,误差大。

(3)离激发源较远时,误差大。

(4)当存在旁侧平行管线干扰或存在弯头三通或交叉管线干扰时直读法误差大。

(5)在管线周围介质中的电流密度较大时,直读法深度误差增大。

2. 比值法定深

比值法主要利用管线电流磁场的水平分量或其梯度在水平方向上的变化特征确定管线的深度。由于不同仪器所测的物理参数不同,用以定深的比值 R 也各不相同。通常可分为特征比值法、待定比值法和任意比值法三类。由于比值定深法使用不方便,也很少有人使用,故在此不作详细叙述。

§8.3　地下管线测绘

一、地下管线测绘

地下管线测绘是指在城市或厂矿企业内等级导线点和等级水准点的基础上进行的图根控制测量、地下管线点的平面和高程位置连测及相关地形测量。

地下管线测绘是在地下管线探测的基础上进行的，因此，地下管线探测的质量是最后成果的关键。测量工作必须由探测人员提交的一份工作底图，一般为 1∶500 的地形图，图上应标注有管线点、管线走向、位置及连接关系等草图，作为地下管线测量的依据。

地下管线测绘，一般采用解析法。同时，为了满足数字化计算机辅助成图的要求，野外采集数据采用电子手簿记录，这样可以达到从外业到内业直至建立数据库一体化的作业方式。考虑原有的 1∶500 地形图可能现势性较差，为了保证管线图上管线与邻近地物有准确的参照关系，要求进行管线两侧与邻近第一排建筑物轮廓线之间，包括道路的地形测量。

1. 地下管线的控制测量

地下管线测绘的控制测量，是为进行地下管线点连测及相关地形测量而建立的图根控制，控制测量包括平面控制测量和高程控制测量的两部分。首先应采用本地区或本市的统一坐标系统，以便以后各单位各部门新建地下管线图的统一性，也便于管理和维修。在收集测区已有的控制测量资料后，应对资料进行全面检核，确保起始数据的可靠性。该控制测量可根据已知点密度和测区的大小布设，若已知点密度小，测区范围大，首先应布设等级控制网，然后沿管线布设导线网，相当于前面所讲的图根点，整个测量工作应严格执行国家有关规范。地下管线测绘多数是在城市进行，首级网可建立 GPS 控制网，也可建立电磁波测距导线网；若测区范围较小，可直接布设图根点。

高程控制测量是以测区内等级水准点为起始点，沿控制点、图根点、管线点布设水准路线或采用电磁波测距三角高程测量。整个高程测量也应执行相关的国家规范。

2. 地下管线点测量

地下管线点的测量，是在应用物探仪器，探明地下管线的平面位置，并设置相应的标志和注明编号后进行，一般以控制点或图根点为测站点，使用全站仪或测距经纬仪。测量的方法常用极坐标法，其距离不宜太长，一般在 150 m 左右，但定向可采用长边。整个测量工作与其他测量工作完全一样，这里不再重复。

地下管线测绘还包括相关地形测量，一般是测沿道路、街巷两侧的带状地形图。考虑地下管线图的重点是表示地下管线的位置、高程以及与道路、街道、相邻地面建筑物的相对位置关系，地形地物测绘，只需测设道路、街道边线、临街建筑物向街一面的外轮廓线、结构、层数分间线、门牌及单位名称，测定各种地面地物特征点的地面位置及高程。

城市地下管线图还需要测定横断面。横断面的位置要选在主要道路、街道有代表性的断面上，一般每幅图不少于两个断面。横断面测量，应垂直于现有道路、街道布置、除测定管线点位置、高程外，还应测量道路的特征点、地面高程变化、各种建筑物边沿等。

二、地下管线图的编绘

1. 地下管线图编绘的技术要求

地下管线图的编绘，是采用外业测量采集的数据，以计算机数字化成图。为了保证数据的精度和现势性，以达到建立地下管线数据库的目的，应满足如下技术要求。

1)地下管线图的种类、分幅标准、规格及比例尺

地下管线图通常分为专业管线图、综合管线图、局部放大示意图及断面图。

(1)专业管线图。只表示一种专业管线和沿管线两侧的地形、地物。

(2)综合管线图。表示全部专业管线和沿线两侧的地形、地物。

(3)局部放大图。因综合图的图面限制，当管线分布复杂，图载量过重，图表无法全部表示和标注其图面要素时，需作局部放大来表示其局部相对关系的辅助用图。

(4)断面图。指横断面图，是表示地下管线在同一截面上的分布、竖向关系和管线与地面建筑物间的相互关系辅助用图。

2)地下管线图的比例尺、分幅标准及图示的应用

地下管线图包括专业管线图和综合管线图的比例尺应与城市或地区的基本图的比例尺一致，一般为 1∶500;局部放大示意图及管线断面图的比例尺视实际情况而定。地下管线图的分幅标准与本地区基本图的分幅一致。断面图和放大图以综合图幅为单位绘在同一图幅内，当断面图和放大图较多，无法绘在同一图幅时，也可分别进行绘制，外图廓标注相应的综合管线图图号。地下管线图图式一律按国家相关规定的图式标注。

2. 综合地下管线图的编绘

综合地下管线图应表示测区内所有探测的各种地下管线及其附属设施、地面建筑物与地形特征。因地下管线图所要表示的重点是管线，为了防止飘篷、飘楼等建筑物线与管线交叉重叠引起图面混乱，该建筑物不绘制。高架路桥墩和人行天桥一般用虚线表示，高架桥下的地物除河流外，其他不注记。绘制综合地下管线图的基本资料应包括:测区 1∶500 地形图、地下管线现状探测草图、外业数据软盘和管线点成果表以及附属设施草图、结点示意图等。

综合管线图上的管线以 0.2 mm 线进行绘制。考虑综合地下管线图所要表示的内容较多，高程的注记方面，除择要标注路中高程外，管线点一般不标注高程，以增加图面的清晰度，但路面铺装材料要标注。在管线复杂、管线点注记密集时，管线点可择要注记，此时须绘放大示意图，并在综合图上以虚线标明放大范围并注记放大图编号。

为了便于使用者阅读图件，一般情况下，每幅图内，在 2～3 个位置上，以扯旗形式注明管线的排列、种类、材质、规格、埋深等。同时，每幅图内，至少绘制 2 个横断面图，其断面位置及编号以断面符号标注在综合图上。扯旗及断面图的位置，一般选在有代表性及管线较复杂的断面上，先主干道、后干道，再一般干道。

3. 专业地下管线图的编绘

专业地下管线图只表示一种管线与地面建筑物及地形、地貌的关系，其内容比综合地下管线图少，图载量轻。专业地下管线图的编绘原则与综合地下管线图一致。

针对专业地下管线图内容少的特征，在编绘专业管线图时，要增加有关管线属性的注记，即注明管线的规格、材质、条数及电压等，注记的形式是沿管线的走向注记。

4. **局部放大示意图和断面图的编绘**

1)局部放大示意图的编绘

局部放大示意图是当地下管线及附属设施过于密集时,为清楚表示局部相关关系的附属用图。局部放大示意图的编绘内容及要求与综合管线图基本一致,但在编绘局部放大示意图时,任何管线点位及地形、地物要素均不得舍掉,要清楚地表示管线点位及地形、地物相对位置关系。局部放大示意图的比例尺可根据图面需要而定,比例尺选择的原则是要使图面内容不做任何取舍和移位,而达到表示清楚、全面的目的。

2)断面图的编绘

这里所说的断面图仅指横断面图,表示同一断面里各种管线之间、管线与地面建筑物之间的竖向关系,即地面地形变化,地面高,管线与断面相交的地上、地下建筑物,路边线,各种管线的位置及相对关系,埋深,断面几何尺寸,断面号等。断面图的比例尺可任意选定。

§8.4　地下管线信息系统简介

一、信息、信息系统与地理信息系统

信息是用数字、文字、符号、语言等介质来表示事件、事物、现象的内容、数量或特征。信息向人们(或系统)提供关于现实世界新的事实的知识,作为生产、管理、经营、分析和决策的依据。信息具有客观性、适用性、可传输性和共享性等特征。

信息来自数据,数据是未加工的原始资料。数字、文字、符号、图形和影像都是数据。数据是客观对象的表示,信息则是数据内涵的意义,是数据的内容和解释。例如,从测量数据中可以抽取出目标和物体的形状、大小、位置等信息,从遥感卫星图像数据中可以抽取出各种图形和专题信息,从实地调查数据中则可抽取出各专题的属性信息。

信息系统的核心是数据库。信息系统的种类很多,范围很广,通常有企业管理信息系统、经营信息系统、金融信息系统、交通运输信息系统、土地管理信息系统、空间信息系统和其他信息系统等。

地理信息系统是一种特定的空间信息系统,它是以采集、储存、管理、分析和描述整个或部分地球表面(包括大气层在内)与空间和地理分布有关的数据空间信息系统。它涉及范围很广,包括地理学、测量学、制图学、摄影测量与遥感、计算机科学等。

二、地下管线信息系统的功能与特点

目前国内地下管线信息系统种类很多,各系统各有特色,数据结构与编码大同小异。有的侧重于地形采集,有的侧重于地籍采集,也有的针对于地下管线测量的开发,各系统均有独立的符号库、线型库。系统设计的基本目标是:对外业采集的有关各种管线图形和属性数据统一管理,对数据进行采集、计算、储存、编辑、标准化和代码化处理。并对属性数据和图形数据进行图库联动和管理,以便统一管理并作标准化和代码化处理,输出能让管理系统接收的净化数据和符合地下管线探测内外业一体化所要求的各种图表。

1. **地下管线信息系统的功能**

从上述的设计目标出发,地下管线系统应有以下基本功能:

(1)能管理、储存和处理国家各种相关规程要求的数据,包括属性数据(如管线类型、管线特征、管线埋深等)、图形数据(如管线点的三维坐标:管线连接关系、管线走向等),并以这些数据能按标准代码进行管理。

(2)能将各种数据输出符合管线管理信息系统所规定的格式数据,根据国内目前状况,各类地下管线管理信息系统不尽相同,但应能提供输出格式选择功能或预留接口。

(3)为减少人为差错和提高效率,对于图形数据(如管线点三维坐标),除键盘数字化仪输入方式外,应提供能直接从电子手簿读入数据的功能,这样才能实现内、外业一体化。

(4)能生成管线探查中所要求的各种表格图形,如管线点成果表、管线点统计表、综合管线图、专业管线图、断面图、放大图等,并有较高的自动化功能。

(5)在数据库和图形系统中,能同时管理属性和图形数据,实现图库联动。

(6)用户界面友好,不仅操作简便,而且可以提高效率,减少差错。

(7)系统应具有安全性、稳定性和容量大的特性,确保数据安全,系统运行稳定。

(8)为了适应用户的要求,系统应便于扩展。

2. 地下管线信息系统的特点

(1)系统能管理和处理地下管线的各种数据,并能确定数据的长度、代码,以及数据的存储格式。

(2)系统人机界面友好,满足系统数据的安全性、稳定性。

(3)系统具有适用于任何电子手簿和全站仪自动输入方式。

(4)系统在 AutoCAD 操作环境下,不仅能管理图形数据,同时也能管理管线的属性数据。

第九章　地铁工程测量

§9.1　概　述

随着社会的进步和城市化过程的加快，城市人口不断增加，各种车辆也逐年增加，给城市带来了交通拥挤与环境污染等一系列问题。世界各大城市都存在“乘车难”和“行路难”等问题，发展地铁是唯一的解决办法。因此，地铁交通受到了世界各国的高度重视。城市地铁交通的发展至今已有140多年的历史。早在1863年，世界上第一条用蒸汽机牵引的地铁在英国伦敦建成通车。列车在隧道内运行，隧道里烟雾熏人，但当时伦敦市民甚至皇家贵族仍争先乘坐，在世界上产生了巨大影响，各国先后都引进和发展了地铁建设技术。随着电动车的发展，大力推动了地铁工程的发展。目前，伦敦地铁分为6层。最近几年我国地铁建设也发展很快，已有十几个城市已建成了地铁，几乎所有的大中城市正在建设或计划建设地铁。地铁工程将有一个大的发展，这需要大批高科技的地铁工程测量人员，也是地下工程测量的发展机遇和挑战。

地铁工程的地下车站施工方法有盖挖逆作法和明挖顺作法，隧道施工有明挖法和暗挖法两大类，具体方法很多。由于施工方法各异，施工测量配合施工工艺开展，测量主要内容包括：地面控制测量、线路地面定线测量、地下起始数据的传递，地下控制测量、隧道施工测量、铺轨基标测量、设备安装测量和变形测量等。

一、地铁工程测量的特点

地铁工程是在繁华的城市和地下空间进行，与其他工程测量相比，主要有以下特点：

(1)测量工作是在高层建筑密集和地下管网繁多的环境下进行，而且地面车辆多、行人多。

(2)测量精度要求高，铺轨和安全监测的精度要求都优于1～2 mm，甚至更高。

(3)测量环境条件差，作业难度大，有的测量工作超出了传统的工程测量范畴，引入大量的物理传感器，如应力计、应变片、位移计、测力计等，进行应力、应变和变形监测。

(4)地铁施工测量方法与施工段的地质条件、施工应用的设备和方法不同而变化，目前测量还没有统一的方法。

(5)地铁工程测量属于精密工程测量的范畴，都应用最新的高精度的测量仪器。

(6)地铁工程测量，除按照传统的精密工程技术进行高精度测量外，还结合工程特点引进现代工程测量高新技术，同时，还注重相关学科技术在施工测量中的渗透与融合，使地铁工程测量技术不断地创新、完善和发展。

二、地铁工程测量的主要任务和内容

地铁工程测量应满足工程建设中的设计、施工和运营阶段对测量工作的需要，主要包括地面测量、地下起始数据的传递和地下测量三个方面。实际测量工作与工程建设各阶段紧密相

关,具体又分设计阶段、施工阶段和运营阶段的测量工作。

1. **设计阶段的主要测量内容**

设计阶段又分为可行性研究阶段、初步设计阶段、施工图设计阶段。在可行性研究阶段主要测绘中、小比例尺地形图和其他设计要求的测量工作及成果;初步设计阶段要测绘地面控制网(首级 GPS 网、精密导线测量、高程控制网)、1∶500 地形图和地下管片测量与调查、地下建筑物测量、跨越线路的建筑物测量、水域地形测量、定线测量等,并提供相应的测量成果。

施工图设计阶段,应进行线路纵、横断面测量、线路中线测量、线路红线测量、拆迁红线测量、设计委托的零星测量(横跨线路高压测量,对线路有制约作用的特殊建筑物、构筑物测量等)工作,同时提供相应的测量成果。

2. **施工阶段的主要测量内容**

施工阶段又分为土建结构施工阶段、轨道和设备安装阶段、竣工阶段。土建结构施工阶段应进行加密工程控制测量、定线测量(建筑物、线路施工定线等)、地下起始坐标传递测量、施工放样测量、限界测量、安全监测和其他测量。

轨道和设备安装阶段应进行基标测量、线路标志测量。竣工阶段应进行全线线路轨道竣工测量,区间、车站和附属建筑物竣工测量,线路沿线设备和地下管片竣工测量等。竣工测量时,收集整理已有资料,对有些关键资料要进行实地检测,对不符合要求的测量资料应重新测量,最后按实测资料编绘竣工测量成果。

3. **运营阶段的主要测量内容**

运营阶段是指地铁建成交付运营以后的阶段。在该阶段测量工作者应长期对线路维护和改造提供测量保障,并对线路构成安全隐患的结构和线路环境进行变形监测,确保运营安全。

§9.2 地铁施工平面控制测量

地铁施工平面控制测量是地铁工程所有测量工作的基础和依据,是地铁工程全线线路与结构贯通的保障。平面控制网分为首级控制网和二级精密导线网。

一、平面控制网的特点

(1)平面控制网的大小形状、点位分布应满足工程需要,可根据地铁总体规划布设全面网,也可以为某条线路布设单独的线状控制网。

(2)平面控制网是在城市原有的控制网基础上建立的,通常分为两级网。首级网常为 GPS 网或边角网,起到整体骨架的作用,是后续测量工作的基础。二级网为精密导线网,边长较短,是工程施工控制网。

(3)平面控制网不但是隧道贯通的基础,同时还为工程设计所需的大比例尺地形图绘制、施工放样、设备安装、轨道铺导和变形监测服务。

(4)由于地铁工程建设周期长,为防止控制点受损坏或发生变化,应对控制网在一定的周期内进行检测,确保网点的稳定可靠。

二、首级平面控制网的布设原则

(1)控制网的大小、网形和点位主要取决于地铁总体设计的规模和施工方法,确保工程各环节对测量工作的需要。

(2)控制网必须达到必要的精度要求,通常按B级GPS网布设和观测。边角网按照国家二等网观测。

(3)控制网投影面的选择应满足用控制点反算两点间的距离与实地两点距离尽可能相等,通常选城市平均高程面。

(4)首级控制网点位设置要求稳定可靠,防止工程建设的影响和破坏,重要点位应采用强制归心装置,确保点位长期使用。

(5)首级网应重合3～5个原城市二等控制点或在城市里的国家一、二等控制点,并尽可能保证分布均匀。

(6)在隧道口、竖井、车站或车辆段附近应布设1～2个控制点,相邻控制点应有两个以上方向通视。

三、首级平面控制网的布设

首级平面控制网通常是按地铁线路布设的专用网,大多数是GPS网,也有边角网。考虑到地铁工程平面控制网的可用性和特殊性,在布网时应注重控制网的精度和实用性。在此重点讨论GPS网。

1. GPS控制网点位的选择

首先收集地铁线路沿线附近标石稳定完好的原城市控制点纳入GPS控制网中,以便确定GPS网的基准。控制点应选在利于长久保存、施测方便的地方,离线路中心线或车站等建筑物的外缘距离不应大于50 m。控制点应视野开阔,避开多路径效应的影响。远离无线电发射台站和高压输电线,其距离分别大于200 m和50 m。建筑物上的控制点应选在便于观测的楼顶上面。

GPS控制点的位置要便于进行下一级精密导线点的扩展,由于地铁线路贯穿城市繁华地段,地面交通极其繁忙,地面点位又不容易保存,精密导线点大多数都是选在楼顶上,因此GPS点应尽量与相邻精密导线点通视,而且选在车站或施工竖井附近,便于使用。每个GPS点至少要有两个通视方向,相邻GPS点间距离不小于500 m。

2. GPS控制点的标志和埋设

为了使点位长期保存,便于后续测量工作的需要,GPS点均应埋设具有中心标志的永久性标石。标石分为基本标石、岩石标石和楼顶标石三种。楼顶标石通常在现场浇筑,标石下层钢筋扦入楼顶平面混凝土中,标石固结在楼顶平台上,标石规格和形状如图9-1、9-2、9-3所示。为了减少多次观测对中误差的影响,GPS控制点应具有强制对中标志的墩标,若控制点埋于地下,可根据工程建设区域的地质状况选择埋设适宜的基本标石或岩石标石,标石的规格和形式分别见标石埋设图。

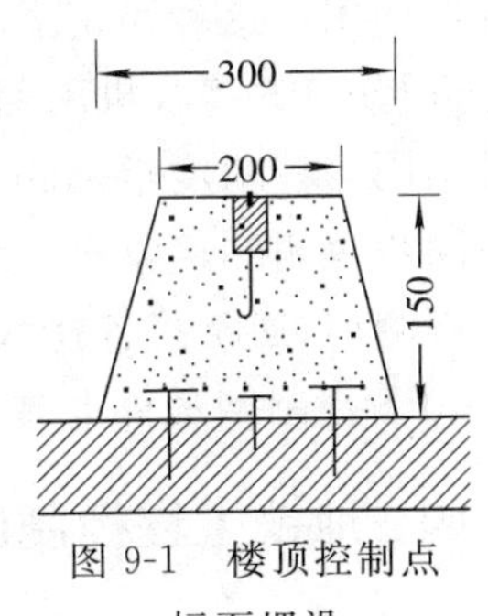

图9-1　楼顶控制点标石埋设

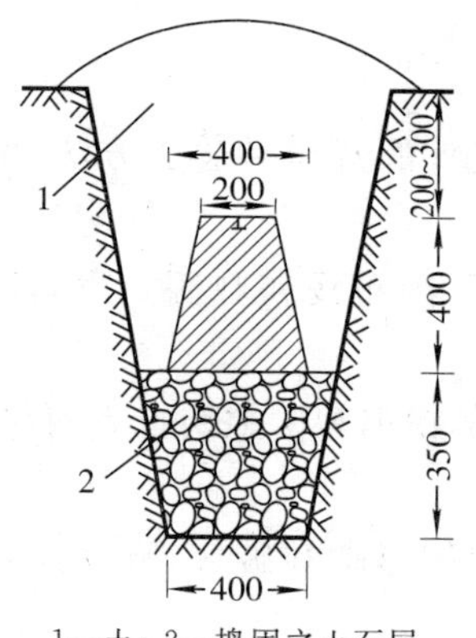

1—土；2—捣固之土石层

图 9-2　土中基本标石埋设

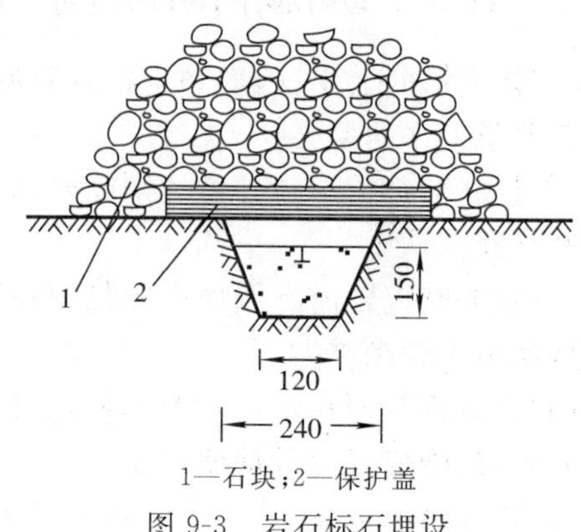

1—石块；2—保护盖

图 9-3　岩石标石埋设

3. GPS 控制网观测

GPS 控制网观测主要包括制定观测计划、接收机检验和外业观测等。

1）制定观测计划

GPS 外业观测，又称数据采集。由于涉及多台接收机同步观测，所以在外业观测前，应根据 GPS 网的布设方案、投入观测的接收机数量、精度要求和交通运输等实际情况制定观测计划。

a. GPS 卫星的可见性预报

GPS 卫星的空间几何分布对定位精度具有重要影响，所以在选择最佳观测时段、制定观测计划时，一般要根据测区的概略坐标、观测日期，查看当日的 GPS 卫星数及相应的 PDOP 值的变化情况。尽管目前 GPS 工作卫星星座已经部署完毕，确保任何地区全天候均能至少观测到 5 颗卫星，但最佳观测时段还是选择在 PDOP（图形强度因子）小于 6 的时间范围内。

b. 作业调度表

根据优化原则，应综合考虑 GPS 网的布设方案、卫星可见性预报、网的连接方式、各时段观测时间和交通情况，合理调配、科学调度各接收机。作业调度表包括观测时段号、测站名称和接收机号等内容。

2）接收机检验和参数设置

采集数据的 GPS 接收机一定要按照《GPS 测量型接收机检定规程》的规定进行检定，合格后方可使用。这种检定需对接收机和天线进行全面检验。接收机在一般检试和通电检验后，还应进行 GPS 接收机内部噪声水平的测试、接收机天线平均相位中心稳定性检验和 GPS 接收机不同测程精度指标测试（详见《GPS 测量规范》）。

同步观测的接收机，相应的参数设置要保持一致，其参数主要包括数据采样率和卫星高度角。观测前，通常将各接收机统一进行参数设置，即数据采样率为 10 s，观测高度角为 15°。

GPS 控制网的外业观测和数据处理与常规 GPS 网一样，这里就不赘述，需要按规范执行。

四、地铁工程控制网的测量实例

1. 沈阳地铁 1 号线 GPS 控制网测量实例

沈阳地铁 1 号线工程线路大致呈拉伸式带状形，如图 9-4 所示，线路全长 22.48 km，大致呈东西走向。GPS 网由靠近线路附近的 9 个城市 GPS 点(1999 年建立)与新选 28 个控制点组成,采用 5 台接收机同步观测。

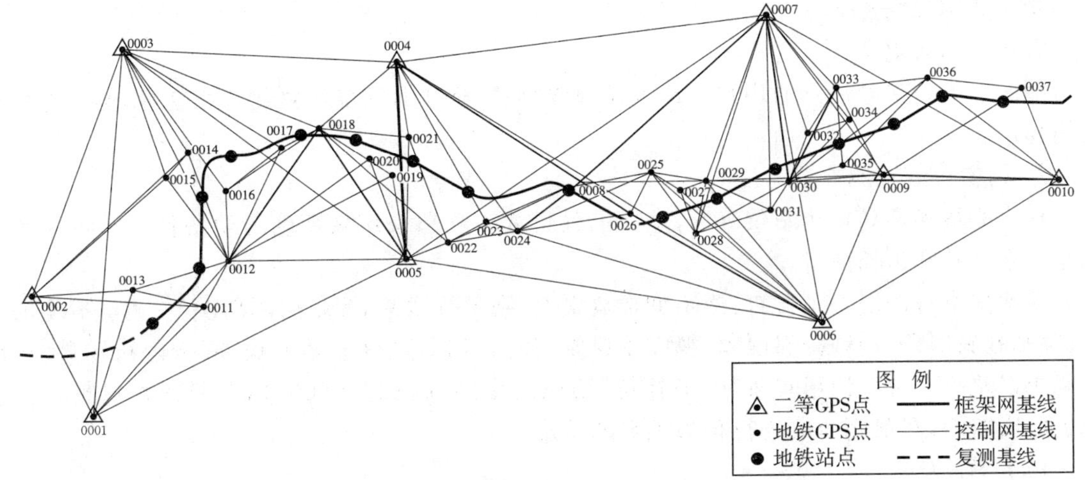

图 9-4　沈阳市地铁 1 号线一等 GPS 控制网示意图

2. 南京地铁 1 号线 GPS 网实例

南京地铁 1 号线 GPS 控制网如图 9-5 所示,该网选择沿线路的 6 个城市二等点,新选 20 个控制点,共有 26 个点组成 GPS 控制网。全网最大边长 8.3 km,最小边长 0.8 km,平均边长 3.5 km,并保证每个地铁车站附近都有 2 个控制点,采用 4 台接收机同步观测。

五、二等精密导线测量

二等精密导线是在首级 GPS 网的基础上布设的,通常布设成多条闭合导线、附合导线或多结点导线网。采用全站仪观测,其精度要求要保证地面控制测量对贯通横向误差的影响在±25 mm 以内。通常测距中误差小于±6 mm,测角中误差小于 2.5″。

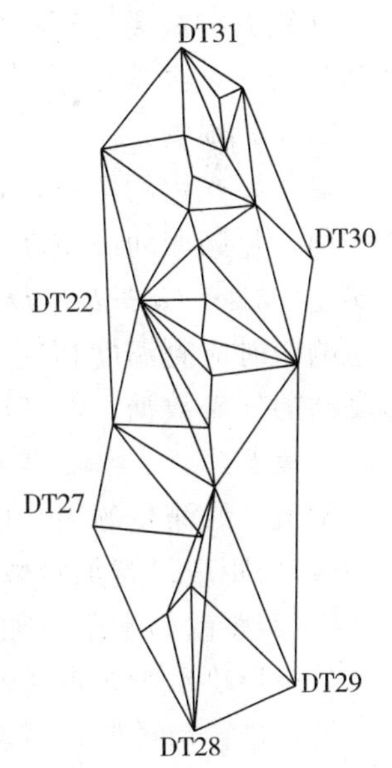

图 9-5　南京地铁一期工程 GPS 控制网示意图

1. 导线选点与埋设

1)二等精密导线选点要求

无论地铁采用何种施工方法,施工测量使用最多的是二等精密导线点,所以二等精密导线点的点位一定要易于观测,便于施工时使用,也易于保存且稳定可靠,选点时应注意以下几点:

(1)为了施工方便,在车站、洞口附近,宜多布设导线点,而且要求至少有两个方向通视。为了减少地面导线测量误差的影响,最好确保二等导线点与洞口通视。

(2)相邻导线边长不宜相差过大,个别短边的边长不应短于 100 m,点位应选在因地铁工程施工变形区以外的地方,距地铁线路和车站构筑物的距离应大于 30 m。

(3)导线点最好选在楼顶,也可以埋于地面。但地面上的导线点位应避开地下构筑物,如地下管片等。楼顶上的导线点宜选在能俯视地铁线路、车站、车辆数的一侧。

(4)相邻导线点间及导线点与其附合 GPS 点间的垂直角不应大于 30°,视线离障碍物的距离不应小于 0.8 m,以防止旁折光的影响。

(5)综合考虑地铁线路的总体规划,在线路交叉的地方及前、后两期工程衔接的地方,应布设适量的共用导线点。

2)导线点的埋设

地面二等精密导线点的埋设。地面是埋设标石,楼顶通常浇注强制归心装置,便于保存和观测使用。

2. 精密导线观测

导线测量通常利用全站仪观测,地铁工程测量一般都采用高精度的全站仪。导线外业观测分为水平角和边长测量。

全站仪本身的误差主要有:测距加常数误差、乘常数误差、测距的周期误差、相位不均匀误差;竖轴倾斜误差、横轴倾斜误差、视准轴误差、补偿器误差、度盘偏心误差、竖盘指标差、望远镜调焦误差等。最好使用具备"电子补偿"功能的全站仪(如 TC2003),并保证在观测时处于检定的周期内,在观测前应进行相关项目的检定。

1)水平角观测

a. GPS 点上或导线结点上观测

由于精密导线是附合在 GPS 点上,在附合导线两端的 GPS 点上观测时,应联测其他可通视的 GPS 点,采用方向观测法,方向数不多于三个方向时可不归零。夹角的平均观测值与 GPS 坐标反算夹角之差应小于±6″。在导线结点上观测时,采用方向观测法,测回间需要变换度盘。

b. 导线点上观测

导线点上观测,当观测仪有两个方向时,水平角观测按左、右角进行观测,左、右角平均值之和与 360°之差应小于 4″。

2)边长测量

每条导线边均进行往返测。Ⅰ级全站仪往返观测各两个测回,Ⅱ级全站仪应往返观测三个测回。每测回间应重新照准目标,每测回应 4 次读数。往返测平均值较差应小于 2 倍标称中误差($<2\cdot(a+b\times D)$)。

测距时应测温度和气压,以便进行气象改正。测前、测后各测一次气象元素。取平均值作为测站的气象数据。温度读至 0.2℃,气压读至 0.5 mmHg。

3)边长改正

精密导线测量的边长应进行改正,主要有以下两个方面:

(1)斜距应进行加常数、乘常数和气象改正。

(2)斜距改为平距应加地球曲率改正数和大气折光改正数。

4)测距边水平距离的高程归化或投影改化

具体进行何种归化或者投影,以地铁建设的施工图设计所采用的坐标基准面而定。通常归化或投影面有平均高程面、参考椭球面和高斯投影面等。

§9.3 地面高程控制测量

地面高程控制测量在地铁工程建设中与地面平面控制测量具有同等的重要作用,是地铁工程全线线路和结构高程贯通的保障,也是地铁建设的基础。

一、地面高程控制网的特点

地面高程控制网应根据地铁拟建路线进行设计，并与城市原高程系统一致，应在工程施工开始前完成，其主要特点有：

(1)高程控制网的大小、形状、点位分布应满足地铁工程施工的需要，可根据地铁总体规划布设全面网，也可以为某条线路布设单独的线状控制网。

(2)地铁工程地面高程控制网通常分为两个等级布设。首级相当于国家二等水准网布设的地铁一等水准网，二等水准网是用于加密的地铁水准网。

(3)地面高程控制网不但是隧道高程贯通的基础，同时为工程设计提供大比例地形图服务，为施工放样提供服务，以及为建设期间和运营后的变形监测服务。

(4)由于地铁工程建设周期较长，工程建设期间高程控制点难免发生变化，因此需要在一定的周期内对地面工程控制网进行检测，确保地面高程控制网点稳定可靠，以满足工程建设的需要。

二、地面高程控制网的布设原则

地面高程控制网是为工程建设服务的，点位应是在稳定的岩石上，而且便于保存、寻找和引测。

1. 地铁工程一等水准网布设原则

一等水准网是基础网，应按工程线路布设成附合、闭合网或者结点网。水准网起始点不少于 3 个，而且是城市一等水准点。每个一等水准点应远离受施工影响的变形区。当工程处于地面沉降区域时，在首级水准观测前，应首先考虑保证起算点已知高程的现势性(稳定性)，宜每隔 3 km 埋设一个水准点。

2. 地铁二等水准网的布设原则

二等水准网是在一等水准网基础上加密的高程控制网，主要为施工放样服务，其网形主要取决于地铁工程的线路状况，一般在每个车站、竖井及车辆段附近布设水准点，点数不少于两个。二等水准网应布设为结点或附合路线。精密导线网中的各点，有条件时，都应纳入二等水准网中测量。

三、水准标石的类型与埋设

三等水准标石是长期保存测量成果的固定标志，水准标石确定了点的高程，因而它的稳定是非常重要。因此，务必重视水准标石和埋设的质量。

1. 水准标石的类型

地铁工程中的水准点标石可分为混凝土标石、墙脚水准标志、基岩水准标石和深桩水准标石 4 种。它们的特点是：既符合周边的环境又满足工程的需要，稳定可靠，便于保存和观测。

2. 水准标石的埋设

混凝土标石埋设时，要注意埋设地点的地质条件，了解地下水位的深度，地下有无空洞和流沙等，确保标石埋设在土质坚实稳定的地层。

墙脚水准标志应选择在永久性坚固的建筑物基础上埋设。考虑到水准尺的长度，埋设时注意远离建筑物的外檐和外部窗台等影响水准尺竖立的障碍物。

埋设基岩水准标石时,应注意埋设在基岩上,尽可能选在基岩露头的地方,遇有风化层时,必须将风化层除掉。基岩水准标石必须是混凝土制成,使其与基岩牢固相接。

深桩水准标石应埋设在稳定的持力层内。水准标石埋设完成后,应进行外部整饰并现场绘制水准点点之记。

四、地面高程控制测量实例

以北京地铁 9 号线水准网测量为例。

1. 工程概况

北京地铁 9 号线位于北京市区西部,线路总体为南北走向,全长 16.5 km。全线共设车站 13 座,与建成的地铁 1 号线、4 号线、6 号线、10 号线、房山线相交,与建设中的 7 号线、14 号线相交,并与规划中的 3 号线、11 号线、16 号线相交。

北京地铁 9 号线横穿永定河冲洪积扇的中上部,属于平原地貌。沿线地形基本平坦,无明显起伏,全线地势南低北高。沿线地表水主要有马草河、莲花河、玉渊潭东湖,属于永定河水系。马草河在线路经过处已被填埋。莲花河位于西客站已建成地段。玉渊潭东湖与西湖以人工填埋相隔,水体相通。地铁线路穿越水面宽度 300 m 左右。

经踏勘,现场有北京市一等水准点两个(即 I_6、I_7)和地铁 4 号线两个水准点(即 BM_{28}、BM_{29}),均保存完好。北京市一等水准点可作为起始依据,地铁 4 号线水准点可纳入水准线路中,作为 4 号线和 9 号线的共同检核点。

2. 水准点选点和埋设

根据现场情况,水准点均选择在远离施工场地变形影响区以外的稳固的永久性建筑物上,并设立墙上水准标志。墙上水准点按规范规定的形式和规格埋设,水准点名统一编号,沿里程方向顺序编号,并绘制点之记略图。

3. 水准网测量

1)网形布设

水准点沿北京地铁 9 号线布设,在已有北京一等水准点 I_6、I_7 和玉渊潭参考点间,依据现场的特点布设成附合路线、闭合路线和结点网,重点在车站、竖井附近及与 1 号、3 号、6 号、7 号、10 号、11 号、14 号、16 号、房山线相交处设置水准点,并联测与地铁 4 号线衔接处两个原 4 号线的水准点,形成北京地铁 9 号线整体水准网。水准测量中,为了方便施工测量使用,联测了所有 9 号线地面导线点。

2)外业观测

水准外业观测多采用 Trimble DIN_{112} 电子水准仪,主要技术要求为:

(1)水准网采用往返观测的方法进行施测。

(2)外业观测过程中固定的仪器、固定的观测人员、固定的观测线路。

(3)水准测量观测视距长度不大于 50 m,前后视距差不大于 1 m,前后视距累计差不大于 3 m,基辅分划读数不大于 0.3 mm,基辅分划所测高差之差不大于 0.5 mm。

(4)选择有利的气象条件和天气进行水准测量的外业观测,由往测转向返测时,两根水准标尺互换位置。

3)内业数据处理

内业数据处理前,首先对外业观测数据进行复核,并统计各段线路闭合差,确认外业观测数据无误。起始数据稳定可靠后，多采用清华三维平差软件进行严密平差。平差后最大高程中误差为±1.2 mm，最大高差中误差为±0.8 mm，满足规范要求。

4)提交主要资料

(1)水准控制网起始点成果表。

(2)水准控制网测量成果表。

(3)水准网示意图。

(4)水准点点之记。

§9.4　地面定线和明挖隧道施工测量

一、加密控制点测量

地铁工程平面控制网由首级GPS控制网和二等精密导线网组成。高程控制网由一、二等水准网组成。尽管布网时已考虑了工程的特点和要求，但不可能详细考虑每个工程点的具体情况，故在地面定线和明挖隧道施工地段，控制点的密度、位置等在施工过程中很难一次满足施工放样的需要。

地面定线和明挖施工之前，测量人员应根据业主提供的测量控制点，结合工程结构形式和施工需要进行加密控制测量。加密控制测量方法很多，导线测量相对其他方法，点位布设灵活，使用方便，因此明挖区间或车站一般采用该方法进行控制点加密测量。

1. 对起算控制点的复测

加密控制点测量应起算于首级GPS控制点或二等精密导线点，由于这些点位于或临近施工影响的变形区域，很可能会发生变形，因此进行加密控制测量之前，必须对起始控制点进行复测，以保证起始成果的可靠性。

加密控制测量的起始控制点一般不少于3个，复核测量时可对它们之间的几何关系(距离、角度)进行检查测量，检查结果达到要求后，方可作为起始控制点。

2. 加密控制导线测量

加密控制点选点，应根据工程平面布设图和现场实际情况将点位选在稳固的地点，而且便于施工使用。每个车站或区间施工段附近不少于3个平面控制点。加密控制点一般布设成附合导线，困难情况下可能布设支导线。由于支导线缺乏检核条件，必须采用相应的检核措施，如进行重复测量、往返测量或布设双导线等。

3. 加密高程控制测量

加密高程控制测量同加密控制导线测量一样，必须对起始点进行复测，以保证成果的可靠性。

加密高程控制测量采用水准测量方法，并布设成附合水准路线或结点网。

二、地面定线测量

定线测量前，应仔细理解设计要点，认真核对线路设计资料，正确制定测量精度要求和编制测量方案。定线测量位置和测量精度要符合设计及《地铁测量规范》有关要求，并对线路设计资料进行复核。

1. 定线要素计算和测量方法

1)定线要素计算

在定线要素计算前,先检查设计坐标是否与地铁控制网坐标系统一致,若不一致应先将设计坐标转换为地铁坐标。然后选择计算方法或软件,并根据定线测量方案要求,对拟定线的设计中线控制桩进行里程、放样元素(桩点、转点、交叉点坐标或转向角等)数据计算与编号。初步设计一般给出线路中心线起点、终点、转角点、交叉点的坐标和曲线元素等定线条件,利用这些条件计算出定线要素。目前定线要素的计算方式主要有采用专用软件计算、测量仪器随机软件计算和手工计算三种。

2)定线测量的基本方法

定线测量是在地铁工程专用GPS网或精密导线网的控制下进行,当其密度不够时,应进行控制网加密测量,具体有以下两种方法。

a. 解析坐标法

将全站仪安置在临近的控制点上,把计算好的曲线放样点坐标与控制点坐标直接输入全站仪,即可依次对各点进行极坐标放样。有的全站仪本身具有多种曲线计算与放样功能,也可直接输入曲线元素与控制点坐标进行计算与放样。

b. 曲线测设法

放样时一般先将全站仪直接安置在临近的控制点上,采用解析坐标法依次放样直线段的起点、终点,以及曲线元素和少量相互通视的控制桩加密点,并用地钉标定放样点的位置和桩号,再将全站仪安置在起点或控制桩加密点上,以直线点方向为定向方向,分别放样其他各直线点。曲线放样通常采用偏角法、切线支距法和GPS RTK法。曲线放样的这三种方法是通用的方法,许多教科书都已详细叙述,此处不再重复。

2. 施工定线精度要求和检测

1)施工定线精度要求

线路中线控制点放样精度应满足以下要求:

(1)最弱点相对线路横向中误差应小于±20 mm,联测附合导线全长相对闭合差不大于1/20 000。

(2)线路中线控制点坐标实测值与设计值较差不应大于±20 mm。

2)施工定线检测和中线调整测量

a. 串线测量

串线测量是线路中线点检测的常用方法。串线测量时,以线路的精密导线点为起算数据,并与线路中线点组成附合导线。一般条件下,直线段中线点的间距平均为120 m;曲线段除曲线要素外,中线点的间距不应小于60 m。串线测量常用不低于二级全站仪进行测量。水平角的左右角各观测两个测回,左右角平均值之和与360°的较差应小于6″;导线边长往返各测两个测回,测回间较差应小于±5 mm,往返测平均值较差应小于±4 mm。

测量后,数据处理采用严密平差,平差后,在直线段相邻中线点间,要求纵向误差应小于±10 mm,横向误差应小于±5 mm。在曲线段,要求纵向误差应小于±5 mm,横向误差应根据曲线上中线点间距大小区别对待,曲线边长小于60 m时,其横向误差应小于3 mm;曲线边长大于60 mm时,其横向误差应小于±5 mm。

b. 线路中线调整测量

线路中线定线的中线点之间的角度和边长与设计值较差不满足要求时，应利用检测结果对线路中线控制点进行归化改正，使线路中线的各种几何关系满足设计要求。

三、明挖施工测量

明挖法是目前我国地铁采用最多的一种施工方法。对埋深不大、地面无建筑物、地面交通和环境保护无特殊要求的区间，隧道通常都采用明挖法。明挖法施工主要有放坡明挖和在围护结构内的明挖两种施工方法。

1. 基坑围护结构施工测量

由于各城市的地质条件差别很大，所以基坑围护形式也多种多样，一般有连续墙、钻孔桩、人工挖孔桩、工字钢桩等形式。不同的围护结构的施工测量方法基本相同，放样精度也基本一样。这里主要介绍两种常用的方法。

1)连续墙施工测量

地下连续墙的施工工艺是利用特制的成槽机械在泥浆护壁的情况下，进行一定槽段长度沟槽的开挖后，再将在地面上制作好的钢筋笼放入槽段内，采用导管法进行地下混凝土浇筑，完成一个单元的墙段施工。各墙段之间以特定的接头方式相互连接，形成一道连续的地下钢筋混凝土墙。该结构适合于饱和砂层、饱和淤泥土层等饱和软弱地层，既可以控制土压力，又可有效地阻隔地下水，同时也可以作为车站结构的一部分。

地下连续墙的施工大体上有六个环节：导墙、成槽、放接头管、吊放钢筋笼、浇灌混凝土和拔接头管成墙。地下连续墙施工测量的控制要点主要是导墙平面位置的测设及成槽垂直度的控制两个方面。

a. 连续墙施工放样

连续墙施工前，应在施工场内布设施工控制导线点。施工控制导线点边长不小于 150 m，有条件的地方最好将车站中心线点作为控制点。施工控制导线应进行严密平差，平差后的精度不低于城市一级导线精度。

连续墙放样实际上是对其导墙进行放样。放样时，先按照设计图纸坐标，计算出连续墙两侧导墙与施工控制导线点的距离和方位角，然后按照连续墙的每幅长度(每幅长度为 6～8 m)，每 2 至 3 幅放样一个点。此外，在导墙的起点及终点约 5 m 外各测两个导墙控制点，以便在施工过程中对机械移位的位置进行检查。导墙放样可采用极坐标法。

b. 连续墙放样检核

连续墙导墙点位放样后，还需检核点位之间的相互关系，以确保放样无误。导墙的施工放样偏差不能超过以下要求：

(1)内墙面与地下连续墙纵轴线平行度为±10 mm。

(2)外导墙间距为±10 mm。

(3)导墙内墙面垂直度为5‰。

(4)导墙内墙面平整度为±3 mm。

(5)导墙顶面平整度为±5 mm。

2)人工挖孔桩和钻孔灌注桩施工测量

人工挖孔桩和钻孔灌注桩两种施工方法均是采用排桩墙来挡土和防水，实现基坑和围护。

其中,人工挖孔桩适合于地下水位较深或无水地层,要求地层承载力较高,其断面形式不受施工机具的限制,可以做成圆形或方形,而且其施工质量和承载力要高于普通的钻孔桩;但是,钻孔灌注桩具有较广的适用范围,二者不能相互代替。

人工挖孔桩的施工大体上有五个环节:开挖桩孔、护壁和支撑、排水、吊放钢筋笼和灌注桩身混凝土。

钻孔灌注桩的施工大体上有四个环节:成孔、清孔、吊放钢筋笼和灌注桩身混凝土。

人工挖孔桩和钻孔灌注桩施工测量的控制要点是桩位平面位置的测设及桩身垂直度的控制两个方面。

a. 人工挖孔桩和钻孔灌注桩测设

人工挖孔桩和钻孔灌注桩测设与地下连续墙施工测量类似,测量人员应根据现场实际情况,设计好放样点位和测设路线。放样时以施工加密控制点为基准,首先在钻孔桩中线的延长线上测设两个控制点,控制点经检查满足精度要求后,在控制点上架设仪器,按照 10 根或者 20 根桩的间隔测定一个点,然后在两点之间拉一根直线,用钢尺进行放样,并将每个钻孔桩的中心位置标定出来。

b. 人工挖孔桩和钻孔灌注桩检核测量

桩位放样后,还需检核桩点位之间的相互关系,以确保放样准确无误。桩成孔后可采用测斜仪等测量钻孔垂直偏差,纵向偏差应小于±100 mm,平面位置相对于地铁线路中线偏差小于±50 mm,垂直度偏差应小于 3%。

2. 土方开挖和主体结构施工测量

1)土方开挖施工测量

明挖隧道土方开挖按坑壁结构可分为放坡开挖、内支撑支护开挖、拉锚支护开挖和无支撑支护开挖。下面分别介绍放坡开挖和支护开挖土方施工测量。

a. 放坡开挖土方施工测量

在放坡开挖地段,应根据不同的地质条件、岩土滑坡角、含水率等参数,设计开挖顺序、深度和宽度。

土方开挖前测量人员应认真阅读设计图纸,按设计要素计算出基坑轮廓点坐标,根据施工现场已有的中线点和导线点,以极坐标测设这些基坑轮廓点,以确定开挖范围。放样点横向误差应不大于±3 cm。

施工过程中按设计的坡度放样,一般第一次开挖不要求一次到位,预留 200 mm 左右厚度的土方,在最后修整边坡时才准确到位,避免施工超挖造成边坡失稳引起塌方或其他危险。接近基准标高时,要求把高程引测至基坑底,以便控制开挖的标高。

b. 支护开挖土方施工测量

支护基坑的开挖土方,主要是控制每层开挖的深度,以便及时对基坑围护结构进行支撑体系的架设。

开挖前,以附合水准测量的方法,从高程控制点引测至施工场地条件好的位置,设立 2～3 个临时高程点。土方开挖时可以在基坑周边设立一些临时高程点,采用悬挂钢尺法直接把高程引测至基坑内。当基坑开挖深度接近基坑底板深度时,应使用水准仪准确的引测高程点至基坑内,并在稳定的地方设定高程控制点。

2)主体结构施工测量

a. 基坑底部地下线路中线点或导线点测量

明挖隧道施工中,开挖至垫层标高,采用导线测量和水准测量方法应及时从地面控制点将平面坐标及高程引至基坑底部,并测设地下线路中线点或导线点。测量的精度要求同加密控制测量一样。

b. 主体结构的放样及精度要求

明挖隧道施工因安全、工期等原因,一般是分段施工,即开挖一段,主体结构也跟着做一段,而地铁隧道注重线路的平顺连接,结构相对关系要求高,这就给施工测量提出了比一般建筑更高的精度要求。

垫层浇筑完成后,以地下线路的中线点或导线点为依据,在垫层上测设线路中线点,车站还要测设主要控制轴线,测设方法同线路测量一样。测设完成后还需检核点位的相互关系。

地铁主体结构,特别是车站,一般均有大量的预留洞、预埋管及预埋件等,结构很复杂。测量人员在测量前要认真阅读图纸,找出各个预留洞、预留管及预埋件等与线路中线、轴线的关系,并根据这些关系,以地铁线路中线为基准,将其测设到实地。

进行结构混凝土浇筑时,以地铁线路中线为基准,测设模板位置,距离近的可用钢尺量设,距离远的采用全站仪极坐标法测设。

隧道结构各部件允许测量偏差规范规定:垫层平面位置偏差不大于±30 mm,平整度偏差不大于±25 mm,高程偏差不大于±5 mm,预留洞和预留件偏差不大于±20 mm。

§9.5　暗挖隧道施工测量

地铁工程隧道暗挖工艺分为盾构法和矿山法,不同的施工工艺,其施工测量方法也有所不同。这里主要介绍盾构法和矿山法掘进隧道施工测量的基本内容和方法。

一、盾构掘进隧道施工测量

盾构掘进隧道施工测量是指导盾构掘进施工和管片拼装符合设计要求而进行的测量工作。盾构施工测量工作的主要内容包括地面控制测量、联系测量、地下控制测量、掘进施工测量和贯通测量等。

1. 盾构简介

盾构是盾构掘进机的简称,是在钢筋壳体保护下,由主机和配备设备形成的机电一体化设备。采用盾构掘进隧道是暗挖隧道施工的一种先进的方法,其优点是对周围环境影响小,掘进速度快,并可以实现在各种复杂的地质条件下施工。

根据开挖、工作面支护和防护方式,一般将盾构分为全面开放型、部分开放型、密封型及全断面隧道掘进机(简称 TBM)等类型。严格地讲,各种类型的盾构都可称为隧道掘进机。

1)全面开放型盾构

全面开放型盾构按其掘进方式可划分为人工、半机械和机械式三种形式。

a. 人工掘进盾构

人工掘进盾构是最早的盾构,在工作面上全部敞开人工开挖,也可在切口设置支撑系统分层开挖。此方法便于观察、简单价廉,但劳动强度大,速度慢、效率低。

b. 半机械掘进盾构

半机械掘进盾构与人工掘进盾构的区别是在于盾构正面安装了悬臂式挖土机。

c. 机械式掘进盾构

机械式掘进盾构是在盾构的切口环部位安装与盾构直径相应的刀盘,以便利用全断面开动机械进行切削开挖。盾构进行隧道掘进时,由刀盘、刀具旋转切割地层,由螺旋输送机或泥水管道运送渣土,在壳体内拼装预制管片,依靠液压千斤顶推进。

2)部分开放型盾构

部分开放型盾构又称挤压式盾构,这是在开放型盾构的切口环与支撑之间设置留有开口的胸板,以阻挡正面土体,通过挤压将土体挤入隧道排出。该种盾构适用于软土层。

3)密封型盾构

根据开挖面施加压力的方式不同,密封盾构分为局部气压式、土压平衡式、泥水加压式和混合式四种。

a. 局部气压式盾构

局部气压式盾构在盾构支撑环的前面装上隔板,使切口形成密封仓,里面充满压缩空气,达到疏干和稳定开挖面土体作用。由于这种盾构依靠压缩空气密封开挖面,因此要求地层透水性要小。

b. 土压平衡式盾构

土压平衡式盾构又称削土密封式或泥土加压式盾构。它的前端有一个全断面切割刀盘,后面有一个储留切削土体的密封仓,在其中心装有土体输送机。所谓土压平衡式就是密封仓中切割下来的土体和泥水充满密封仓,并保持适当压力与开挖面土压平衡。

c. 泥水加压式盾构

泥水加压式盾构与土压平衡式盾构相似,它是在盾构正面和支撑环的前面装置隔板的密封仓中,注入适当压力的泥浆支撑开挖面,由正面刀盘切削土体,进土和泥水混合,使用排泥泵和管道送出隧道处理。

d. 混合盾构

混合盾构是一种新型盾构,该盾构可以构成泥水加压式盾构、气压式盾构或土压平衡式盾构,当地层条件变化时,盾构机型随地层变化而相应改变调整。

2. 盾构施工测量的主要内容

盾构掘进施工测量工作贯穿于三个阶段,即盾构始发前的测量工作、盾构掘进过程中盾构姿态和管片安装测量及盾构接收测量。

1)盾构始发前的测量工作

盾构始发工作井建成后,是将地面的平面坐标和高程传递到近井点上,并作为井下测量的起始数据。测量前应对这些起始数据进行复测检查,确保起始数据正确。

a. 盾构基座定位测量与检测

按照盾构基座设计的位置,对盾构基座安装所需的轴线进行标定。首先应用全站仪将盾构机座中心轴线测设在井壁或固定物体上。其次根据基座设计的里程,在其前端、中间和后端三个部位分别把垂直于基座中心轴线的法线测设在井壁或固定物体上。然后在基座前端、中间和后端三个部位,沿基座中心轴线两侧的井壁或固定物体上标定同一标高的水平线,并标明实际高程值。

按照标定数据进行盾构基座定位后，还应对基座安装质量进行检测。主要检测基座前端、中间、后端里程、高程及设计中心轴线方位角。

b. 反力架定位测量与检测

反力架定位测量可使用全站仪进行反力架基准环中心的测设，测设完成后应进行检查测量，检查内容有反力架基准环中心轴线和其法面是否分别与盾构机实际中心轴线一致和垂直、基准环中心标高与盾构机中心轴线标高是否一致、基准环法线面倾角是否与盾构机实际坡度一致。

c. 预留洞门钢圈位置测量

预留洞门钢圈位置测量同样使用全站仪，并采用极坐标法进行测设。测设完成后应对安装好的工作井预留门钢圈安装位置和尺寸进行检测，其安装位置和尺寸应满足始发要求。

2)盾构掘进过程中盾构姿态和衬砌环安装测量内容

a. 盾构姿态和衬砌环安装测量内容

(1)盾构姿态测量主要内容包括盾构的横向偏差、竖向偏差、俯仰角、方位角、滚转角及切口里程。

(2)衬砌环安装测量在盾屋内完成管片拼装和衬砌环完成壁后注浆两个阶段进行。第一阶段，在盾屋内管片拼装成环后测量盾后间隙；第二阶段，在衬砌环壁后注浆和管片出车架后进行测量，测量内容包括衬砌环中心坐标、底部高程、水平直径、垂直直径和前端里程。

b. 盾构掘进测量方法的选择

盾构掘进过程中盾构姿态和管片安装测量，应根据盾构机是否安装有自动导向测量系统，来确定测量方法。当盾构机安装了自动导向测量系统，而且精度要求较高时，则主要利用自动导向测量系统进行盾构姿态和管片安装测量，以人工测量方法进行控制测量和检核测量。

当盾构未安装自动导向测量系统，应采用人工测量方法进行盾构姿态和管片安装测量。

3)盾构接收测量

盾构接收测量是指盾构到达接收井前，在接收井内完成的测量工作，主要包括预留洞门钢圈位置测量、盾构基座位置测量等。盾构接收测量方法和技术要求与盾构始发前的相关测量工作基本相同。

3. 盾构机自动导向系统简介

现代新型的盾构机基本上都装备有自动导向系统，指导盾构掘进施工。导向系统主要有4种：陀螺仪导向系统、德国VMT公司SLS-T导向系统、英国ZED导向系统和国产盾构姿态实时监测系统。

1)陀螺仪导向系统

陀螺仪导向系统主要由陀螺仪、倾斜仪和控制单元等组成，该系统比较复杂。该系统的优点是适合长距离的方向控制和快速运动物体；缺点是仅对方向控制提供参考，精度偏低，操作较复杂，而且不给定三维坐标(X、Y、H)，对推进盾构只起有限的参考作用。

2)日本TOKIMEC公司生产的TIMC-01系列盾构姿态测量系统简介

a. 系统组成和功能

日本产的TIMC-01系列盾构机姿态测量系统由地面装置、地下装置和陀螺仪组成，通过陀螺仪和倾斜仪，自动测量盾构机方位角、俯仰角和滚转角，确定盾构机的姿态。根据千斤顶行程计算盾构机的掘进距离，从而得到里程位置，同时计算出与设计位置的偏差值，并实现实时图形显示。

b. 姿态测量管理

姿态测量管理系统分为盾构机管理模式和管片管理模式两部分。盾构机管理模式显示盾构机头的姿态和位置及其偏差;管片管理模式显示千斤顶收缩位置的姿态和位置及其偏差。

c. 辅助人工测量

TIMC-01系列盾构机姿态测量系统方位角测量精度为±3′,俯仰角、滚转角测量精度为±6′;测定范围,方位角绝对方位360°,相对方位为180°,倾斜角、滚转角为±10°。由此可看出盾构机测量系统测量精度较低,盾构机姿态测量误差较大,直接影响盾构机姿态,因此需要全站仪进行人工辅助测量,并把测量数据作为盾构机的正确位置。因此,当差值较大时,要对盾构机姿态进行校正。人工辅助测量的内容如下:

(1)测量盾构机姿态,并提供偏差值。

(2)测量成环管片状态和里程,并提供偏差值。

3)德国VMT公司SLS-T导向系统简介

SLS-T导向系统构成比较复杂,由激光测站、后视棱镜、目标靶等组成,测定精度受激光发射、接收倾斜仪的传感精度的影响。该系统的优点是稳定、可靠、实时、精度高;缺点是构成复杂,维护量大,对操作人员要求高,价格相对昂贵。

a. 系统的组成和功能

SLS-T导向系统主要由具有自动照准目标的全站仪(电子激光系统、目标靶)、计算机及隧道掘进软件和黄色箱子四个部分组成。每部分的作用为:

(1)具有自动照准目标的全站仪。主要用于测量水平和垂直的角度和距离,发射激光束。

(2)ELS(电子激光系统),也称标板或激光靶板。这是一台智能性传感器,能接收全站仪发射的激光束,测定水平方向和垂直方向上的入射点。坡度和旋转角由该系统内的倾斜仪测定。由于ELS固定在盾构机的机身内,在安装时其与盾构机轴线关系和参数位置已确定,因此上述测量结果即可转换成盾构机姿态。

(3)计算机及隧道掘进软件。该系统软件是自动导向系统的核心,它从全站仪和ELS等通信设备接收数据,计算盾构机的位置,并以数字和图形的形式显示在计算机屏幕上,操作系统用Windows 2000,操作简便。

(4)黄色箱子。它主要给全站仪供电,保证计算机和全站仪之间的通信和数据传输。

b. 系统的工作过程

隧道内的地下控制导线是指示盾构机掘进的测量基准,控制导线点随着盾构机的推进延伸。控制导线点通常建立在管片的侧面仪器台上或顶上中部的吊篮上,并采用强制归心装置。盾构机自动导向系统的姿态依据地下控制导线来确定。盾构机自动导向系统的姿态确定后,便可利用其进行盾构机和成环管片姿态测量。

在掘进过程中,盾构机的自动导向系统工作过程如下:

(1)确定起标点坐标和起标方向的方位角。利用地下一个控制点坐标和一条边的方位角,以全站仪确定。

(2)测量时,全站仪自动测出测站与ELS之间的距离、方位角和垂直角,即可得到ELS的平面坐标和高程。

(3)激光束射向ELS激光靶,ELS激光靶接收激光束,可以得到激光束的水平和竖向入射点,以及激光相对于ELS平面的偏角、入射角和折射角。由此可以测定盾构机的姿态,即相对于隧道轴线的横向偏差、竖向偏差、俯仰角、方位角等。

(4)盾构机的滚转角和俯仰角直接由安装在ELS内的倾斜仪进行测量。

(5)盾构机每推进一环，隧道掘进激光导向系统从盾构机自动控制系统获得推进油缸和铰接油缸杆伸长量的数值，并由此计算出上一环管片的管环平面位置和姿态。同时综合考虑手工输入隧道掘进激光导向系统的盾尾间间隙等因素，计算并选择这一环适合拼装的管片类型。这些测量数据由通信电缆快速传输至计算机，通过计算并与隧道设计轴线比较，得出盾构机的姿态，并将各项偏差值显示在屏幕上。操作者以此来调整盾构机的姿态，使盾构机轴线接近隧道设计轴线，这样盾构机轴线和隧道设计轴线间的偏差就可以始终保持在一个很小的数值范围内。在盾构机掘进时只要控制好盾构姿态，盾构机就能精确地沿着隧道设计轴线掘进，保证隧道顺利准确贯通。

二、矿山法掘进隧道施工测量

盾构法掘进速度快，自动化程度高，安全性好，已在地铁掘进施工中广泛应用。当地质条件复杂，地层土质或岩层不均匀时，盾构机会受到不均匀土层力作用，难以控制导向，或掘进困难，因此传统的矿山法仍是隧道施工的常用方法。矿山法地铁隧道施工测量工作主要包括：地下平面起始数据的传递、导线测量、高程传递和水准测量、中腰线标定、隧道断面测量和贯通测量等。这些内容前面几章都作了详细描述，在此只作简单介绍。

1. 地下表面起始数据的传递

地下平面起始数据的传递，也称联系测量，主要是把地面的平面坐标和方位传递到隧道内部。当竖井较浅时，可以通过洞口竖井直接测量(斜视线法)向下传递坐标和方位角，但必须构成有检核的几何图形，而且俯仰角不宜超过30°，从地面传到洞内基线端的相对点位中误差不大于±12 mm，横向误差不大于±7 mm。

为了检测隧道定向的准确性，当隧道施工到50～100 m时，需要进行一次导线点坐标和方位角的检核。通常采用陀螺经纬仪的方法检核，使用的陀螺经纬仪定向精度不低于±20″，也可以通过竖井或竖孔，利用铅垂仪将此地下导线点向上投射到地面，再通过地面控制网点检测地下导线点坐标的正确性。或通过地面控制点、隧道定向点，通过该竖孔(井)向下传递，检核地下点的坐标的正确性。

2. 导线测量

在隧道掘进一定的距离后，利用地面传递的控制点的平面坐标和方位角，即可进行导线测量。导线点应采用混凝土浇筑标石，布设在隧道的一侧，而且运土车不易碾压的位置。矿山法掘进的隧道中，空气湿、雾气大，导线边不宜太长，一般每隔50～100 m布设一点，按一级导线精度要求测量，由于是支导线形式，应注意不要出现粗差。

3. 高程传递和水准测量

竖井完成后，在地下平面起始数据传递的同时，进行高程向下传递测量，常采用挂钢尺法或全站仪传递高程法，具体做法见本书§3.8。

4. 中腰线标定

为指导挖掘，便于人工目测挖掘方法，必须进行隧道中腰线标定。中腰线标定是在隧道控制测量的基础上，依据施工设定给定的隧道开挖方向和标高控制线，进行现场测设，即进行隧道中腰线标定，从而指导隧道按设计要求正确开挖。隧道中腰线标定，由于直线隧道和曲线隧道不同,测量方法也不同。

1)隧道中腰线标定前的准备工作

中腰线标定前的准备工作主要由以下几个方面:

(1)了解和检查线路的设计图。

(2)检查起始点的位置及相对关系。

(3)计算中腰线的标定要素,即方位角、边长和坡度角等。

2)直线隧道中腰线标定的基本方法

直线隧道的中腰线标定通常采用经纬仪正倒镜法、瞄直法和激光指向仪导向法。

3)曲线隧道中线标定的基本方法

曲线隧道的中线是弯曲的,无法像直线隧道那样直接标出中线,而只能在一定的范围内以直代曲。用分段的弦线来代替分段的圆曲线,用内接折线来代替整个圆曲线,并在实地标设这些圆曲线来指导隧道掘进方向。曲线隧道中线测设的方法很多,但常用的方法有经纬仪弦线法、切线支距法、短弦法。

中线标定的方法见本书§5.1。

4)腰线标定

为了运输、排水或其他技术的需要,隧道需具有一定的坡度(平巷)或倾斜(斜巷),其数值是隧道设计给出的。在倾斜隧道内,腰线标定常用经纬仪标定法和斜面仪标定法。在水平隧道常采用水准仪标定腰线。

5. 隧道断面测量

矿山法通过断面测量,达到开挖断面放样和检查开挖的净高尺寸,并绘出断面图。断面图又分为拱部断面图、墙部断面图和底部断面图。一般采用断面测量值,也可以通过钢尺丈量隧道断面的多个直径尺寸来测量。

6. 贯通测量

为了加快隧道挖掘速度,常在不同的地点用几个工作面分段掘进同一隧道,使各分段隧道相通仍能满足设计要求,这种工程称为贯通。为了使两个或多个掘进工作面,按其设计要求在预定的地点正确接通而进行的测量工作,称为贯通测量。具体的测量方法详见本书第六章。

§9.6 铺轨基标测量

一、概述

为了确保地铁轨道铺设精度,铺轨前需要建立高精度铺轨控制网,并埋设铺轨基标作为铺轨测量的控制点。铺轨基标不但是建设期间指导轨道铺设的测量控制点,也是运营期间用于轨道维修的测量控制点。为了保证轨道的平面与高程位置的准确和行车的平稳,精确测设铺轨基标是关键。

1. 基标的种类和结构

1)基标种类

铺轨基标分为控制基标和加密基标。遵循从整体到局部、由高级到低级的测量控制原则,铺轨基标测量同样是先进行控制基标测量,后进行加密基标测量。

a. 控制基标

控制基标是铺轨的首级控制点，检测和调整测量时，作为控制基标测量控制点组成附合导线形式，控制基标为永久性测量标志。

b. 加密基标

加密基标是铺轨次级加密控制点，分布在控制基标之间，是铺轨期间使用的临时测量标志。

2）基标埋设

基标埋设前，先对基标埋设位置的结构底板进行凿毛处理，以便使基标与结构底板连接牢固；根据基标设计值与底板间高差关系，使用混凝土埋设适宜高度的基标底座；在混凝土基标底座上放置基标标志，并调整到设计平面和高程位置，且用混凝土固定。

2. 基标与轨道相对关系与埋设位置

1）控制基标与轨道的相对位置关系

由于控制基标需要长期保留，作为轨道铺设和维修依据，因此，控制基标的埋设位置与对应轨道中心和轨道高程为一固定值，通常称为等高等距。

a. 控制基标的等高

控制基标的等高是指控制基标顶部高程与其所在里程处轨顶面的设计高程间的差值，为一个固定常数 K。常数 K 通常取整体道床水沟底部至轨道顶面的设计高差，通常为 300～500 mm。

b. 控制基标的等距

控制基标的等距是指所有控制基标的中心位置与对应线路中线点在法线上的距离 D 相等。等距 D 应根据铺设道床的形式和整体道床水沟的位置而定。当采用碎石道床时，一般 $D=300$ mm。当采用整体道床时，水沟设置在两侧时，一般 $D=1\,500$ mm；水沟设置在中间时，$D=0$。

2）加密基标与轨道相对位置关系

由于加密基标不需要长期保留，仅作为轨道铺设的临时测量依据。为了便于测设，加密基标相距轨道中心在法线上的距离 D 与距离轨面的高差要求并不严格，通常要求等距不等高，即与控制基标一样距轨道中心在法线上的距离 D 要求相等，而高差不要求为一个固定常数 K，以埋设方便为前提，根据实际埋设高度精确测定，但必须提交实测高程值及与轨顶面设计高程的差值，供铺设轨道调整使用。加密基标标志形式可采用控制基标形式，也可根据埋设地点条件自行设计。

3）基标埋设位置

a. 基标埋设间距

控制基标在线路直线段每 120 m 左右设一个，曲线段除在曲线要素点（直缓点、缓圆点、曲线中点）上以及竖曲线变坡点和道岔中心点（或岔头、岔尾点）设置控制基标外，应每 60 m 左右设置一个。

加密基标在线路直线段每 6 m 左右设置一个，在曲线段每 5 m 左右设置一个。道岔的加密基标间距根据设计要求设置。

b. 基标埋设位置

铺轨基标的埋设位置主要根据道床设计类型、排水沟设计位置确定。可埋设在线路中线上（轨道中心线上），以及线路一侧排水沟内、道床上、结构边墙上和路肩上。

(1)道床为整体道床时，基标位置的测设一般埋设在线路中线或线路中线一侧的排水沟中。在车辆检修沟处的基标，一般设置在检修沟两侧。

(2)岔区道岔分为单开道岔、交叉渡线道岔和复式交分道岔三种。岔区道岔基标一般设置在轨道两侧，并依据不同道岔形式，基标设置数量和位置也不尽相同。

c. 基标埋设

基标埋设时宜按下列步骤进行：

(1)埋设基标位置的结构底板上应凿毛处理。

(2)依据基标设计值与底板间高差关系埋设基标底座。

(3)将基标标志调整到设计平面和高程位置，并进行固定。

3. 基标测设的精度要求

1)轨道验收精度要求

为了确保线路轨道铺设后的精度，根据《地铁工程施工及验收规范》，具体要求如下：

(1)轨道中心线允许偏差小于±2 mm。

(2)轨道方向直线段用10 m弦量，允许偏差小于±1 mm；曲线段用20 m弦量，允许偏差小于±7 mm。

2)控制基标测设精度要求

a. 控制基标测设精度要求

(1)测量控制基标间夹角，其左、右角各测两测回，左右角平均值之和与360°较差应小于±6″；距离往返测各两测回，测回较差及往返较差应小于±5 mm。

(2)直线段控制基标间的夹角与180°的较差应小于±8″，实测距离与设计距离较差应小于±10 mm。曲线段控制基标间夹角与设计值较差计算出的线路横向偏差应小于±2 mm，弦长测量值与设计值较差应小于±5 mm。

(3)控制基标高程实测值与设计值较差应小于±2 mm，相邻控制基标间高差与设计值的高差较差应小于±2 mm。

b. 加密基标测设精度要求

直线段加密基标测设精度要求：

(1)纵向：相邻基标间纵向误差应小于±5 mm。

(2)横向：加密基标偏离两控制基标间的方向线应小于±2 mm。

(3)高程：相邻加密基标实测高差与设计高差较差应小于±1 mm。每个加密基标的实测高程与设计高程较差应小于±2 mm。

二、铺轨基标测量方法

1. 铺轨基标测设步骤

铺轨基标是高精度铺轨的测量控制点，为了满足铺轨的精度要求，测设高精度的铺轨基标，通常按控制测量、控制基标测量、加密基标测量三步。测设时应遵循以“两站一区间”为“铺轨单元”，以车站测量控制点为起算控制点的原则，进行铺轨基标测量。

1)控制测量或检测

a. 起标控制点的选择

由于地铁工程施工时，车站测量控制点一般从地面高级控制点直接连测，精度比较高，控制点间距离比较长,加之车站线路一般为直线,线路与站台间距限差要求很严,不可在车站进行线路调整。因此在基标测设中,应选择车站中的控制点作为铺轨基标测设起算数据。

b. 控制测量或检测

地铁工程结构完成和结构断面验收合格后,结构上留有线路中线或施工测量控制点,应对其进行检测。如果这些点受到损坏,应进行恢复并重新进行控制测量。在重新进行控制测量时,应与起算控制点构成附合导线,并按精密导线测量技术要求施测,平差后的平面坐标和高程成果作为控制基标的测量起算数据。

2)控制基标测量

控制基标测量先进行控制测量,控制测量采用精密导线测量技术进行,经重复测量或检测后的控制点作为起算点,进行控制基标的放样测量,接着利用控制基标进行加密基标放样。

2. 铺轨基标测前放样数据的计算

铺轨基标测设放样数据包括平面坐标和高程,其中高程数据可以从设计资料中查取或通过简单计算取得。平面坐标计算相对复杂,又分为直线线路和曲线线路的数据计算,因许多测量的书中有详述,在此不再重复。

3. 铺轨基标测设的基本方法

通常利用调整后的中线控制点测设控制基标。控制基标分为初测、穿线测量和调线测量三个步骤。

1)初测

根据事先计算的测设数据,采用极坐标法和水准测量确定基标的平面位置和高程位置,然后埋设控制基标。在固定控制基标前,采用上述的方法将其准确调整到设计位置后进行固定。

2)穿线测量

穿线测量是以相邻两个车站间的控制点为起算数据,与控制基标组成附合导线,并进行导线测量。平差后控制基标实测值与设计比较有以下要求:

(1)直线段控制基标间的夹角与180°的较差应小于±8″,实测距离与设计距离较差应小于±10 mm;曲线段控制基标间的夹角与设计值较差即移出的线路横向偏差应小于±2 mm;弦长测量值与设计值较差应小于±5 mm。

(2)控制基标高程测量应起算于施工高程控制点,按二等水准测量技术要求施测。控制基标高程实测值与设计值较差应小于±2 mm,相邻控制基标间高差与设计值的高差应小于±2 mm。

3)调线测量

当控制基标各项限差不能满足要求时,应进行调线测量。调线测量主要是对限差超限的控制基标进行归化改正。由此调线测量工作分为两项:第一项是对不满足要求的基标计算其归化改正值,归化改正值是根据穿线测量成果计算控制基标在垂直于线路方向的角度改正值和沿线方向的距离改正值;第二项是进行实地调线,即根据归化改正值对控制基标位置进行实地调整。

参考文献

[1] 周立吾,等.矿山测量学:第一分册[M].徐州:中国矿业大学出版社,1987.

[2] 李青岳.工程测量学[M].北京:测绘出版社,1984.

[3] 张正禄,等.精密工程测量[M].北京:测绘出版社,1992.

[4] 刘延伯.工程测量[M].北京:冶金工业出版社,1984.

[5] 章书寿,等.工程测量[M].北京:水利电力出版社,1994.

[6] 陈龙飞,等.工程测量[M].上海:同济大学出版社,1990.

[7] 王兆祥,等.铁路工程测量[M].北京:测绘出版社,1982.

[8] 于来法,等.军事工程测量学[M].北京:八一出版社,1994.

[9] 郭达志,等.测绘新技术及其应用[M].北京:中国矿业大学出版社,1995.

[10] 张项铎.利用GPS(B级网)建立秦岭特长隧道平面复测网[J].工程勘察,1996(6).

[11] 张项铎.秦岭隧道洞外精密高程控制测量[J].铁路航测,1996(2).

[12] 张国良,等.矿山测量学[M].徐州:中国矿业大学出版社,2000.

[13] 铁道部第二勘测设计院.铁路测量手册[M].北京:中国铁道出版,2001.

[14] 张项铎,等.隧道工程测量[M].北京:测绘出版社,1997.

[15] 吴翼麟,等.特种精密工程测量[M].北京:测绘出版社,1993.

[16] 周世健.变形监测整体设计[M].西安:西安地图出版社,1996.

[17] 龚健雅.地理信息系统基础[M].北京:科学出版社,2001.

[18] 区福邦.城市地下管线普查技术研究与应用[M].南京:东南大学出版社,1998.

[19] 田应中,等.地下管线网探测与信息管理[M].北京:测绘出版社,1997.

[20] 秦长利.城市轨道交通工程测量[M].北京:中国建筑工程出版社,2008.

[21] 秦长利.城市轨道交通工程监测精度要求和频率探讨[J].城市勘测,2007(2).

[22] 王兆祥.铁路工程测量[M].北京:测绘出版社,1998.

[23] 赵吉先.地下工程测量课程建设和教材编写的思考[J].测绘通报,2005(4).

[24] 赵吉先.贯通横向误差若干问题探讨[J].山东科技大学学报,2000(4).

[25] 赵吉先.GPS技术在带状工程控制网应用中的有关问题探讨[J].全球定位系统,2004(6).

[26] 赵吉先.贯通横向误差处理新方法的探讨[J].测绘通报,2008(1).

[27] 赵吉先.地下工程测量发展回顾与展望[J].测绘通报,2006(10).

[28] 赵吉先.GPS用于工程测量若干问题探讨[J].勘察科学技术,2000(5).